和秋叶
一起学
Excel

秋叶PPT 著

又快 玩转 表 格
又好 和数据

秋叶 出品

人民邮电出版社
北京

图书在版编目（CIP）数据

和秋叶一起学Excel / 秋叶PPT著. -- 北京：人民
邮电出版社，2017.7（2018.11重印）
ISBN 978-7-115-45454-6

Ⅰ．①和… Ⅱ．①秋… Ⅲ．①表处理软件 Ⅳ.
①TP391.13

中国版本图书馆CIP数据核字(2017)第079384号

内 容 提 要

为什么建议职场中的你选择这本书？为什么建议你最好在大学毕业前选择这本书？
因为学会 Excel，你可以：

1.让简历更受 HR 青睐

现在是处处都讲数据化管理的时代，如果你的简历赫然写着"精通 Excel"，没有 HR 会理你！
但你在简历上这样写：能熟练运用 VLOOKUP、IF、COUNTIF 等解决数据计算问题；会用数据透视表进行数据统计和分析；会用条件格式让数据一目了然，提升表格的易用性；能熟练制作折线图、散点图、漏斗分析图、一页纸报告。效果可能就会不一样，它会成为你求职的核心竞争力。

2.创造更多的个人时间

几百份 Word 版的问卷，登记结果、再统计分析，没有大半天做不完。天天熬夜加班的"表哥表妹"，哪还有时间逛街、看剧、谈对象？
学好 Excel，一键转录，加上数据透视表，三下五除二，十分钟搞定。

3.掌握一门现代办公的通用语言

企业通讯录、客户信息管理、生产计划排期、经营分析，小到 App，大到 ERP，无时无刻不在产生各种数据。
Excel 兼容几乎所有的数据文件，是各种系统之间的桥梁，更是整理数据、输出可视化报表的重要工具。Excel 是现代办公室的通用语言，你必须得会。
快，《和秋叶一起学 Excel》！

◆ 著　　　　秋叶 PPT
责任编辑　李永涛
责任印制　沈　蓉　彭志环

◆ 人民邮电出版社出版发行　　北京市丰台区成寿寺路 11 号
邮编　100164　电子邮件　315@ptpress.com.cn
网址　http://www.ptpress.com.cn
北京缤索印刷有限公司印刷

◆ 开本：690×970　1/16
印张：29.5　　　　　　　　　2017 年 7 月第 1 版
字数：551 千字　　　　　　　2018 年 11 月北京第 11 次印刷

定价：99.00 元

读者服务热线：(010)81055410　印装质量热线：(010)81055316
反盗版热线：(010)81055315

广告经营许可证：京东工商广登字 20170147 号

对于第一次接触这套丛书的读者，我坚信这是你学习Office三件套软件上佳读物。

秋叶PPT团队从2013年全力以赴做Office职场在线教育，已经是国内最有影响力的品牌，截至2016年年底就有超过10万名学员报名和秋叶一起学习Office课程。

我们非常了解大家在学习和使用Office软件过程中的难度和痛点，不仅如此，我们也深刻理解为什么市场上的那么多课程或者图书让读者难以坚持学习下去。

因此我们对写书的要求是"内容新、知识全、阅读易"，既要体现Office最新版本软件的新功能、新用法、新技巧，也要兼顾到工作中会用到但未必经常用到的冷门偏方，更要兼顾到当今读者的阅读习惯，让我们的图书可以系统学习，也方便碎片阅读。

我们给自己提出了极高的挑战，我们希望秋叶系列图书能得到读者的口碑推荐，发自内心的喜欢。

做一套好图书就是打磨一套好产品，我们愿意精益求精，与读者学员一起进步。

对于第一次了解"秋叶"教育品牌的读者，我们提供的是一个完整学习方案。

"秋叶系列"包含的不仅是一套书，而是一个完整的学习方案。

在我们教学经历中，我们发现要真正学好Office，只看书不动手是不行的，但是普通人往往很难靠自律和自学就完成动手练习的循环。

所以购买图书的你，切记要打开电脑，打开软件，一边阅读一边练习。

如果平时很忙，你还可以关注微信公众号"秋叶PPT"，通过持续订阅阅读我们每天推送的各种免费的Office干货文章，在空闲时间就能强化习得的知识点在大脑里的记忆，帮助自己轻松复习，进而直接运用在工作中。

如果你觉得图书知识点较多，学习周期较长，想短期内尽快把Office提高到胜任职场的水平，我们推荐你去网易云课堂选择同名在线课程。和学校教育一样，教材搭配老师讲课，图书搭配同名在线课程，才是一套完整的教学体系。

依据读者的不同需求，我们的在线课程提供了更丰富、更细化、适合不同层次的选择。这就好比线下教育的基础班和提高班，不同基础、不同需求学员应该选择适合自己的课程，这样才是一套更科学的解决方案。甚至，我们的在线教学方式，除了不限时、不限次数的课程学习外，还提供了强化训练营，有同学陪伴，有老师答疑辅导，帮助大家掌握这些职场必会技能。

你一定想问一个问题：我买了图书，还需要买在线课程吗？购买了图书就包含了在线课程吗？

图书和在线课程是两个不同产品，并不包含彼此。

这里就要简单说说图书和在线课程的区别。我们的图书是体系化的知识，就像一个结构严谨的学习宝典，而我们的在线课程更侧重实训化训练，就好比教材配套的习题集。

想全方位掌握好Office软件的使用，你需要严谨的、体系化的图书宝典。但仅仅学习知识点，没有足够的、各种变着花样的习题训练，知识并不能自动变成你的能力。事实上，后者的工作量更大，因为要组织大家交作业，要实时答疑、要批改作业，最关键的是，设计出大家愿意动手交作业的习题非常难。这恰恰是图书无法做到的。

所以购买"秋叶系列"图书很好，它能方便你系统学习知识点和快速复习；

配套购买"秋叶系列"在线课程更好，一方面动手强化，另一方面深入提高，这是互补的教学设计。

最后，关注微信公众号"秋叶PPT"定期分享的干货文章，三位一体，构成了一个完整的学习闭环。

所以我们说"秋叶系列"提供的是一套完整的学习解决方案，而不仅是一本书，你可以结合你自己的情况自由组合选择哪种学习方式。

我们的努力目标是降低大家学习的选择成本——**学Office，就找秋叶团队。**

对于"秋叶"教育品牌的老读者老学员，我想说说图书背后的故事。

2012年我和佳少决心开始写《和秋叶一起学PPT》的时候，的确没有想到，5年后，一本书会变成一套书，从PPT延伸到Word，现在加上了Excel，而且每本书都在网易云课堂上有配套的在线课程。

可以说，这套书是被在线课程学员的学习需求逼出来的。当我们的Word在线课程销量破5000人之后，很多学员就希望在课程之外，有一本和课程配套的图书，方便翻阅。这就有了后来的《和秋叶一起学Word》。我们也没有想到，Word普及20年后，一本Word图书居然也能轻松销量超过2万册，超过很多计算机类专业图书。

2017年初，我们的Excel/Word在线课程单门学员都超过1万人，推出《和秋叶一起学Word/Excel/PPT》图书三件套也就成为顺理成章的事情，经过一年艰苦的筹划，我们终于出齐了三件套图书，而且《和秋叶一起学PPT》升级到第三版，《和秋叶一起学Word》升级到第二版，全面反映了Office软件最新版本的新功能、新用法。

现在回过头来看，我们可以说是一起创造了图书销售的一种新模式。要知道，在2013年，把《和秋叶一起学PPT》定价99元，在很多人看来是一种自杀定价，很难卖掉。而我们认为，好产品应该有好的定价。我们确信通过这本图书，你学到的东西是远超99元的。而实际上，这本书在最近三年销售早超过了10万册，创造了一个码洋超千万的图书单品，这在专业图书市场上是非常罕见的事情。在这里，要非常感谢读者，你的认可让我们确信自己做了对的事情，也让我们对不断提高图书的品质有了更强的动力。

其实我们当时也有一点私心，我们希望图书提供一个心理支撑价位，好让我们推出的同名在线课程能有一个好的定价。我们甚至想过，如果在线课程卖得好，万一图书销量不好，这个稿费损失可以通过在线课程销售弥补回来——感觉出版社看到这段话要哭了。

但最后的结果是一个双赢的结果，图书的销量爆棚带动了更多读者报名在线课程，在线课程的学员扩展又促进他们购买图书。这是产品好口碑的力量！更让人愉快的是，在知识产权保护大环境还有诸多遗憾的今天，图书的畅销帮助我们巩固了"秋叶系列"知识产品的品牌。所以，我们的每一门主打课程，都会考虑用"出版+教育"的模式滚动发展，我们甚至坚定认为这是未来职场教育的一个发展路径。

我们能走到这一步，都要深深感谢一直以来支持我们的读者、学员以及各行各业的朋友们，是你们的不断鞭策、鼓励和陪伴让我们能持续进步。

最后要说明的是，这套书虽然命名是"和秋叶一起学"，但今天的秋叶，已经不是一个人，而是一个团队，是一个学习品牌的商标。我很幸运遇到这样一群优秀的小伙伴，主编这系列丛书是大家给予我的荣誉，但我们是一个团队，是大家一起默默努力，不断升级不断完善，让这套丛书以更好的面貌交付给读者。

希望爱学习的你，也爱上我们的图书和课程。

你好，欢迎来到Excel的世界！我是秋叶老师。面对陌生的Excel表格，你一定有很多疑问，迫切想要知道答案吧？别急，接下来先从本书的特点开始，我挨个儿解答！

答疑 01 **我什么都不会，这本书适合我看吗？**

如果你的情况如下所述，那就选对了：

1.零基础的Excel菜鸟。本书语言通俗易懂，充分考虑了初学者的基础知识水平，哪怕你以前从来没用过Excel，也不会影响你看懂本书中的内容；

2.想要告别2003等老旧版本Office的用户。本书所有内容及案例截图均使用Excel 2016、Office 365版本，保证大家学到全而新的功能；

3.不想花大价钱报班请老师的学习者。和所有技能型知识一样，学习Excel的核心不在于你看懂了多少，而是你会用多少。本书专注于引导你如何去正确使用Excel，只要你愿意跟随课程案例动手实践，定能让你操控表格事半功倍。

答疑 02 **和其他同类书籍比，这本书有什么特色呢？**

结合实际案例，由浅入深，单点突破到综合运用，整体通俗易懂：

我问自己：我们为什么要学习Excel？是要成为Office应用能力认证的考官吗？是要用Excel独立开发一套管理系统吗？如果不是……

干嘛还花大量时间去逐一学习所有功能细节呢？

以前可能要花费九牛二虎之力才能制作出来的图表，在2016版只需要一键插入；以前需要综合运用各种函数组合才能提取的数据，用2013以上版本的快速填充，只需一次双击。所以……

干嘛要陷入过分追求高深技术的"大坑"呢？

Excel原本可以很简单。正因为有了这些思考，我们想写一本不一样的书，带你从入门到提高掌握Excel的核心技能。《和秋叶一起学Excel》这本书从构思和写法上都力求贴近新手的应用场景，深入掌握核心技能的同时，了解Excel应用的思维方法。

绝大多数写Excel功能的书	我们的书
按软件功能组织	按实际业务组织
截屏+操作步骤详解	图解+典型案例示范
书+大量鸡肋的通用表格模板	书+实战案例+实用资源
只能通过书籍单向学习	微博+作者微信公众号二维码互动

答疑 03 看完这本书，我都能学到哪些知识技巧呢？

从获取、计算分析到呈现数据的整套核心技术，大大提升表格使用效率。

摆脱按照工具栏菜单逐一介绍软件功能的模式，结合数据处理业务流程展开。以必会的基础技能为核心，配合常见问题解答和思维拓展的延伸阅读，扎实掌握获取、计算分析和呈现数据的整套方法，并学会各种强悍有效的数据整理方法和技巧。

知识模块	章节	要点	说明
认识Excel	1	整体认知避开误区	表格思维与不加班的窍门； 工作界面和入门基础操作
数据处理	2~6	获取、计算分析整理、输出呈现	轻松获取、计算分析和呈现数据； 轻松解决数据脏乱问题，高效整理数据
函数公式	7	函数公式实战应用	常用函数解析，综合应用思维方法
打印保护	8	高效浏览表格，打印和保护方法	大表格高效浏览，打印技巧和数据保护
工具资源	9	效率工具合集进阶学习资源	搜索解决问题的套路，好用的插件工具和学习资源，函数、快捷键速查表

答疑 04　**这本书有没有什么附送资源呢？**

当然有！本书所有实例均提供配套表格文件，对照练习。还有附赠的表格模板。下面是具体的资料获取方法：

Step1　关注我们的公众号：幻方秋叶 PPT

首先打开微信，单击对话列表界面右上角的"加号"，然后扫一扫下面的二维码加关注。

或者单击微信对话列表界面顶部的"搜索框"，然后单击【公众号】，在搜索框中输入关键词"PPT100"，最后单击键盘右下角的【搜索】，加关注即可。

Step2　在微信中发送关键词提问

比如你想要获取本书的分享资源，就可以发送关键词"Excel 图书配套"获得下载链接。

Excel图书配套

《和秋叶一起学Excel》图书配套资源
http://pan.baidu.com/s/1c12sj2w
密码：xp3t，如果显示页面不存在，刷新一下试试~

如你还有什么其他想要求助的问题，也可以在这里直接留言，或发送相关关键词进行提问。

注：上图仅为示意，具体链接及密码以即时回复的信息为准。

Step3　单击下载链接，登录百度账号，将资源保存到你的百度网盘

保存之后你就可以在任何电脑中随时登录百度网盘来找到它！云同步、云分享！

Step4　在电脑端登录百度云管家，下载已保存的资源

答疑 05　除了看书自学，还有别的学习渠道吗？

害怕一个人坚持不下去？来网易云课堂参加我们的在线课程吧！

　　虽然本书通过各种方式尽可能地把新手学习Excel的难度降到了最低，但秋叶老师也知道，对于大多数人来说，学习毕竟不是一件轻松愉快的事，特别是当身边没有同伴的时候。

　　不妨百度搜索"网易云课堂"，进入云课堂后搜索"和秋叶一起学Excel"，和万名以上学员一起学习成长吧！

和秋叶一起学Excel（超1万人学习）

　　加入付费学习的理由

　　① 针对在线教育，打造精品课程：针对在线教育模式研发出一整套Excel课程体系，绝不是简单复制过去的分享。

　　② 先教举三反一，再到举一反三：这套课程为你提供了大量习题练习及参考答案，秋叶老师相信，经过这样的强化练习，你一定能将各种Excel表格技巧运用自如。

　　③ 在线同伴学习，微博/微信互动：我们不仅传授技巧，还传授结构化解决某类Excel的结构化问题；我们不仅分享干货，还鼓励大家微博/微信分享互动！我们不是一个人，而是一群人。来吧，加入"和秋叶一起学Excel"大家庭，就现在！

答疑 06 除了 Excel，我还能向秋叶老师学点什么？

作为一名贴心的大叔，秋叶老师可为你准备了一整套实用课程哦！

单击《和秋叶一起学Excel》课程标题下方讲师处的"秋叶"二字，即可跳转查看所有网易云课堂上"秋叶PPT"团队开发的课程。包括且不限于：

专注于Office办公软件实战能力的
Office 三件套课程

专注于手绘、笔记、职场综合技能的
职场竞争力提升课程

我们不但不间断地进行新课程开发，对已推出课程的升级和更新也从未停止过。

以《和秋叶一起学PPT》课程为例，首先是课程先后进行了数次改版，全面优化了视觉效果和学习体验；其次还陆续加入了章节配套视频范例。一次购买，终身免费升级，没有后顾之忧，这就是我们给所有学员的承诺！

目　录

CHAPTER

3

轻松快捷地

计算和分析数据

CHAPTER
4

简单快速地
让数据一目了然

CHAPTER
5

用高大上的图表
让数据会说话

CHAPTER 6

必备的批量化
整理数据妙招

CHAPTER 7

效率百倍的
函数公式

CHAPTER
8

准确有效地
浏览、打印和保护表格

CHAPTER
9

效率达人百宝箱
工具和资源

和秋叶一起学Excel

—— 新手上路 ——
CHAPTER 1

快速认识 Excel

· Excel 到底有什么用?
· 怎样才能高效用表?

全让你弄明白! Excel,其实很简单!

1.1 Excel 到底有什么用?

Word、Excel、PowerPoint（PPT）是Office家族中最为人熟知的三兄弟。写论文、做简历、通知方案都绕不开Word，毕业答辩、演讲报告、教学分享离不开PPT，可是，Excel……什么玩意儿?

"不就是个电子表格吗? 还用学? "，"好像用不上啊，有必要费脑子吗? "，"记录数据，做图表吗? 很简单啊"……如果不是有计算机二级考试，估计很多学生都不愿意正眼瞅它一眼。但是，在微博上随手一搜，就能看到职场新晋"表哥""表妹"们饱含深情的"哭诉"：

"我终于知道为什么做表格要快了……绝对是被逼出来的! 要不然根本做不完! ! ! 没时间睡觉就算了，没时间吃饭就完全不能忍"

"真后悔在大学里没有好好学Excel，花了整整6个小时整理和统计数据，经前辈指点才发现，原来只要花十几分钟就能搞定……#天然呆的工作领悟#"

"目测周六加班肯定是要的，至于周日还要不要继续，就看我的Excel技能了……血的教训啊! ! ! 以后再忙我也要抽时间好好学Excel……"

类似的情况还有很多。为了让学生更加重视Excel技能，美国UT大学的教授还特地将贾斯汀•比伯的一首歌《Love Yourself》，改编成了《Learn Excel》，并在课堂上自弹自唱，苦口婆心劝说他的学生们好好学Excel，以免进入职场开始工作后才追悔莫及。

Excel到底有什么魔力?

Excel，就是超级计算器

　　这仅仅是日常工作生活当中，很小的一个应用。类似的例子数不胜数：期末考试算课程成绩，租房时记录下每个月的水电费和房东核对（别想多算我一毛），做个问卷调查要统计结果等。

　　Excel，就是一个超级计算器！用简单的算式，就能在分秒之间自动完成惊人的计算量。

Excel，是"懒人"必备神器

于是就想：有哪些信息是可以自动生成的呢？

经过一番周折，边学Excel边折腾表格，根据每个人的工号自动生成对应的姓名、部门等信息；还自动根据评委的打分评定等级；自动计算和分摊奖金……

就这样，接近800份A4纸，从编号、归档、录入到完成核对，原本要花几天时间的工作，我一个人3~4个小时也能搞定。从此，就在用Excel偷懒的道路上，越走越远。

曾经的菜鸟经历，说多了都是泪啊——

"表界老司机们"多有相似的体会，用好Excel，各行各业的"懒人"都能从中受益：

以前汇总200家分店的销售明细，我都是用复制粘贴，结果还不一定正确，足足要搞3天。自从学了函数公式，半小时不到就完事了。觉得自己很棒。

以前总感觉Excel就是一个简单的计算表，直到工作中连续碰到大批量处理的产品数据，不但连续加班奋战，还错漏百出，搞得自己狼狈不堪。后来朋友指点我使用VLOOKUP函数，像打开了新世界的大门，从此领导同事对我刮目相看。

刚入门的时候，只会简单求和。熟练后，用Excel做了一套表格用于管理财务数据，只需要更新基础表格，报表自动完成一步到位，效率提升数倍。老板原本打算引进财务系统，现在都省了。

Excel，是运营好帮手

把企业经营活动中产生的庞大数据，通过Excel进行整理、做深度分析，然后输出直观的数据报表，能够帮助决策者做出更好的判断。

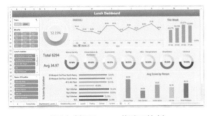

酒店管理 KPI 指标监控

生产计划管理运营

财务 KPI 指标监控（＊图片均来自网络）

我一不在公司经营分析岗位，二不开店，还需要什么运营分析？

确实，能接触到企业经营分析的人毕竟是少数。但现在，数据无处不在，总能找到机会发挥Excel的一技之长。比如，微信公众号小编，可以借助Excel简单整理从后台导出的阅读数据，做个排序筛选、加点"颜色"，文章自然就更受欢迎。

网站页面访问量分析（来源于网络）

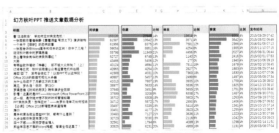

公众号数据分析（模拟数据）

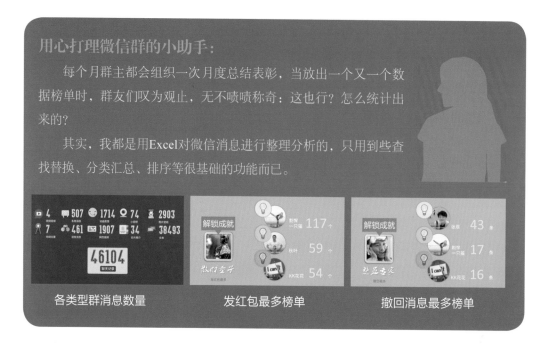

用心打理微信群的小助手：

　　每个月群主都会组织一次月度总结表彰，当放出一个又一个数据榜单时，群友们叹为观止，无不啧啧称奇：这也行？怎么统计出来的？

　　其实，我都是用Excel对微信消息进行整理分析的，只用到些查找替换、分类汇总、排序等很基础的功能而已。

| 各类型群消息数量 | 发红包最多榜单 | 撤回消息最多榜单 |

　　从技术角度看，小助手做的事情难吗？其实并不难，仅仅用到了替换、排序、数据透视表等比较基础又容易上手的功能而已。细致和用心，洞察发现数据背后暗含的有趣信息才是更为关键的能力。

　　不要被各种VBA代码、高深复杂的函数公式唬住。Excel，其实可以很简单。

下面先教你足以让你工作效率瞬间爆表的**四大杀招**：

必杀一：智能表格

必杀二：数据透视表

必杀三：条件格式

必杀四：快速填充

1.2 四大杀招，让效率瞬间爆表！

Excel作为表格工具，最大的用途是什么？有条理地获取数据、计算分析数据、输出美观的图表和数据报表；如果碰到不规范、不清晰的数据，高效率地把它们整理好，再送去做计算分析。

要完成这些工作，作为鼎鼎有名的效率杀手，Excel自有一套绝技。而且一学就会，效率惊人，且看四大杀招的威力。

智能表格——快速美妆和超效计算

将左边的销售数据美化成右边的样子，并且计算总金额需要多长时间？

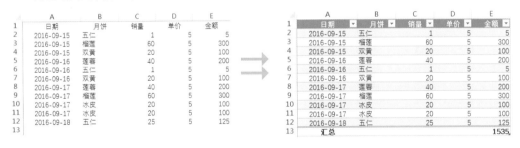

答案是：5秒。操作方法非常简单，只需要3个步骤就能实现。

❶ 单击数据区域任意位置，然后同时按按键Ctrl和L

❷ 【确定】创建表（包含标题）

❸ 勾选表格工具栏的【汇总行】

从普通的数据表，转换成智能表格以后，那就厉害了。至少有3个妙处：

一键换装

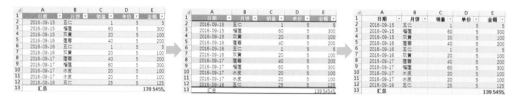

一键切换汇总方式

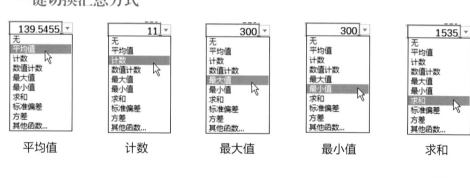

| 平均值 | 计数 | 最大值 | 最小值 | 求和 |

单击两下鼠标键搞定了，还写什么函数公式啊？

随时查看按类别计算结果

	A	B	C	D	E	F	G
1	日期 ▼	月饼 ▼	销量 ▼	单价 ▼	金额 ▼	冰皮	莲蓉
2	2016-09-15	五仁	1	5	5	榴莲	双黄
6	2016-09-16	五仁	1	5	5	五仁	
12	2016-09-18	五仁	25	5	125		
13	汇总				135		

五仁总金额 135

	A	B	C	D	E		F	G
1	日期	月饼	销量	单价	金额		冰皮	莲蓉
4	2016-09-15	双黄	20	5	100		榴莲	双黄
7	2016-09-16	双黄	20	5	100		五仁	
13	汇总				200			
14								
15								

双黄总金额 200

	A	B	C	D	E		F	G
1	日期	月饼	销量	单价	金额		冰皮	莲蓉
5	2016-09-16	莲蓉	40	5	200		榴莲	双黄
8	2016-09-17	莲蓉	40	5	200		五仁	
13	汇总				400			
14								
15								

莲蓉总金额 400

	A	B	C	D	E		F	G
1	日期	月饼	销量	单价	金额		冰皮	莲蓉
3	2016-09-15	榴莲	60	5	300		榴莲	双黄
4	2016-09-15	双黄	20	5	100		五仁	
5	2016-09-16	莲蓉	40	5	200			
7	2016-09-16	双黄	20	5	100			
8	2016-09-17	莲蓉	40	5	200			
9	2016-09-17	榴莲	60	5	300			
10	2016-09-17	冰皮	20	5	100			
11	2016-09-17	冰皮	20	5	100			
13	汇总				1400			

除五仁月饼以外的总金额

> 又是单击几下鼠标键的事而已。
>
> 什么？你的 Excel 表格没有这些功能？你用的可能是假
>
> Excel……

看到了吗？一个函数公式都没用，就自动完成了常见的统计任务，还自带美颜功能。

不过，智能表格有一个限制条件：数据表必须是清单型的数据记录（一行一条记录）。要充分发挥智能表格的威力，就要求我们录入数据时，把Excel当作数据仓库来用，每一行每一列都要分得清清楚楚。

智能表格还有更多强大的内在特质，让如今的Excel表格使用变得愈加简单。暂时不知道怎么做，看不懂都没有关系，在第3章我们就会学到如何玩转智能表格。

数据透视表——必会的统计分析神器

我们记录数据最终是为了什么？大部分情况都是为了下一步动作：计算分析。通过统计分析，就能够得到某些结论，作为决策依据。

还以简单的月饼销售数据为例，如何快速统计出每一种月饼的总销量？这样就能对比分析出销售最少的月饼，下一次就考虑少进一点货。

数据源   数据透视表   被嫌弃的五仁月饼   统计结果

从网络上可能会看到很多教程，教你如何运用函数公式进行统计，不是不可以。但是，使用蛮力，依赖函数公式的后果就是——费劲又费时间。

事实上，单击数据区域内的任意位置，然后插入数据透视表，通过单击和拖曳，只要简单4步就能在10秒内完成统计。

还有更复杂的统计需求？只需在透视表的字段列表中拖曳列标题所处的区域，就能自动完成统计。

每天各种月饼的销售量统计   不同销售金额的品种数   字段列表

你能想到的几乎所有统计分析需求，在数据透视表里，通过拖曳鼠标都能轻轻松松在分秒之间"变"出来！

按季度统计销量

分区域统计每一种产品的销量

按分数段统计学生成绩

按工资段统计员工人数

按月份和部门统计员工出勤率

按问题选项统计不同人员选择的百分比

统计经济指标同比增长、环比增长

......

> 老板，还要怎么统计？
>
> 您尽管提～嘿嘿嘿

整份统计报表要推倒重来？用数据透视表，分秒之间就给你调配出新的汇总结果。这样你还担心不会函数公式就做不出统计报表吗？数据透视表的详细用法也将在第3章详细解析。

┃条件格式——快速让数据一目了然

怎样将统计好的数据结果变得一目了然？最快的方法，当然是条件格式。

利用数据条件类型的条件格式，就能直接在表格中生成图表的效果，简洁又美观。

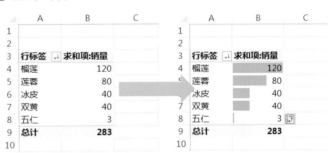

❶ 选中数据区域　　❷【开始】选项卡下选择条件格式类型　　❸ 生成数据条

还想知道更多简单有效的数据可视化方法？别着急，第4、第5章再继续学习更多具体技巧。

眼睛都还没眨一下，就这样结束了~

快速填充——数据整理利器

作为数据仓库，Excel是以单元格为最小的存储单位。只有把信息拆到不能再拆为止，放进单元格中，才能灵活地进行排序、筛选、统计等各种数据处理。

	A	B	C
1			
2		我是B2单元格	
3			
4			

如果所有的数据表结构都横来直去，每一行记录的每一个属性都分得清清楚楚，表格使用效率就能"溜到"飞起来。然而，理想很丰满，现实很骨感。实际工作中，总会碰到一些奇葩数据，非得经过一层又一层加工，才能正常使用。就比如下表，各个手机型号的分辨率、屏幕尺寸、重量、厚度等属性都写在同一列（B列）中：

	A	B
1	机型	规格
2	iPhone 5S	分辨率：1136 x 640 像素分辨率，326 ppi 屏幕尺寸：4英寸 重量：112克 厚度：7.6毫米 芯片：A7
3	iPhone6 Plus	分辨率：1920 x 1080 像素分辨率，401 ppi 屏幕尺寸：5.5英寸 重量：172克 厚度：7.1毫米 芯片：A8
4	iPhone6	分辨率：1334 x 750 像素分辨率，326 ppi 屏幕尺寸：4.7英寸 重量：129克 厚度：6.9毫米 芯片：A8
5	iPhone 6S Plus	分辨率：1920 x 1080 像素分辨率，401 ppi 屏幕尺寸：5.5英寸 重量：192克 厚度：7.3毫米 芯片：A9
6	iPhone 6S	分辨率：1334 x 750 像素分辨率，326 ppi 屏幕尺寸：4.7英寸 重量：143克 厚度：7.1毫米 芯片：A9

怎么把上表 B 列中的分辨率、尺寸、重量、芯片等信息单独提取到旁边 C 到 G 列中呢？

C	D	E	F	G
分辨率	屏幕尺寸	重量	厚度	芯片
1136 x 640	4	112	7.6	A7
1920 x 1080	5.5	172	7.1	A8
1334 x 750	4.7	129	6.9	A8
1920 x 1080	5.5	192	7.3	A9

自2013版开始，Excel新增了一个功能：快速填充。利用它能够批量提取、更换、合并、删除字符、字母大小写转换、字符位置互换等。你需要做的，仅仅是提供样本数据，让Excel自动识别其中的规律，并完成剩下的数据填充。

简单点说，就是先走两步，让 Excel 看看。

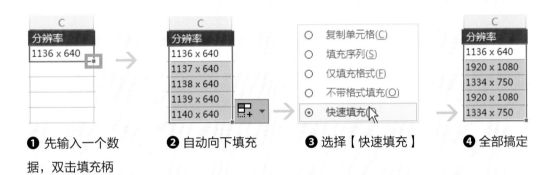

❶ 先输入一个数据，双击填充柄　　❷ 自动向下填充　　❸ 选择【快速填充】　　❹ 全部搞定

利用快速填充，可以根据已有数据列秒填。以往需要利用各种函数公式甚至VBA代码，大费周折才能完成的文本处理任务，现如今只需要一次双击。

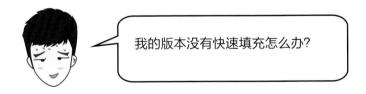

我的版本没有快速填充怎么办？

那就还得学习用函数公式、分列、替换，甚至插件工具来搞定啦。

为什么要首先介绍智能表格、数据透视表、条件格式、快速填充这四大杀招？除了上手容易、见效快之外，更重要的原因是，它们大致对应了数据处理流程中的4个模块：

数据处理的 3 + 1 模型

记录数据　　　　　　　计算分析　　　　　　　输出呈现

日期	月饼	销量	单价
2016-09-15	五仁	1	
2016-09-15	榴莲	60	
2016-09-15	双黄	20	
2016-09-16	莲蓉	40	
2016-09-16	五仁	1	
2016-09-16	双黄		
2016-09-17	莲蓉	40	
2016-09-17	榴莲	60	
2016-09-17	冰皮	20	
2016-09-17	冰皮	20	
2016-09-18	五仁	25	
汇总			

行标签	求和项:销量
榴莲	120
莲蓉	80
双黄	40
五仁	3
总计	283

行标签	求和项:销量
榴莲	120
莲蓉	80
冰皮	40
双黄	40
五仁	3
总计	283

分辨率	屏幕尺寸	重量	厚度	芯片
1136 x 640	4	112	7.6	A7
1920 x 1080	5.5	172	7.1	A8
1334 x 750	4.7	129	6.9	A8
1920 x 1080	5.5	192	7.3	A9

整理加工

要学什么，学来做什么，是不是就一清二楚了呢？

数据处理四大工作模块，每个模块的核心诉求都不尽相同：

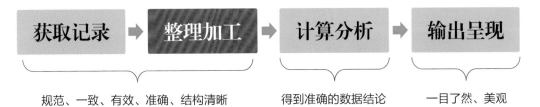

| 获取记录 | ➡ | 整理加工 | ➡ | 计算分析 | ➡ | 输出呈现 |

规范、一致、有效、准确、结构清晰　　　　得到准确的数据结论　　　一目了然、美观

　　按智能表格的标准，以清单的方式记录和存储数据，从而方便运用数据透视表进行统计分析。在数据透视分析完成以后，将统计结果制作成一目了然的数据报表或图表展现出来。

　　在数据源规范、准确、完整，且结构简单清晰的情况下，从数据源到最终输出呈现，通过单击拖曳就能一气呵成，简简单单。而当数据不够完整，有很多干扰信息，结构混乱时，为了能高效地计算分析，此时就需要用快速填充、查找替换、函数公式等手段，预先对数据进行清洗和整理。

　　以上，便是使用Excel表格时，90%以上的工作内容。只有从整体上把握每一个环节的核心诉求，知道每一个功能为什么而存在，并把功能用在点上，才能真正实现事半功倍。

表格结构越简单，工作效率就越高！

1.3 姿势不对，越用力就越费劲！

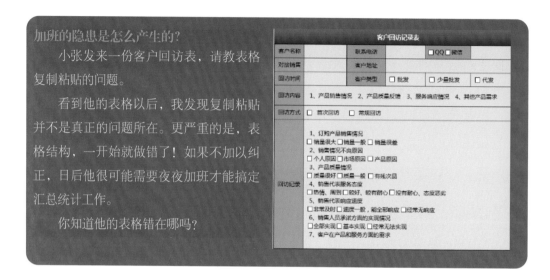

加班的隐患是怎么产生的？

小张发来一份客户回访表，请教表格复制粘贴的问题。

看到他的表格以后，我发现复制粘贴并不是真正的问题所在。更严重的是，表格结构，一开始就做错了！如果不加以纠正，日后他很可能需要夜夜加班才能搞定汇总统计工作。

你知道他的表格错在哪吗？

经过一番询问得知，此表的使用场景如下：

– 登记回访客户的记录

– 收集客户对产品的满意度

– 每周都要进行登记

– 日后需要汇总统计

真为小张捏一把汗呢~

通常，Excel高手都会依据数据处理的流程，把表格按照用途进行分离。不同的用途，放在不同的工作表中进行处理。存储记录的表格作为源数据表，要进行统计分析，输出呈现则会在其他表格进行。

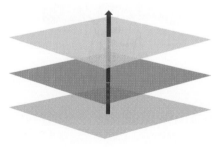

数据分离

输出呈现表 —— 数据报表

计算分析表 —— 统计表

存储记录表 —— 源数据表

（规范、一致、准确、结构简单、方便汇总）

　　并不是说所有的Excel表格都必须这样分得清清楚楚。但是数据量越大，业务逻辑越复杂的表格，越需要分离。目的就是**让每一个环节都变得简单灵活**，可以独立操作。

　　表格分离之后可以通过公式链接起来。表格之间的数据结构互不影响，一旦修改，全部都能同步更新，最大限度地提高效率。

　　回过头去看小张的表格，做得很漂亮，甚至还用上了大多数人都不知道的控件——复选框，单击就可以勾选。然而，该表格的最大问题，恰恰就是**太漂亮了**。

> 漂亮不是数据记录和存储的核心需求呀～简单、完整、准确才是！
> 这份表太漂亮反而成了干扰。

问题点：

　　（1）用错表格类型，目的只是为了记录，却花费很大力气做美化处理，还煞费苦心地做了选框，但其实是无用功；

　　（2）填写麻烦，每一次都要填一整张新表格；

　　（3）后续汇总不方便，哪天老板想要统计回访记录，只能没日没夜加班整理。

　　更好的做法是什么呢？按用途把表格进行拆分！至少可以把表格拆成3份：回访登记表、客户回访表、选项参数表。

回访登记表

- 一次回访，记一行
- 按时间顺序逐行登记

客户信息表

- 一个客户记一行
- 固定信息，基本不变

选项参数表

- 一个问题记一列
- 一个选项记一行
- 固定信息，基本不变

引用

虽然看起来表格的数量变多了，但是【客户信息表】和【选项表】做好以后基本上都不用怎么变。此类拥有相对固定的基础信息、供其他表格调用的数据表，称为**参数表**。

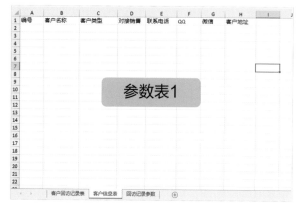

客户信息表

问题选项表

有了这两个参数表，登记回访信息就变得特别简单，利用【数据验证】功能，可以将参数表中的数据放进【下拉列表】中，直接单击选择就可以。至于怎么做下拉列表，在第2章我们就会学到。

回访记录表

如此一来，每做一次回访，只需在下边添加一行数据即可。所有记录都在一张源数据表中。以后要汇总统计，直接以源数据表为基础，生成数据透视表。到了年底，老板要一份年度总结，拖一拖拽一拽，就轻松生成各种统计分析结果啦。

为什么很多"表哥表妹"老是熬夜？
很可能就是使用姿势不对啊~

1.4 不作不死，这些坑千万别试！

在Excel里边，处于底层的源数据，结构越简单规范，表格处理效率就越高。要问"表哥表妹"们的时间都去哪了？可能，80%的时间都在和各种不按套路出牌的源数据斗智斗勇。如果可以，有些太明显的坑，在数据记录时能避则避。

提前采取安全措施，才不会出人命啊（我说的是加班熬夜）。

第一坑：空白横行

在数据录入时使用各种莫名其妙的空格，比如用空格对齐文本（名字中间加空格、文字前面加空格）。正确的做法是用对齐工具。另外，留下空行，很容易造成统计分析时遗漏数据，最好能够用0或短横杠补齐，或者删除整个空行。

坑人坑己的做法   **更好的做法**

用空格调节对齐位置

用缩进的方式对齐

空单元格

设法补齐空单元格

整行为空，整行删除

数据后面加空格更可恶，表面看起来一模一样，但是计算结果就是不对。

第二坑：含混不清

在Excel中，合并比拆分要更容易，而多个属性强行写到一个单元格中，只会给后期统计造成麻烦。所以，尽量将一条信息按不同属性拆到不能再拆为止，每一类属性单独作为一列。

坑人坑己的做法　　　　　　　　更好的做法

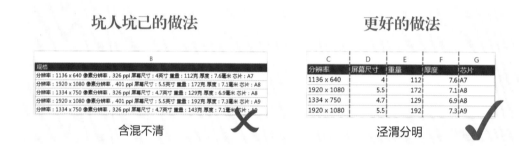

含混不清　　　　　　　　　　泾渭分明

另外，只有完全一致的数据，才会被当作同一个数据处理。如果出现书写多字、漏字、错别字等不一致的情况，同样会导致后期处理的麻烦。

坑人坑己的做法　　　　　　　应该统一写法

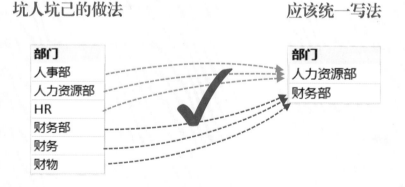

还有一种犯迷糊的做法，就是强行手工插入小计行，不仅操作麻烦，还会破坏源数据表的结构，导致无法进行更多维度的统计分析。

分类小计不用手工做呀。用数据透视表可以"变"出来

坑人坑己的做法　　　　　　　　　**更好的做法**

月饼	销量	单价	金额
五仁	1	5	5
五仁	25	5	125
小计			130
莲蓉	40	5	200
莲蓉	40	5	200
小计			400
冰皮	20	5	100
冰皮	20	5	100
小计			200
总计			730

数据透视表

手工打造分类小计 ✕　　　　　　自动生成 ✔

第三坑：胡乱合并

当源数据表中存在合并单元格时，很多操作都无法正常进行，比如排序、筛选、数据透视表等。

在最终打印输出的报表时，合并单元格可以更美观。但在源数据表里，还是不用为妙。

	A	B	C	D	E	F
1			**2017年度考核表**			
2	工号	姓名	部门	工作态度	协调沟通	服务客户
3	001	张三丰		89	45	60
4	002	张无忌	销售部	90	48	50
5	003	张翠山		40	29	40

▲ 不必要的合并单元格

　　源数据表实际上并不需要表格标题，完全可以在工作表标签上命名。即使你有强迫症，非得要加上，更好的方式也是直接写在A1单元格里左对齐，并且和数据区域用一个空行隔开。而数据区域中就完全没得商量，还是老老实实拆开记录吧。

合并单元格妨碍各种操作　　　　　　　**有远见的做法**

第四坑：滥用批注

　　单元格右上角的红帽子（红色小三角标记）即为批注，批注内容在鼠标光标悬停时才会显示。本来在列标题和个别特殊数据上添加批注，能够起到补充说明的作用，让表格和其中的特殊数据可读性更强。但是偏偏有人在批注里填数据信息，导致查看数据极为不便。

不正确的批注用法　　　　　　　　**批注的正确使用姿势**

密密麻麻的批注

仅作列标题、个别特殊数据的标记说明；
同一列内多个同类信息，则单独另起一列

别人给我的表格，还不止这些坑呢！怎么办？

只要功夫深……
嘿嘿嘿

Excel真正难在哪？并不是如何记录数据、计算分析和如何呈现，而是在3+1的那个1上。因为，你永远无法料到，自己究竟会碰到多么糟糕的数据表。所以，还是得老老实实修炼数据整理的基本功，面对千奇百怪的奇葩表格时，才能灵活应对，见招拆招，使得效率如飞。

1.5　用新版，工作变得更简单

据调查反映，目前企业中主流使用的Office版本是2010版，为什么要强烈建议用新版进行学习呢？原因很简单，以前你费尽九牛二虎之力才能完成的任务，在新版本中，可能只需要一次单击。即使你不用新版，也不妨多了解一点高效酷炫的新功能，真的很好用啊。

一键生成更多酷炫图表

那些年，需要经过各种复杂配置甚至动用VBA代码、插件工具才能生成的酷炫图表，如今能够一键生成。

Excel 2016版新增的着色地图、漏斗图、直方图（柏拉图）、瀑布图、旭日图，还有酷炫的三维地图，能帮你把炫酷的图表轻轻松松制作出来（第4章将详细解析）。

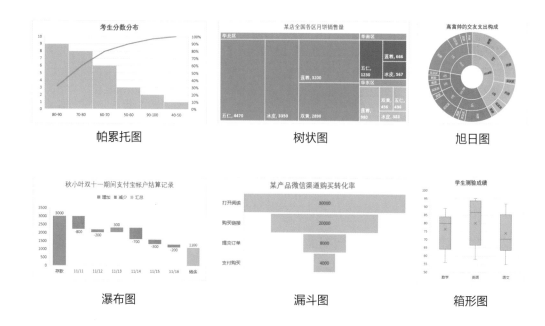

帕累托图　　　　　　树状图　　　　　　旭日图

瀑布图　　　　　　漏斗图　　　　　　箱形图

瞬间提取整列数据

　　2013版开始就新增的快速填充功能，是近乎完美的数据整理助手，帮你自动识别原有数据的规律，一次性输入剩余的所有数据，比函数公式还要强大。它的用法和效果在四大杀招中已有介绍。

即时数据分析面板

　　2013版新增的快速分析按钮和面板，让你可以用两步，甚至一步就将数据转换成漂亮的图表。鼠标光标悬停即可实时预览迷你图、条件格式和图表效果。

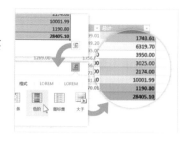

获取和转换数据

　　2013版的Office应用商店中新增一款名为PowerQuery的插件，是导入外部数据和整理数据的利器。对于2016版，这已成为内置功能。

通过该查询功能，可以轻松转换、合并、拆分、连接数据，并且自动记录操作过程。后续如果源数据有更新，直接单击刷新就能自动按照操作记录完成转换。这比函数公式、VBA代码还要方便高效（在第6章中会以多表格合并为例展示其用法）。

轻松创建数据预测

如果有一份基于时间序列的数据，可以将其用于创建预测。例如，预测将来的销售额、库存需求、消费趋势之类的信息。

更简单好用的函数

合成多项文本，原先的写法是=A1&"，"&B1&"，"&C1&"，"&D1&"，"&E1&"，"&F1&"，"&G1，好长一串公式，但是如果运用新增的函数TEXTJOIN，你只需要写成=textjoin(",",true,A1:G1)。

2016版中新增的函数还有IFS、MAXIFS、MINIFS、CONCAT等，它们均能让复杂的函数公式变得更简单。

如果你的表格界面是下图这样的，那是WPS，并不是Excel。WPS表格是金山公司出品的软件，可以算是Excel的简化版，大部分基础功能、函数公式都和Excel一样，能够满足普通的工作用途。但数据处理能力远不如Excel强大。你会用Excel，就一定会用WPS，但反过来就不一定了。所以，还是学习Excel吧。

你用的不是2016版？没有关系，大部分核心功能都是一样的。只是个别更高效的新功能没法用，需要学习更多额外的方法，麻烦一点而已。

1.6　学会搜索，能解燃眉之急

Excel功能的强大之处超乎想象，网络上的Excel小技巧动辄300个、1001集、1800分钟……然而，即使下载几个GB的教程到硬盘里，如果不练一练，实际上并不能派上用场。

总结起来，原因有二：

（1）没有经过实践—总结—反思的过程，很容易忘；

（2）实际工作问题根本不按套路出牌，很多教程用不上。

很多时候，Excel问题都是突如其来，问度娘，甚至是问前辈可能还更快一点。

要知道，Excel问世已有三十多年，你遇到的技术问题，其中99.99%别人早已遇到过。在实践的过程中，遇到具体的技术问题，很多能靠搜索解决。因为是结合自己工作场景的实践应用，反而能够理解得更加透彻，也更容易记住。所以，要熟练掌握Excel，学会搜索也很关键。在后续章节中还将涉及相关内容。

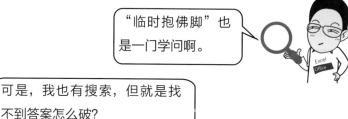

搜索找不到答案，可能有2个原因：

（1）不知道可以用什么关键词搜索（怎么找？）

（2）不知道去哪里搜索（哪里找？）

怎么找：关键组合搜索

只要你能完整描述问题，从中提取出关键词，然后组合起来搜索，一般都能找到。

　　要熟练运用关键词进行搜索，你得学会用Excel的语言去描述问题。与其着急花费大量时间操练各种奇技淫巧，倒不如先弄清楚Excel应用框架，理解核心原理。一来，组合运用各种基础技能，就能搞定80%以上的工作问题；二来，积累Excel词汇，才知道该用什么词搜索。

哪里找：度娘和ExcelHome

　　百度经验：在百度搜索的结果中可以看到，有很多来自【百度经验】的教程，每一个教程都比较翔实。

　　ExcelHome：知名的Excel专业技术论坛，积累了大量的技术贴，也潜伏着各路Excel大神，高手众多。有答疑杂症，也可以在此发帖求助。

1.7 熟悉工作界面是高效率的开始

Office三件套的操作界面布局基本一样。只不过针对表格操作，有些特别部件和功能需要留意。下面就先从熟悉Excel工作界面开始，了解Excel相关的各种专属词汇吧。

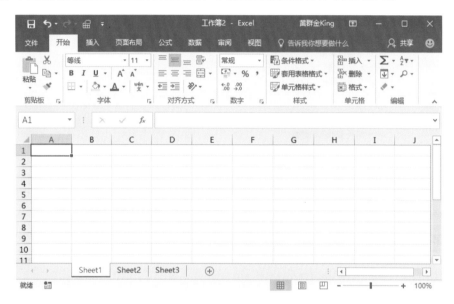

Excel 2016 的工作界面

工作簿和工作表

整个Excel文件称为**工作簿**，每一个工作簿中可以包含多个**工作表**。单击工作表标签，也就是工作表名称，就能切换至不同的工作表。

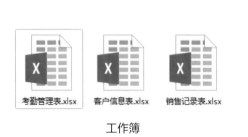

考勤管理表.xlsx　客户信息表.xlsx　销售记录表.xlsx

工作簿

工作表标签（名称）

工作表

功能区和选项卡

Office系列软件的工具栏主体叫做**功能区**。所有常用工具都按照主要用途进行分类，并存放于各个**选项卡**，例如段落、字体格式设置的相关功能，都在【开始】选项卡下。

因为是按照用途进行分类，所以我们在找某个功能按钮时，首先应该猜测它属于哪一个分类，然后到相应的选项卡寻找。

单元格的名称和内容

工作表由一个个单元格构成。**单元格**是Excel表中存放数据的最小单元（格子）。每一个单元格都有一个由**行号**和**列标**组成的专属**名称**，例如C3单元格。

当前被选中的单元格称为**活动单元格**，在名称框中，会显示出当前活动单元格的名称。而编辑栏则会显示活动单元格的真实内容。

单元格的构成要素

例如，上图中绿色方框显示的C3单元格就是活动单元格。C3单元格的显示内容是"我是A1"，但是从编辑栏却可以看出，该单元格的真实内容是一个公式"=A1"，也就是说，它的内容来自于A1单元格的值。

区域及选择方法

多个单元格就组成了一个区域。每一个区域都可以用最左上角和最右下角的单元格名称表示。例如，右图中被选中的区域名称为A1：B4，其中的冒号相当于英文的to（从……到……）。

单击拖曳鼠标可以选择区域，在拖选过程中，名称框中会显示当前选中区域所包含的行数和列数。例如，右图中的名称框表示，当前选区总共有4行2列。

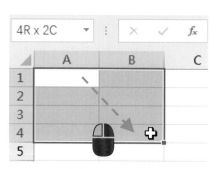

选中 A1 ：B4 区域

对象和上下文选项卡

有个别选项卡有时候出现，有时候又看不见。这是因为Office每个软件的功能都异常丰富，为了让工具栏变得更加友好，便于使用，Office会将很多功能隐藏起来。这些功能**只有在处理相关的对象时才会显现**。这些特殊的选项卡叫上下文选项卡，又叫智能选项卡。

图片

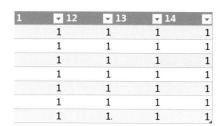

（智能）表格

图表

形状

透视表

切片器

答疑 01　我的功能区怎么不见了?

为了在浏览大表格时，有更大的屏幕空间用以显示数据表，可以将功能区折叠隐藏。要隐藏及解除隐藏功能区，直接双击任一个选项卡名称即可。

答疑 02　为什么有些表格没有边框（网格）线?

在视图选项卡下，取消勾选【网格线】，就能迅速得到干干净净的空白表格。网格线仅仅是屏幕显示时的辅助线，要想打印表格边框，可以采用添加边框线，或者转成智能表格的方式。

取消网格线　　　　　　　手工加边框　　　　　　　　智能表格

答疑 03　有些工作表为什么找不着?

这些看不见的工作表有可能被隐藏了。在工作表标签上单击右键即可取消隐藏。

为什么有些功能我的 Excel 里没有？

本书以Windows系统的Office 365（Office 2016）版为基准，如果你用的是较低的版本、Office For Mac，又或者是WPS及其他表格处理软件，可能会有个别功能无法实现，或者需要采用其他方法实现。

Office 2013版本以上的新功能，本书中均会特别说明。

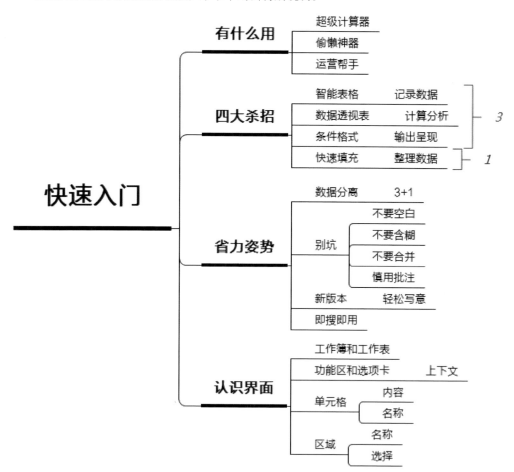

　　接下来，我们就从简单的学起。先学会如何高效地获取、计算分析和呈现数据；然后继续学习在碰到复杂、不规范、不完整的数据和表格结构时，如何利用高级的整理技能和函数公式灵活应对。

第 2 章　　　　获取数据

第 3 章　　　　计算分析

第 4、5 章　　　呈现数据

第 6 章　　　　整理数据

第 7 章　　　　函数公式

巧妇难为无米之炊，下一章学习如何准确高效地获取数据。

准确高效地

CHAPTER 2

获取数据

- 问卷调查怎样做才省时省力？
- 如何借用其他表格的数据？
- 录入数据有哪些便捷的妙招？
- 为什么输入的数据会出错？
- 怎样预防输入时出错？

从数据的源头解决问题！

面对一沓问卷一筹莫展的小付：

"帮我把这些问卷调查结果登记到到Excel里~不多，就80份。"

BOSS往小付桌面放下一摞填好的纸质问卷。80份A4纸，每一页10道题。翻页、登记、核对，粗略估计，前前后后得花好几个小时才能搞定。

都什么年代了？为什么还用这么低效的调查问卷？

获取数据的方式主要有三种：从外部数据文件导入、从其他Excel表格调用、手工输入。要想偷懒，不到万不得已，都不要选择效率低下的手工输入。即使是手工输入也应该掌握自动化生成数据的技巧。

2.1　从外部获取数据

省时省力的问卷调查

有很多好用的免费在线问卷平台，可以轻松制作电子问卷并通过微信、二维码等方式分发出去，有些平台还能和活动报名结合，从活动通知到报名、收集信息、统计报表一站式解决。比起在Excel里设计问卷再发出去要高效多了。

每个平台在各自网站上都有简易的问卷制作教程，使用方法也非常简单。你要做的就是注册一个账号，制作问卷，分享出去。

平台后台一般都能自动统计数据，有数据表和图表两种形式，并且能够导出完整的答卷源数据表，非常方便。

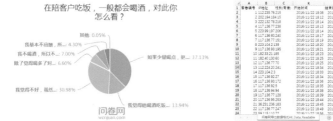

问卷网自动统计结果图表形式

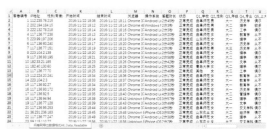

问卷网统计结果导出的 Excel 表

高效驾驭Excel的第一要诀是：别迷信Excel。现如今各种软件工具、App，能更有针对性地解决问题，就别钻死胡同里，跳出工具的限制，寻找更好的解决方案才是关键。

> 既然平台都自带统计功能，为什么还要用 Excel？

平台中的统计功能都比较简单有限，要深入挖掘数据之间的关系和规律，还是Excel处理起来会更加灵活。所以，不仅仅是问卷平台，各种销售管理系统、记账系统、客户管理系统、软件App，只要涉及数据记录的，基本都支持导出Excel表或其他数据文件。

快速导入其他外部数据

在数据选项卡下能够看到，Excel支持从网页、CSV文本文件、Access数据文件、XML文件等数据源导入数据。

以导入网页上的表格为例，单击**自网站**按钮，将**网址**粘贴到地址栏中，单击**转到**，再点选页面中的表格。

| 地址(D): | http://nba.sports.sina.com.cn/playerstats.php | | 转到(G) | | 选项(O)... |

单击(C) ，然后单击"导入"(C)。

2016-2017常规赛技术统计排行 － 得分榜

分榜 | 篮板榜 | 助攻榜 | 抢断榜 | 盖帽榜 | 失误榜 | 神投榜 | 三分榜 | 罚球榜 | 更多个人技术统计排名 ▼ | 查看

2016-2017赛
选择完全排名

排名	球员	球队	场均得分	得分总数	投篮命中率	三分命中率	罚篮命中率	场均时间	参赛场次
	拉塞尔-威斯布鲁克	雷霆	30.7	1533	42%	33.2%	82.1%	34.6	50
		凯尔特人	29.7	1337	46.8%	38.6%	91.5%	34.4	45
3	詹姆斯-哈登	火箭	28.7	1520	44.4%	34.5%	85.7%	36.5	53
4	德马库斯-考辛斯	国王	28.2	1353	45.4%	37.3%	77.5%	34.4	48
5	安东尼-戴维斯	鹈鹕	27.9	1282	49.9%	28.9%	79.5%	36.1	46
6	德玛尔-德罗赞	猛龙	27.8	1250	47%	25.4%	85.1%	35.4	45
7	达米安-利拉德	开拓者	26.2	1178	44.6%	34.6%	90.2%	35.6	45
8	凯文-杜兰特	勇士	26.1	1280	54.3%	38%	87.2%	34.2	49
9	勒布朗-詹姆斯	骑士	25.7	1155	52.7%	35.5%	69.2%	37.5	45
10	卡尔-安东尼...	马刺	25.5	1146	48.6%	40.4%	90.5%	33.5	

2016-2017赛
选择TOP20排
全NBA

导入(I) | 取消

完成

在页面中单击**黄色箭头**，再单击**导入**按钮后稍等片刻，便能得到页面上的数据表。更厉害的是，通过获取功能导入的数据，如果源数据有变动，不需要重新导入，只需单击一下刷新按钮就能自动同步。

▲	A	B	C	D	E
1	排名	球员	球队	场均得分	得分总数	投篮命
2	1	拉塞尔-威斯布鲁克	雷霆	30.7	1533
3	2	伊赛亚-托马斯	凯尔特人	29.7	1337
4	3	詹姆斯-哈登	火箭	28.7	1520
5	4	德马库斯-考辛斯	国王	28.2	1353
6	5	安东尼-戴维斯	鹈鹕	27.9	1282
7	6	德玛尔-德罗赞	猛龙	27.8	1250

自网页导入 Excel 的查询数据表 同步刷新

个别网页由于代码的兼容问题**无法导入**。如果不懂编程技术，那就换成复制粘贴吧。

2.2 调用其他表格中的数据

很多时候，我们并不需要像个老黄牛一样吭哧吭哧地蛮干，只要做好数据搬运工作就好。唯一要解决问题的就是，怎么搬对地方。例如，如果有一份花名册，就能够按照工号，把每个工号相匹配的员工姓名、所属部门“搬”到对应的位置。

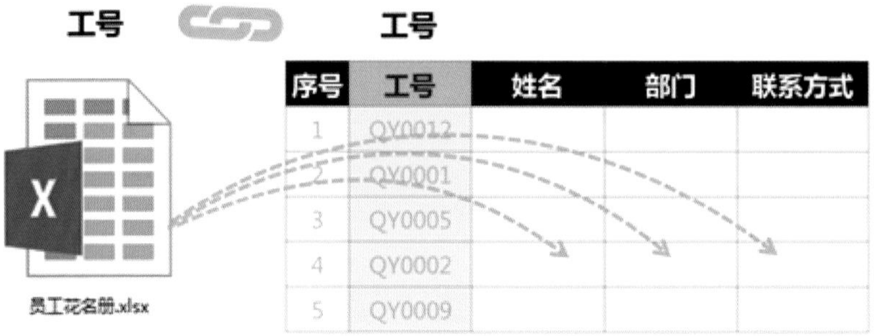

引用原理

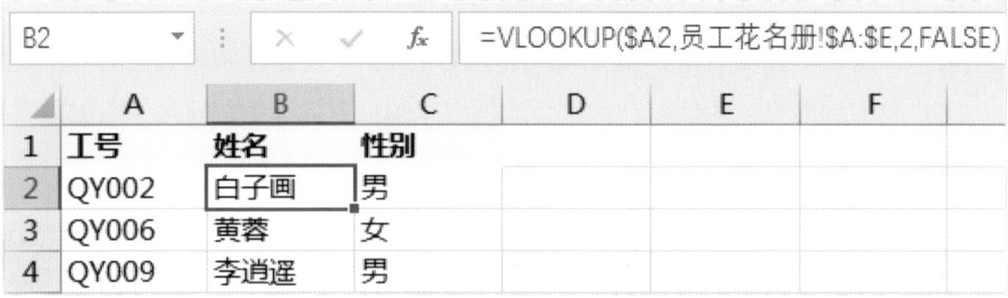

B2 =VLOOKUP($A2,员工花名册!$A:$E,2,FALSE)

	A	B	C	D	E	F
1	工号	姓名	性别			
2	QY002	白子画	男			
3	QY006	黄蓉	女			
4	QY009	李逍遥	男			

利用 VLOOKUP 公式自动生成姓名和性别

只要学会一个函数VLOOKUP，几秒钟就能轻松解决。把Excel当作数据仓库，按照规范创建源数据表。以后在任何地方要用到相同的数据，只要有关联，即使是上万行数据，都能够在分秒之间随时取用。看吧，整理好一份可重复利用的、统一规范的源数据表有多么重要！

VLOOKUP作为最重要的函数，在函数公式章节将会详细介绍其典型用法。

总之，高效获取数据的心法，就是以"偷懒"为目标，尽量利用工具自动化完成：

网页上的数据表格？——批量导入/复制粘贴

纸张、照片上的表格？——找工具自动识别（OCR）

只要你想"偷懒"，问度娘总能找到方法。搜索OCR识别，就能找到各种将纸质文件扫描成文档的工具。其中有一款叫作ABBYY的软件，识别精确度最高。操作方法并不难，也与Excel技能无关，在此就不详细介绍了。

然而，实际工作中，可能由于种种原因，还是只能手工复制粘贴，甚至手工输入数据。此时，我们就需要掌握特殊的技巧、变身键盘侠，熟练操控鼠标和键盘才能提高效率。

2.3　高效地录入数据的 4 个诀窍

诀窍一：快速输入当前时间和日期

工作中可能经常需要输入当前时间和日期，同时按以下两组快捷键就能够一次插入，从自动输入的数据能够看出标准的日期和时间格式分别是：年/月/日和时：分结构。

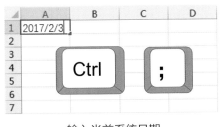

输入当前系统日期

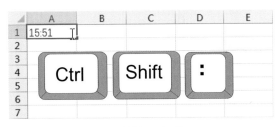

输入当前系统时间

冒号和分号实际上在同一个按键上，只是冒号在上键位，所以需要加按一个Shift键才能调用。这组快捷键其实很好记，因为我们都知道，日常生活中，时分秒中间就是用冒号分隔的。

Excel中的快捷键很多，在本书最后一章会列出常用快捷键列表，帮你速查速记。我们只需熟练掌握其中的几组高频快捷键，就能大大提升操作效率。

诀窍二：批量输入相同内容

通常输入完一个数据，都是按Enter键结束输入并移动到下一个单元格。但如果先选中一个区域再输入，并且换成**Ctrl+Enter**键结束，就能在选区内批量输入相同内容。

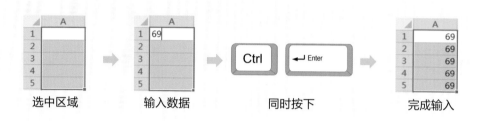

选中区域   输入数据   同时按下   完成输入

这组快捷键意味着，只要能预先选中所有目标区域，就能一次性批量输入相同内容到这些区域内！

诀窍三：批量选择数据区域

Office中绝大部分的操作都以选中对象为前提。所以，选择数据是Excel中最高频的操作之一。掌握批量选择的方法，能够显著提升操作效率。

批量操作才更爽~

选择数据时，用得最多的快捷键就是Ctrl和Shift。

单击选择一个单元格，按住**Shift**键不放，再单击另一个单元格，就能选中两个单元格之间的整个连续区域。

而按住**Ctrl**键不放，拖曳鼠标则可以选中多个不连续区域。

选中 A2:A6
（Shift 键）

选中 A2:C6
（Shift 键）

选中 A2:A5 和 C3:C7
（Ctrl 键）

    利用定位功能，还能按条件批量选中目标区域。最常用到的就是选定所有空单元格，然后批量输入相同内容，填补空白单元格。

    例如，先选定整列性别，然后定位到该列中的所有空白，只要输入一个"男"，就能批量填充到剩余的空单元格中。

点选整列

开始选项卡下，定位到所有空值

输入男

批量填充
（Ctrl+Enter）

    关于快捷操作方法，暂且了解这么多就足够了，更多快捷键组合和选择方法，在本书最后的快捷键速查表中可以随时翻阅查看。

诀窍四：减少鼠标和键盘间的来回切换

普通人在输入数据时，总是依靠鼠标单击选择单元格来切换输入的位置，如果要录入大量数据时，在键盘和鼠标键来回切换，也会严重影响效率。

更好的做法是，利用**Tab**键和**Enter**键来移动位置。按一次**Enter**键向下移动一格，按一次**Tab**键则向右移动一格，要向相反方向移动时，加按**Shift**键即可。

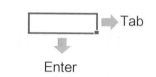

财务会计工作者，可能需要连续输入大量的数字，一般会用小数字键盘盲打，尽量减少不必要的动作切换。

小小的动作改良，看起来不起眼，但效率会蹭蹭蹭地上升。

2.4 批量生成数字序列

1到1000的序号、相等间隔的序号、产品编号、工号、快递单号、订单号、一个月的日期、全年工作日……工作中我们会发现，有各种各样的序号、编号、时间相关的序列需要输入。

> 如果不会批量生成，一个一个手工输入，手不残才怪呢。

Excel中有一个**自动填充**功能，专为批量生成各种数字序列而生，简单又便捷。

拖曳法：拖到哪就填充到哪

选中单元格后，在右下角会有一个小方块，叫做**填充柄**。只要拖曳填充柄，就能快速生成连续序号。

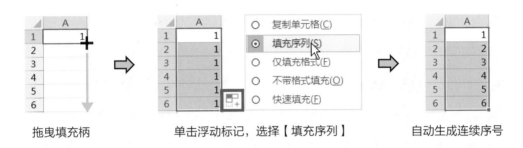

拖曳填充柄　　　　　　单击浮动标记，选择【填充序列】　　　　　　自动生成连续序号

结合填充菜单还能实现复制单元格、仅复制单元格格式等。填充柄不仅能够填充连续的数字，只要是包含数字的编号，轻轻一拖就能批量生成：

QY001、QY002、QY003……

一、二、三、四……

甲、乙、丙、丁……

一月、二月、三月……

第1章、第2章、第3章……

2017/10/1、2017/10/2、2017/10/3……

与上面类似的序号，只要输入其中一个，就能自动填充延续下去，生成剩余的序列。

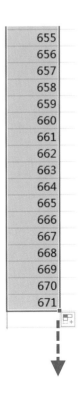

几百上千个也要拖到天荒地老吗？

双击法：自动填充到最后一行

表格数据有成百上千，甚至上万行时，用拖曳法向下填充还是麻烦。此时，可以采用双击法，只要紧挨着的一列有数据，双击填充柄就能将当前单元格的数据填充到最后一行。

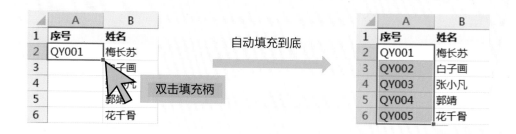

按指定条件自动生成序列

如果数量比较多，且对序列生成有明确的数量、间隔要求时，可以用序列填充面板，先配置好条件，然后按照指定的条件自动批量生成。例如，生成30天的日期、全年的工作日、以4为间隔的序列号等。

以批量生成2017年全年的工作日（去除周六和周日的日期）为例，操作步骤如下。

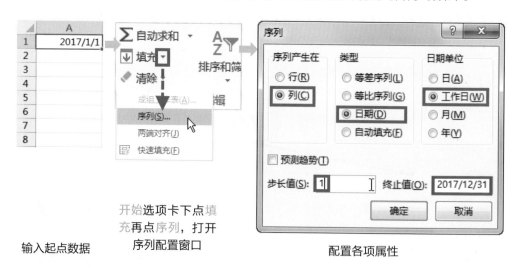

输入起点数据　　　开始选项卡下点填充再点序列，打开序列配置窗口　　　配置各项属性

通过序列面板中的各项属性，要生成等差序列、等比序列、指定间隔（步长值）的序列等，无论数量多少，统统秒填。

有时候，我们需要输入一些比较特殊的数据，这些数据要么不能直接输入，要么不太好找。得掌握一点窍门，才能正常、高效地完成输入。例如：

身份证号如何正确输入？

身份证号、工号、编号、特殊符号，等等。下面就学几种典型的特殊数据输入方法。

2.5 特殊数据的输入方法

输入编号前面的 0

很多编号为了确保位数统一，都带有前导零，例如区号、邮编、订单号等。但是在Excel中输入完整的数据后，数字前面的0却都莫名其妙地消失了。这是为什么呢？

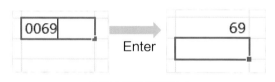

会自动消失的前导 0

原来，在输入数据时，Excel会先"看"一眼是什么类型的数据。它认为，0069应该是一个数字，但是按照国际惯例，数字前面都不应该带0啊，于是自作聪明地把前面占位用的0给去掉了。那用什么办法，在输入此类编号时保留前面的0呢？

如果非得完整输入此类数据，就不能以数字形式输入，而要换成文本。输入方法有两种。

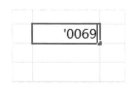

方法一
输入数据前，先输入
英文单引号

方法二
先选定输入区域，在开始选项卡中，将
数字格式改成【文本】

正确输入效果

输入身份证号、银行账号

不少"表哥表妹"都曾碰到过这样的问题：输入完整的账号、身份证号，按Enter键以后却莫名其妙地变成了带+号的数字。

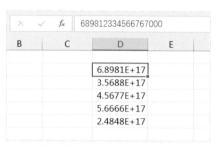

变成"乱码"的身份证号

其实，这并不是乱码。只要输入的数字超过12位，Excel就默认你输入的是天文数字。对天文数字来说，精确到个位数没有任何意义。为了看起来更简洁，Excel就自作主张采用科学计数法显示，它还会很"聪明"地根据列宽自动调节显示长度。

更糟糕的是，如果输入的数字超过15位数，后面的几位数还会自动变0，而且变成0以后就再也无法恢复成原来的样子。

怎样才能输入正常显示的身份证号和银行账号呢？其实方法和上一页的编号输入一样，必须先将输入区域设为文本格式，再继续输入。

再次郑重提醒：

无须进行加减乘除运算的**超长数字**，将输入区域**先设成文本格式再输入**！

以前输入 1000 个身份证号才发现，想死的心都有了~

输入标准的日期

　　日期是Excel当中最为特殊的数字。如果输入不当，会给后续的统计工作带来很多麻烦。标准的日期是用斜杠隔开年月日的，写成2017/5/20的形式。

　　由于Excel具有强大的自我纠正能力，所以，下方左图中的几种输入形式，也是可以接受的。但是右图的输入形式，分隔符、日的写法出错了，这就成了需要后期整理的错误日期。

正确的输入

错误的输入

　　有3个简单的特征可以辨别日期格式是否正确输入：

按 Enter 键以后自动靠右
对齐

看编辑栏，会自动纠正为标准日期形式

	A	B	C
1	日期数据	公式	计算结果
2	2017年5月20号	=A2+1	#VALUE! ✗
3	2017年5月20日	=A3+1	2017/5/21 ✓

可以直接和数字进行公式计算

输入特殊符号

☑←→⊠✓×☞□☺▼▲▶◀

Office中自带这些特殊的字符，它们都藏在【插入】选项卡中的【符号】栏。

以下符号字体中有不同类型形状：

Wingdings 1

Wingdings 2

Wingdings 3

Webdings

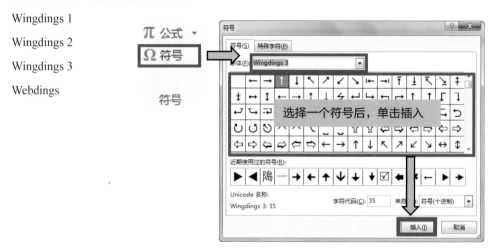

不过我个人更喜欢用搜狗输入法，输入一个英文字母（习惯性用三的首字母S），然后单击更多特殊符号，就能选择插入各种形状字符。

种类齐全，又自带分类，非常好找。

2.6　数字格式和显示效果

Excel 中的 3 种数据类型

实际上，Excel中只有2种数据，就是**文本**和**数字**，而**日期**和**时间**都是**特殊的数字**。

	A	B
1	日期和时间格式	常规格式
2	2018/6/9	43260
3	11:17	0.470138889
4		

日期和时间，改成常规格式后，变成数字

为什么2018年6月9日，会变成数字43260呢？

这是因为，系统的起始日期是1900年1月1日，从这个日期开始算起，以天为单位，24小时即1天，累计数字1，从而得到代表2018年6月9日的日期序数为43260。同理，时间则以24小时为1折算成小数。

数字和文本的区别

最明显的区别是，在默认状态下输入数据，文本自动靠左对齐，数字自动靠右对齐。这是外观上可以察觉到的区别。

而两者之间本质上的区别是：能否进行数学运算。

上一节介绍真假日期的鉴别方法时也提到，标准格式的"真"日期，能够和数字进行加减运算得到新的日期，也正是利用了日期和时间的数字本质特性。但是文本形式的"假"日期和数字进行加减运算就会出错。

"真"数字和"假"数字

数字也有"真""假"之分，我们通常把文本形式存储的数字称为"假"数字。

一般的"假"数字都比较容易认，除了自动左对齐以外，在单元格左上角还会有个绿色小三角，鼠标指针悬停在小三角上后点开标记就可以看到，这些数字是以文本形式存储的。它们会影响数学运算结果。

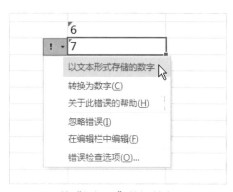

戴"绿帽子"的假数字

数字格式可以随意更改

数字格式类型	显示效果
短日期格式	2018/6/9
长日期格式	2018年6月9日
常规格式	43260
数值格式	43260.00
货币格式	¥43,260.00
会计格式	¥ 43,260.00
百分比	4326000.00%
文本格式	43260

同一数字在不同数字格式下的显示效果

数字格式类型	显示效果
短日期格式	43260
长日期格式	43260
常规格式	43260
数值格式	43260
货币格式	43260
会计格式	43260
百分比	43260
文本格式	43260

文本形式存储的假数字不受影响

在开始选项卡中可以修改单元格和区域的数字格式，从而改变数字的最终显示效果。

但是文本形式存储的数字却不同，无论换成哪一种格式，始终还是它本来的面貌。

原来，数字是个任人打扮的姑娘啊~

2.7 自定义数字格式及经典应用

鉴于数字有"易容"的特性，在输入数字时就不用考虑太多显示效果，甚至可以省去一些重复性、装饰性的字符，通过数字格式来批量改变它们的外观，从而兼顾输入效率和显示效果。

单击数字格式工具组右下角的小箭头处，就能进入单元格格式设置窗口。默认显示的就是数字格式配置栏。

设置单元格格式窗口

在左侧的分类中，有一系列内置的数字格式，比开始选项卡中提供的常用格式更加丰富。只要选中某个分类，然后在右侧配置更多选项，单击确定就能将当前选中的区域更改为新的数字格式。在配置选项时，还能在示例栏中实时看到相应的显示效果。

让日期变得整整齐齐

直接输入日期，当月和日是个位数时，只显示一位数字。如此一来，日期就显得参差不齐。要强制对齐怎么办？

只需将数字格式统一修改为yyyy-mm-dd格式，无论月、日是1位数还是2位数，都会自动补齐成2位数显示。

	A
1	2017/12/12
2	2018/4/1
3	2018/5/30
4	2018/6/9
5	2018/10/4
6	2018/11/11

自定义数字格式
yyyy-mm-dd

	A
1	2017-12-12
2	2018-04-01
3	2018-05-30
4	2018-06-09
5	2018-10-04
6	2018-11-11

默认格式对不齐　　　　　　　　　　　　　　整整齐齐的日期

修改日期格式的步骤

	A
1	2017/12/12
2	2018/4/1
3	2018/5/30
4	2018/6/9
5	2018/10/4
6	2018/11/11

分数
科学记数
文本
特殊
自定义

类型

yyyy-mm-dd

选中所有日期　　　　打开单元格设置窗口　　　修改格式代码
　　　　　　　　　　选择自定义类型

这是什么原理？y、m、d分别代表什么？

你应该猜出来了。y是year的缩写，代表年；m代表month；d代表day。而yyyy/m/d就是标准的日期格式，只要给它换一个面具，同样的日期就能变出各种各样的显示形态。

右侧表格就是2017/5/20在不同数字格式下的显示形式，而且从编辑栏中还可看到数字真实的面目。

放心，格式代码不需要记，懂得选用内置分类里的格式，在此基础之上学会观察和改造就足够了。

数字格式	显示效果
yyyy/mm/dd	2017/05/20
yyyy-mm-dd	2017-05-20
dd-mm-yy	20-05-2017
yyyy" 年 "m" 月 "d" 日 "	2017 年 5 月 20 日
[$-zh-CN]aaaa	星期六
[$-zh-CN]aaa	周六
[$-en-US]d-mmm	50-May

数字单位不用输入，"变"出来

金额等数值，单位不需要写入单元格，不仅麻烦，而且会导致无法进行加减乘除等运算。正确的做法是，把单位写到列标题中。如果有必要在单元格中也显示出来，再设置数字格式，在数字格式里补上单位就可以批量显示出来了。

直接输入

提至标题

数字格式显示

0.00"元"

自定义数字格式中，文本字符要用英文双引号括起来

自动补齐编号前的 0

由前面的自动添加单位的效果可以看出，一些重复的字符都可以通过数字格式"变"出来。员工编号中占位用的前导0也一样!

编号
9
23
168

编号
0009
0023
0168

0000

实际输入　　　　　　显示形式　　　　　　　　　　　　　自定义**数字格式**类型

手机号码自动分段

手机号码分段显示，可读性更强，也更美观。

手机号
13912211189
13859200727
13739890170

手机号
139-1221-1189
138-5920-0727
137-3989-0170

000-0000-0000

实际输入　　　　　　显示形式　　　　　　　　　　　　　自定义**数字格式**类型

巧用数字格式规则标示数值升降

数字格式的规则非常丰富，不仅可以添加字符，还可以变色。

股价
9.76
9.1
-9.12

股价
9.76 ↑
9.10 ↑
-9.12 ↓

[蓝色]0.00 ↑;[红色]-0.00 ↓

实际输入　　　　　　显示形式　　　　　　　　　　　　　自定义**数字格式**类型

2.8 自定义数字格式的原理

实际上，前面的数字格式，我们都不用刻意去记忆。只要理解自定义数字格式的4条核心规则，能大概看懂预设的格式类型，就能在丰富的内置分类基础上，改造出目标格式。本节内容仅供延伸阅读，了解自定义数字格式的原理。

核心规则一：四类数据分别设置格式

在自定义分类的配置栏中，可以看到很多预设的数字格式，其中有一些代码非常长，而且中间有英文分号隔开，是什么意思呢？

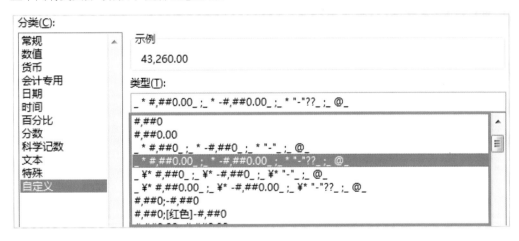

其实分号划分了4种类型的数据，每一段格式只对相应的类型起作用。

正值;负值;零值;文本

对照上一页的股价数据，正数蓝色加向上箭头，负数变红色加向下箭头，就是因为中间有英文分号将格式代码分成了前后两段，从而实现正值和负值不一样的显示效果。后面省略了零值、文本对应的代码和分隔符，说明零值和文本按照默认的格式显示。

[蓝色]0.00 ↑;[红色]-0.00 ↓

如果在此格式代码基础上做两点改动，最终会是什么效果呢？

（1）最后加上零值和文本对应的分隔符，但是不加任何格式代码。

（2）在蓝色中括号后边加上一个加号。

$$[蓝色]+0.00 ↑;[红色]-0.00 ↓;;$$

格式代码修改以后，正数的显示效果是前面多了一个加号。但是零值和文本都看不见了。这一招经常用来隐藏某一个类型的数值。当然，也要记住，在Excel里，眼见不一定为实！想知道一个单元格里的真实内容，一定要看编辑栏。

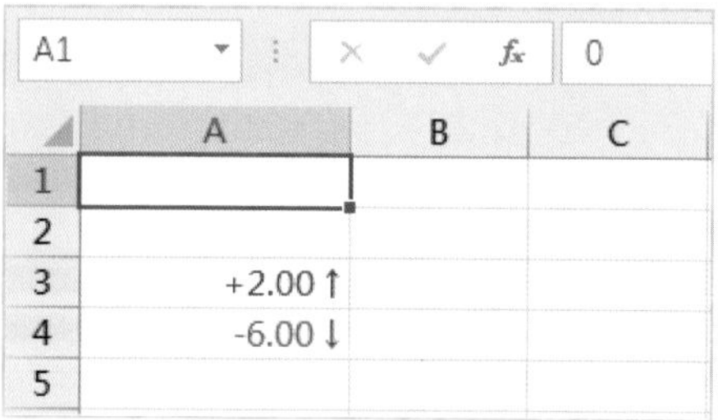

A1 真实数据是 0，结果单元格中却不显示

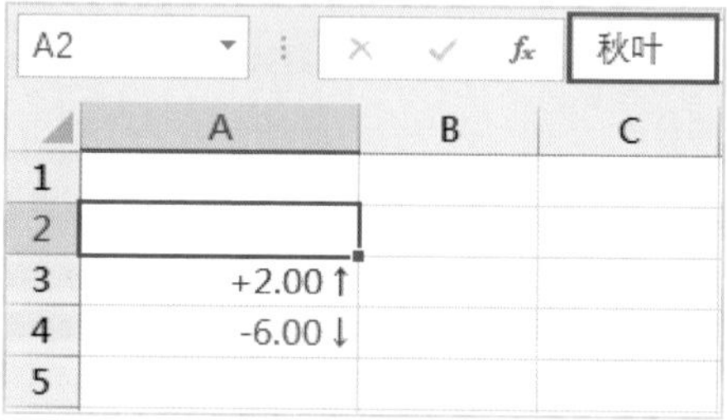

A2 真实数据是文本"秋叶"，单元格中也不显示

核心规则二：占位符 0 和 # 的区别

在预设格式中，0和#是经常出现的格式代号。它们都是数字占位符，代表当前位置是一个数字。然而不同的是，0代表强制显示，不管前面的数值是不是0。

例如，上一节学习过的员工编号格式代码"0000"，即使输入的数据是9，前面不足4位数，也会强制用0补齐4位数。这就是0占位符的作用。如果将代码中的0换成#就无法实现这样的效果。

再比如，千位以上的数字通常会加逗号分隔符，会让数字读起来更友好。然而，如果格式代码中的#换成0，就会出差错。全换成0后，在不及千位时，也会用0补齐，并且显示出千位分隔符（见右图）。

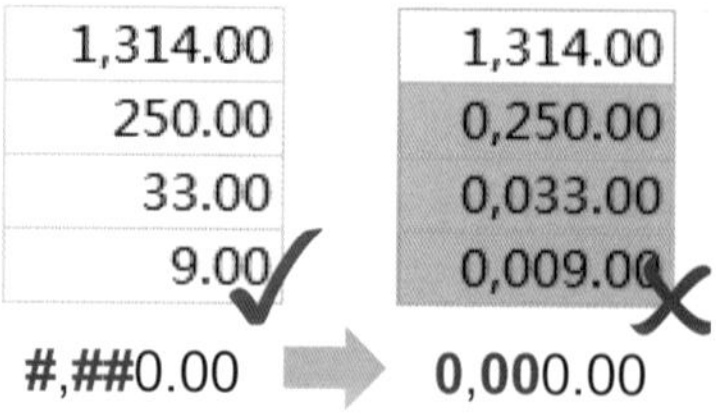

0000

| 编号 |
| 0009 |
| 0023 |
| 0168 |

1,314.00	1,314.00
250.00	0,250.00
33.00	0,033.00
9.00 ✓	0,009.00 ✗
#,##0.00 ➡	0,000.00

核心规则三：文本型字符加英文双引号

前面介绍了利用数字格式显示出单位的用法，其中的单位就是加上了**英文**的**双引号**。

有时候不加双引号，Excel也能识别出来，自动帮你补上，有时却不会，自行留意就好。

0.00 "元"

格式代码

金额（元）
10.31元
9.75元
9.11元
9.52元
1.08元

显示效果

核心规则四：附加条件用中括号［］

在股价分正负值分别显示不同颜色格式的例子中，就附加了颜色规则。总之，彩虹中的颜色都是可以用的。

附加的条件规则，常常可以为某些特定范围的数据指定显示格式。例如：

[蓝色]0.00 ↑;[红色]-0.00 ↓

用上面的格式，要输入性别数据，就只需要1或0，就可以得到男或女。是不是简单得多呢？而用上面的取值范围和颜色规则以后，成绩大于等于60分的会自动显示成文字"及格"。

[=1]"男";[=0]"女"   [>=60][绿色]"及格"

除了以上核心规则以外，还有一些不常用的规则，例如：

@可以代表单元格中已经输入的文本

!是转义符

_代表缩进一个空位对齐

G/通用格式代表默认的常规格式

不懂也不影响我们使用主要功能啊。所以不必纠结……

要掌握自定义数字格式，只需学会两招：

改造　　　　　　　　搜索

还以股价格式为例，在不懂前面的规则时，我就知道怎么做出来了。因为我知道在数值分类里，有一个效果是可以将负数变红的。找出一种最接近的格式，然后切换到自定义分类，在已有格式的基础上，多删少补就行啦。

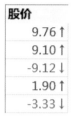

先选择一种最接近的预设格式

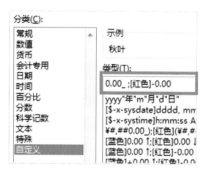

再在自定义分类中修改

要以万为单位显示数据怎么办？问度娘啊！反正什么鬼转义符我也是搞不清楚，要用到时，搜一搜，然后把代码复制粘贴到自定义类型中就搞定了。

 Excel数字格式 万 单位 百度一下

复制粘贴总该会吧？不如你来试试？

2.9 预防输错数据

"嘟……嘟……嘟……您所拨打的电话号码不存在！"

仔细一看，晕，是个只有10位数的手机号。工作中经常碰到类似的数据错误。刚开始，还会忍不住抱怨"为什么这帮人如此粗心？都不检查的吗？"但是后来总碰到类似的情况时，不禁会想"既然再三要求都无法避免，那我能采取什么措施预防，尽量减少填写出错呢？"

答案是：**数据验证**（2013版以前的版本又叫数据有效性）。

主要有三个用途：预先提醒、出错警报和选择填空。

选中一个区域以后，在【数据】选项卡中打开【数据验证】设置窗口，就能够配置该区域限制输入的条件，输入前就出现的提示信息，出错以后弹出的警告信息，以及当前输入位置所用的输入法模式。

输入前自动提醒

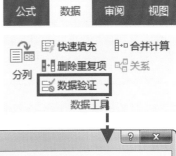

数据验证设置窗口

输入前自动提醒

当选中设置过输入信息的单元格时，就会自动在单元格旁边浮现提示框。而在没有选中数据验证区域时，这些提示信息完全看不见，不影响表格阅读。

所以，我们可以将期望表格用户输入的内容形式、规范要求等信息写入此处，让他们将活动单元格移动到此位置，准备输入数据时就知晓。

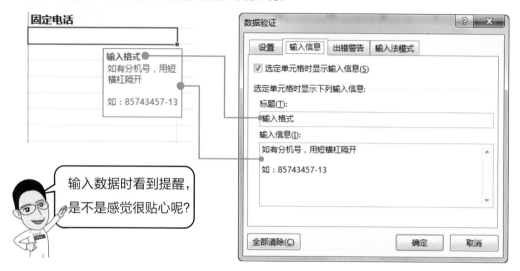

一言不合就报警

要在输错数据时让表格自动发出警告，需要预先设置验证条件，也就是输入怎样的数据才符合条件，才会被允许输入。当所输入数据不合验证条件时，就发出警告。

例如，手机号码只允许输入11位的数字，数字位数不够、过多都会发出警报。

具体设置方法见下一页。

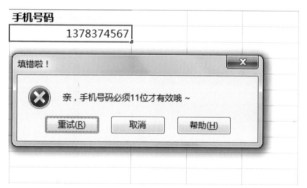

允许文本长度等于 11　　　　　　　　添加警告信息

通过验证条件，可以分别对日期、整数、小数、日期、时间、文本等类型实行丰富的数据录入限定功能。

例如，只能输入指定为范围内的日期，可以参照右图设置属性。

设置日期范围

再结合公式引用、函数，还能进一步强化录入限定，比如不能输入重复值等。

选中A列，设置数据验证允许自定义类型的条件，然后输入右图中的COUNTIF公式，这样A列中就不允许输入任何重复值。

如果还有其他更多限定条件要实现，只要结合不同的函数公式就能实现。

允许(A):
自定义　　☑ 忽略空值(B)
数据(D):
介于
公式(F)
=countif(A:A,A1)<=1

疑问 01　为什么设置数据验证以后，数据没有反应？

数据验证只对设置验证条件后，手工输入的数据有效。

数据验证的限定功能，只能对配置完成后手工录入的数据起作用。而对已经输入的数据，以及复制粘贴而来的数据则毫无办法。如果需要检验已经输入的数据是否符合验证条件，可以使用【圈释无效数据】功能，实行事后验证。

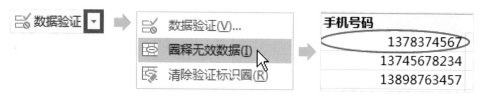

选择填空最保险

将一些类别型的数据设置成**下拉列表**，不仅能够提高输入效率，还能有效限定填写范围，确保规范一致。制作思路是将分类项目单独放在一份参数表中，然后通过数据验证引用这些参数作为数据源，具体设置方法如下：

（1）选择验证条件为序列；

（2）选择添加数据来源。

下拉列表效果

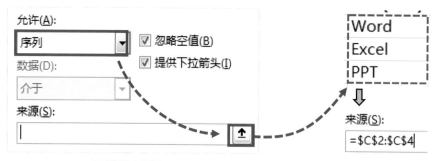

下拉列表设置

诸如部门、产品类别、型号、省市等相对固定的分类信息，都可以利用下拉列表限定输入的内容，让填写的人直接选择填空。如此便避免出现一种分类、多种写法的情况出现。

疑问 02 如何让下拉列表能够自动更新?

将验证序列的数据源转为智能表格,添加新的条目后就能自动更新。

按照前文所述的步骤制作下拉列表存在一个问题:如果参数继续增加,比如增加一门【职场技能】课程,下拉列表无法自动更新,从而需要重新设置数据验证的序列来源范围。

有一个简单的诀窍,可以让下拉列表实现自动更新:将参数转换成智能表格。

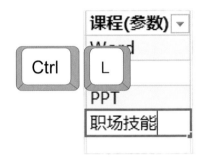

创建智能表格后,增加新的参数

下拉列表自动更新条目

实际工作中经常会利用智能表格自动扩展的特点,将其作为动态数据源的实现手段。在没有智能表格的版本或其他表格软件中,只能通过OFFSET等函数公式去实现,无疑会更为复杂。

如果记录数据的表格比较大,可以将参数单独置于另一张工作表,这也正是第1章所述的【数据表按用途分离】的理念体现。

疑问 03　如何制作多级联动的下拉列表？

　　像省、市，品类、商品这类有级别的分类，还可以设成分级显示的下拉列表。例如，下表中，当A2的值不同时，下拉列表显示的分类不一样。

	A	B	C		D	E	F	G
1	品类	商品			品类		女性用品	男性用品
2	女性用品				女性用品		香奈儿5号	大疆Mavic
3		香奈儿5号			男性用品		爱马仕	机械键盘
4		爱马仕					LV	纸巾
5		LV						
6								

	A	B	C		D	E	F	G
1	品类	商品			品类		女性用品	男性用品
2	男性用品				女性用品		香奈儿5号	大疆Mavic
3		大疆Mavic			男性用品		爱马仕	机械键盘
4		机械键盘					LV	纸巾
5		纸巾						
6								

　　仅仅利用数据验证功能无法实现，还必须结合函数公式运用才行。多级下拉列表用得并不多。如果你感兴趣，可以百度搜索：

　　也可以关注秋叶PPT公众号，回复关键词【多级下拉列表】获取动画版教程，看如何简单高效地制作出来。

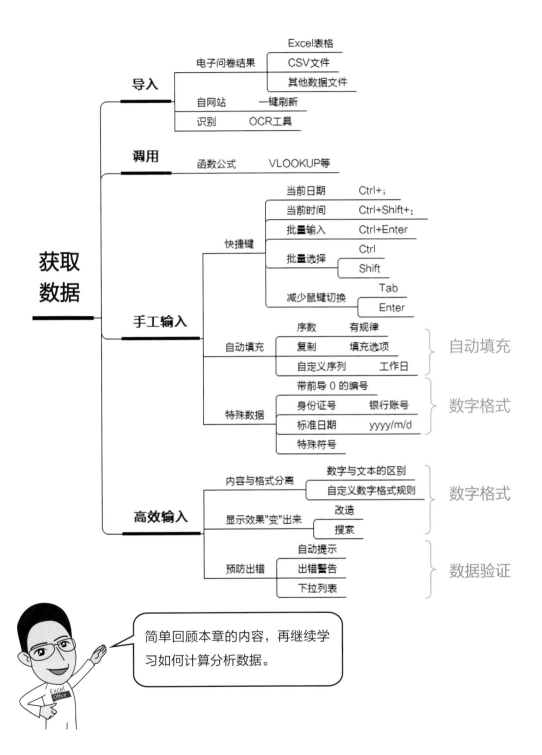

简单回顾本章的内容,再继续学习如何计算分析数据。

轻松快捷地

CHAPTER 3

计算和分析数据

- 如何求数据的总和、平均值?

- 如何分类统计最高效便捷?

- 按区间分段、分组怎么统计?

- 交叉汇总分析是怎么回事?

- 怎样快速统计同比、环比、百分占比?

- 如何进行不重复次数统计?

......

本章详细解析如何轻松实现计算分析方法。

在数据化的当今社会，生活中的方方面面都充斥着大量数据信息：课程成绩、运动健身记录、睡眠信息、淘宝京东购物记录、快递订单、PM2.5实时数据、微信公众号文章阅读数据、支付宝账单、销售明细、财务流水等，几乎无处不在。

然而，大量杂乱无章的数据，如果没有经过整理、归纳和提炼，我们能够从数据记录中获取的信息将非常有限，也就无法在认知、管理和决策上产生更大价值。

例如，下面是一份产品销售记录表，详细记录着每一笔销售订单的订单号、产生日期、销售员、所属区域及产品名称等基本信息，在没有经过统计分析之前，它就只是一份反映每一笔交易真实存在的凭据，仅此而已。

	A	B	C	D	E	F	G	H
1	订单编号	日期	销售员	区域	产品名称	销量(台)	单价	金额
233	Q0232	2017/12/9	春丽	华中	智能电视	5	4999	24995
234	Q0233	2017/12/10	张小凡	华南	智能电视	4	4999	19996
235	Q0234	2017/12/15	黄飞鸿	华北	平板电脑	4	1500	6000
236	Q0235	2017/12/16	春丽	华中	无人机	1	7000	7000
237	Q0236	2017/12/17	张小凡	华南	笔记本	2	5999	11998
238	Q0237	2017/12/18	春丽	华中	手机	4	2700	10800
239	Q0238	2017/12/19	刘冬	华东	无人机	2	7000	14000
240	Q0239	2017/12/30	春丽	华中	笔记本	3	5999	17997
241	Q0240	2017/12/31	鲁智	华中	无人机	6	7000	42000

产品销售明细记录

但是，只要将它按照销售区域分类，然后对销售量进行汇总统计，就能看到各个区域的销售总量。然后从高到低排序，就能马上看出哪个区域的销售最高，哪个区域的最低。

	A	B
1	区域	销售量
2	华北	147
3	华东	141
4	华南	259
5	华中	264
6	总计	264

分类汇总统计

	A	B
1	区域	销售量
2	华中	264
3	华南	259
4	华北	147
5	华东	141
6	总计	811

对比分析 - 排序

在此基础之上，继续计算分析各个区域的销售量占比，就能对各个区域的所占份额进行比较，从而帮助老板判断奖励和资源分配该向哪些区域倾斜。

	A	B	C
1	区域	销售量	占比
2	华中	264	33%
3	华南	259	32%
4	华北	147	18%
5	华东	141	17%
6	总计	811	100%

构成分析 - 计算百分比

依据同一个数据源，更换分类方式，还能进行两个维度的交叉汇总。例如，统计各个销售员成交各类产品的数量，从而对每个销售员和商品品类的销售情况进行定期监控：

	A	B	C	D	E	F	G
1	姓名	笔记本	手机	平板电脑	无人机	智能电视	总计
2	张小凡	2	24	15	20	8	69
3	柯南	25	9	40	32	20	126
4	杜兰特	20	19	3	6	16	64
5	梅梅	23	33	14	26	19	115
6	鲁智	10	18	9	22	12	71
7	春丽	14	7	19	8	30	78
8	刘冬	17	14	23	26	10	90
9	玛拉	11	20	1	10	9	51
10	黄飞鸿	15	11	25	11	10	72
11	费玉	18	21	9	18	9	75
12	总计	155	176	158	179	143	811

交叉汇总统计

源数据就如"山石泥沙"，一份包含各种属性的详实数据记录，蕴含着大量隐藏信息等待你挖掘。只要你愿意，就能够百炼成金，为你所用。所以，掌握一套高效汇总统计、归纳提炼的工具和方法，能够让我们真正发挥数据的价值。

分类汇总　　均值　　最大值

月汇总　年汇总　增长　总和　最小值　次数　频率

季度汇总　比例　排名　折扣

分段统计　环比　同比　比率　完成率

百分比构成　达标率

要做到这些并不难，学会本章的方法，三下五除二就搞定了。

下面先大概了解 Excel 中实现高效计算分析的 3 种方法，以及它们各自的优势所在。

3.1 计算分析的 3 种方法

Excel拥有强大的自动计算和统计分析工具。本章将介绍3种计算分析方法，智能表格、函数公式和数据透视表。它们各有特色和优势，面对各种不同的情形和计算需求，我们只需掌握一点点基础操作，就能够轻轻松松完成。

智能表格（Table）

智能表格在更早的2003版中的名字为列表（List），意思就是清单式的数据记录。之后的版本改名为表格。你没看错，就是表格。只是此翻译的名称过于普通，和其他填写数据的普通表格分不清楚，容易被人忽视。为了让它的名字更有特点，更符合它自身的特征，可以唤它作智能表格。

其实，Excel工程师创造它的本来目的，并不是用于数据计算，而是作为数据记录的一个容器、仓库，从而让数据区域可以作为一个整体，作为其他计算分析工具的数据来源，从而提高处理效率。

只不过它恰好具备了简单的计算功能，可以用来解决一些常见的计算需求，而且方法非常简单，只需要单击勾选，就能在智能表格下方调出汇总行并自动计算一列数据的总和。

在最后一行自动算工资总和　　选择类别，自动算此类别的总和　　单击汇总结果可切换汇总计算方式

而且它自带筛选器，我们通过筛选不同的分类，能够快速查看不同分类下的汇总结果。另外，单击汇总结果后，还能选择平均值、最大值、最小值等不同的汇总计算方式。

在源数据上查看总和、均值等计算结果用智能表格

　　但智能表格只能在数据的最后一行对整列数据进行计算，却无法在列中对行进行计算。例如，每个人的工资有基本工资、奖金和补贴构成时，要按行计算该行多个单元格数值的总和，智能表格就无法实现，此时需要用到更灵活的计算方法——函数公式。

	A	B	C	D	E	F	G
1	工号	姓名	职务	基本工资	奖金	交通补贴	合计
2	QY001	黄飞鸿	主管	8000	500	100	8600
3	QY002	梅梅	员工	6000	300	100	6400
4	QY003	刘冬	员工	6000	300	100	6400
5	QY004	柯南	主管	7500	500	100	8100
6	QY005	费玉	员工	5000	300	100	5400
7	QY006	张小凡	员工	5000	300	100	5400
8	QY007	鲁智	实习	1500	0	0	1500
9	QY008	春丽	员工	4000	300	100	4400
10	QY009	杜兰特	实习	1500	0	0	1500
11	QY010	玛拉	员工	3500	300	100	3900

图1　计算每一行的工资合计数

函数公式（Function & Formula）

　　公式，是以等号开始，能自动计算出结果的算式。例如，图2的工资表中，要计算合计工资，可以在G2单元格中输入图2所示公式"=D2+E2+F2"，按Enter键完成输入后，就能自动计算并得到结果为8600。

	A	B	C	D	E	F	G
1	工号	姓名	职务	基本工资	奖金	交通补贴	合计
2	QY001	黄飞鸿	主管	8000	500	100	=D2+E2+F2

图2　输入公式

　　然后将G2单元格的内容向下填充，就能得到图1中的所有合计数。

　　以上公式其实和我们小学学过的加减乘除运算没什么两样，但是Excel公式胜在可以通过自动填充实现批量复制，从而快速得到全部计算结果，效率极高。

那函数又是什么呢?

函数,是一套固定的计算规则。它主要有2个作用:简化公式和智能计算。如何理解呢?看下面的案例。

函数能简化公式写法

图1 按行计算源数据示例1

还是上一页中的案例,为了得到图1所示的计算结果,上一页我们用的是普通公式:

=D2+E2+F2

如果换成求和函数SUM,就可以写成下面的公式,它的含义是计算从D2到F2区域的所有数值之和,而其中的SUM就是包含了计算总和这条规则的求和函数:

=SUM(D2:F2)

计算的数据越多,区域越大,就越能看出函数的简单高效。举个例子,假如工资构成增加了加班工资、交通补贴、伙食补贴3项,如图2所示,如何计算合计工资?

图2 按行计算源数据示例2

用普通的加法公式,要每一个单元格都选一次,还要手工输入N个加号,效率非常低。而用函数公式,只需直接选择整个求和的区域,就能完成,孰优孰劣一试便知。

=D2+E2+F2+G2+H2+I2

=SUM(D2:I2)

函数能实现更加智能的计算

还是前面的案例，假如全部员工的交通补贴都是100，那很简单，直接输入一个数据，然后向下填充就可以了。但是如果有员工，比如实习生的交通补贴都为0，怎么办呢？要一个一个挑出来手工填写吗？3个、5个、10几个都还可以接受，但是如果有1000行，还能手工输入吗？

	A	B	C	D	E	F
1	工号	姓名	职务	基本工资	奖金	交通补贴
2	QY001	黄飞鸿	主管	8000	500	100
3	QY002	梅梅	员工	6000	300	100
4	QY003	刘冬	员工	6000	300	100
5	QY004	柯南	主管	7500	500	100
6	QY005	费玉	员工	5000	300	100
7	QY006	张小凡	员工	5000	300	100
8	QY007	鲁智	实习	1500	0	0
9	QY008	春丽	员工	4000	300	100
10	QY009	杜兰特	实习	1500	0	0
11	QY010	玛拉	员工	3500	300	100

图3　如何自动识别实习生，填写不一样的数据？

显然，Excel没有那么笨。利用一个逻辑判断函数IF，为它设置一个自动识别实习生并填写另外一个数值的规则，就能够实现批量填写了。只需在F2单元格中输入下面的公式，然后向下填充，就能分别为实习生和其他员工填写相应的交通补贴金额：

```
=IF(C2="实习",0,100)
```

该函数的意思是，拿C2的值，和文本"实习"进行比较，如果相等，计算结果就等于0，如果不等，计算结果就是100。

函数公式通过各种逻辑条件的判断可以让表格变得更"聪明"，从而大大提高计算效率。暂且不用理会具体的函数公式输入方法和原理，因为在第7章还会详细介绍各种函数公式的用法。现在你只需要理解，在计算分析阶段，我们用函数公式的主要目的，是为了通过现有数据计算得出新的数据列，从而实现更进一步的统计分析。

用函数公式计算生成新的数据列（字段）

员工级别	发放工资总额	占比
实习	3000	5.5%
员工	31900	58.5%
主管	19600	36.0%
总计	54500	100.0%

图4　分类总额和百分比统计

例如，经函数公式计算得到了每一位员工的工资总额，我们就可以进一步统计，实习生、普通员工、主管三类职员分别发放了多少钱，甚至是每一类职员工资总额所占的比例，从而判断薪资结构是否合理。

做这样的统计，要用到什么函数公式？

一个都不用！聪明的"表哥表妹"们，都用数据透视表！

函数公式的局限性

用函数公式做统计分析不是不可以。毕竟，在Excel中有400多个函数，还能组合运用，在函数大神的手里，那简直无所不能。但是强行用函数公式统计，就会无端增加很大的工作量。譬如，为了得到图4的结果，用函数公式对下方工资明细表进行统计，需要几个步骤呢？

	A	B	C	D	E	F	G	H	I	J	K
1	工号	姓名	职务	部门	基本工资	奖金	交通补贴	加班工资	话费补贴	伙食补贴	合计
2	QY001	黄飞鸿	主管	运营部	8000	500	100	2000	100	800	11500
3	QY002	梅梅	员工	运营部	6000	300	100	800	100	800	6400
4	QY003	刘冬	员工	运营部	6000	300	100	1000	100	800	6400
5	QY004	柯南	主管	产品部	7500	500	100	800	100	800	8100
6	QY005	费玉	员工	产品部	5000	300	100	1000	100	800	5400
7	QY006	张小凡	员工	产品部	5000	300	100	800	100	800	5400
8	QY007	鲁智	实习	运营部	1500	0	0	800	100	800	1500
9	QY008	春丽	员工	产品部	4000	300	100	800	100	800	4400
10	QY009	杜兰特	实习	产品部	1500	0	0	2000	100	800	1500
11	QY010	玛拉	员工	产品部	3500	300	100	800	100	800	3900

步骤1：制作统计表框架

	M	N	O
1	员工级别	发放工资总额	占比
2	实习		
3	员工		
4	主管		
5	总计		

此处省略输入 N 个字、设置表格格式等细节

步骤2：公式计算各类员工工资总额

在N2中输入后面的公式然后向下填充就可以了：=SUMIF(C:C,M2,K:K)

	M	N	O
1	员工级别	发放工资总额	占比
2	实习	3000	
3	员工	31900	
4	主管	19600	
5	总计		

公式倒也不难，等你学完第 7 章，你也会写

步骤3：公式计算各个分类的百分比

在O2中输入后面的公式然后向下填充：=N2/SUM($N$2:$N$4)

	M	N	O
1	员工级别	发放工资总额	占比
2	实习	3000	5.5%
3	员工	31900	58.5%
4	主管	19600	36.0%
5	总计		

现在不懂也没关系

步骤4：插入自动求和公式，得到总计

	M	N	O
1	员工级别	发放工资总额	占比
2	实习	3000	5.5%
3	员工	31900	58.5%
4	主管	19600	36.0%
5	总计	54500	100.0%

这一步倒是简单，选中 N5:O5，然后按 Alt+=

等我们好不容易把所有公式设置好，得到了统计结果。老板又说，再给我统计一下各个部门的工资总额，要是能够来个交叉分析，看到每个部门、每类员工的直接统计结果就更好了。

	Q	R	S	T
1	员工级别	产品部	运营部	总计
2	实习	1500	1500	3000
3	员工	19100	12800	31900
4	主管	8100	11500	19600
5	总计	28700	25800	54500

图 5　级别和部门交叉汇总统计

怎么办？重来一遍上一页的步骤，在一块新的区域再用函数公式统计吧。交互汇总统计公式也不复杂，在R2中输入下面的公式就可以，再填充到R2:S4的整个区域就行了。

=SUMPRODUCT((\$C\$2:\$C\$11=\$Q2)*(\$D\$2:\$D\$11=R\$1)*(\$K\$2:\$K\$11))

看到这个公式，整个人都不好了

这就是函数公式的局限性。用它来做统计分析，不仅难写难懂。好不容易做好了，统计需求一旦改变，又得重新来过。

统计需求还要再变？

那就再来一遍

……

手速再快，也经不起这样折腾，会被活活累死的！

为什么不着急学太多函数公式？太多人没有掌握Excel表格的正确打开姿势，就在函数公式的道路上一条道走到黑了，结果越陷越深。

如果只会不断追求更复杂高深的函数，就离熬夜加班不远了！

多少"表哥表妹"竟然不知道Excel中还有一个大杀器，随随便便地单击拖曳鼠标，就能生成各种统计报表。想要换个维度分析，推倒重来也不过在分秒之间就能完成。

它，就是数据透视表。

数据透视表（Pivot Table）

数据透视表是一款综合型的数据分析工具，分类汇总、计算平均数、百分比、分段分组统计、排序筛选……样样拿手。它能够让多维度的数据汇总分析，就像搭积木一样简单轻松。

以同样的工资明细表为数据源，生成一份数据透视表后，每一列数据都会在字段窗口中生成一个字段名称。只要分别将职务、合计两个字段分别拖入行和值区域，就得到了按职务分类的工资总额统计结果。

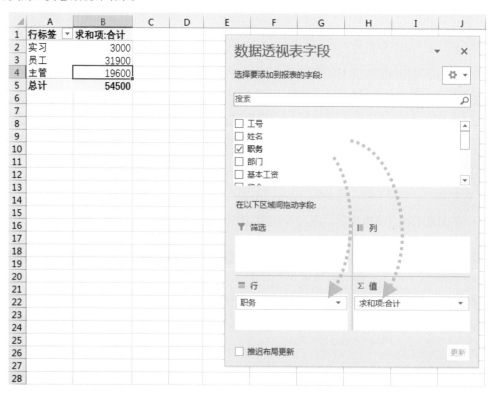

再把部门字段拖进列区域，就得到了在职务类别和部门两个维度上，关于工资总额的交叉汇总统计结果。

	A	B	C	D
1	求和项:合计	列标签		
2	行标签	产品部	运营部	总计
3	实习	1500	1500	3000
4	员工	19100	12800	31900
5	主管	8100	11500	19600
6	总计	28700	25800	54500

数据透视表字段

选择要添加到报表的字段:

搜索

☐ 工号
☐ 姓名
☑ 职务
☑ 部门
☐ 基本工资

在以下区域间拖动字段:

▽ 筛选

▥ 列
部门

☰ 行
职务

Σ 值
求和项:合计

☐ 推迟布局更新　　更新

原本需要N个复杂的函数公式才能搞定的事情，用数据透视表3次拖曳就搞定。如果还有更多字段（数据列），在数据透视表中，通过单击拖曳字段还能轻松实现以下统计需求：

按工资区间统计每个区间的人数；

每一个分类占全公司工资总额的百分比；

每个月的工资支出，以及同比增长率；

各个年龄段的工资分布情况；

……

几乎你能想到的所有统计分析工作都能通过数据透视表完成。实现不了？那就是缺少了相关的字段（数据列）。这时候，就可以用函数公式先计算出来嘛！

总之很厉害就对了~

智能表格	直接在源数据中查看整列数据的总和、平均值、最大值、最小值、个数等计算结果。
函数公式	计算得到原始数据中没有的字段（数据列），为数据透视表的统计分析作准备。
数据透视表	按条件、类别进行各种汇总统计的综合型分析工具。

以上便是最能发挥3种工具各自优势的高效用法。要搞清楚它们的真正优势所在，我们再来看具体的操作方法。

3.2 智能表格轻松计算

以右侧的销售明细表为例，如何快速查看：

（1）8月份的销量总和；

（2）8月15日至9月15日的销量总和；

（3）五仁月饼的总金额；

（4）9月份双黄和榴莲月饼的总金额；

……

如果仅仅为了查看不同条件、类别的数据总和，使用智能表格就绰绰有余。接下来就通过这个案例，学习如何创建智能表格，如何按条件计算销量总和，以及智能表格的其他特征。

	A	B	C	D	E
1	日期	月饼	销量	单价	金额
2	2017-08-01	莲蓉	29	10	290
3	2017-08-03	双黄	16	15	240
4	2017-08-03	榴莲	16	20	320
5	2017-08-03	五仁	1	5	5
6	2017-08-04	莲蓉	25	10	250
7	2017-08-04	双黄	10	15	150
8	2017-08-05	五仁	2	5	10
9	2017-08-06	五仁	4	5	20
10	2017-08-07	莲蓉	13	10	130
11	2017-08-07	双黄	21	15	315
12	2017-08-08	五仁	2	5	10
13	2017-08-09	五仁	3	5	15
14	2017-08-10	莲蓉	11	10	110
15	2017-08-11	双黄	10	15	150
16	2017-08-13	莲蓉	24	10	240
17	2017-08-13	双黄	14	15	210
18	2017-08-13	五仁	1	5	5
19	2017-08-14	五仁	4	5	20
20	2017-08-15	榴莲	22	20	440
21	2017-08-16	莲蓉	29	10	290

月饼销售明细表

普通数据区域转换成智能表格

选择数据区域内任意一个单元格，例如A1，然后执行以下任意一种操作即可。

方法一：套用表格样式

在开始选项卡，打开套用表格样式菜单，然后选择任意一种样式，确定以后，就转化成了智能表格。

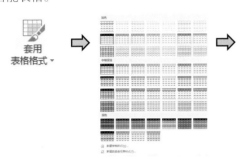 

方法二：插入表格

选择数据区域内任意一个单元格，在插入选项卡中，选择表格。

方法三：快捷键法

直接按快捷键组合Ctrl+T。（也可以使用Ctrl+L，两个字母分别代表Table和List，功能一样）

快速查看汇总结果

转换成智能表格以后，只需在**表格工具**选项卡中，点选**汇总行**，就能显示汇总结果。选中汇总单元格，单击旁边的小三角还能快速切换汇总方式。

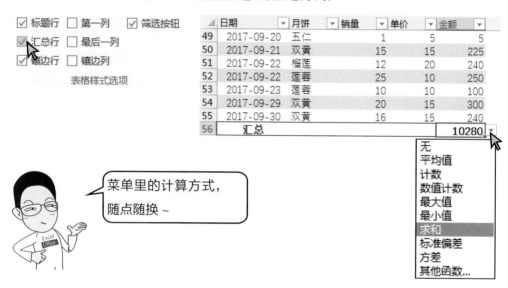

菜单里的计算方式，
随点随换~

按条件筛选数据并查看汇总结果

创建智能表格以后，每一个数列的标题行上都默认自带**筛选器**。再单击筛选器，打开筛选面板，就可以通过勾选不同的条件查看对应的数据记录。

例如，如何筛选出8月份的五仁月饼数据，并查看其销量总和？

日期筛选面板中单击取消勾选九月，月饼筛选面板中取消全选，然后单击勾选五仁。就能得到相应的数据记录及其汇总结果。

配置筛选条件

	A	B	C	D	E
1	日期	月饼	销量	单价	金额
5	2017-08-03	五仁	1	5	5
8	2017-08-05	五仁	2	5	10
9	2017-08-06	五仁	4	5	20
12	2017-08-08	五仁	2	5	10
13	2017-08-09	五仁	3	5	15
18	2017-08-13	五仁	1	5	5
19	2017-08-14	五仁	4	5	20
25	2017-08-21	五仁	2	5	10
27	2017-08-22	五仁	1	5	5
33	2017-08-30	五仁	2	5	10
34	2017-08-31	五仁	1	5	5
56	汇总				115,

筛选后的汇总结果

关于筛选器、筛选条件的更多配置方法在第6章还会详细介绍，在此仅作简单了解即可。如果你觉得智能表格中的筛选器碍眼，还可以通过表格工具选项卡，取消显示筛选按钮。

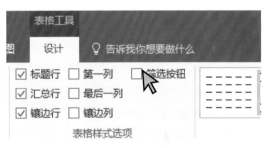

取消显示筛选按钮

用切片器快速筛选

切片器是2010版以后新增的功能，可以更加方便快速地按照分类进行筛选，是简化版的筛选器。

单击插入切片器按钮之后，选择拟插入切片器的数据列，然后单击**确定**，就可以生成切片器。可以同时生成多个。

生成切片器以后，用选择单元格的方法，通过单击、拖曳就可以分别查看单个分类或多个分类的筛选及汇总结果，确实更加方便。不过切片器毕竟是简化版的筛选按钮，只能按类别选择。无法实现自定义数值范围、包含特定的文本等筛选条件。

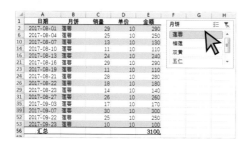

查看单个类别筛选结果

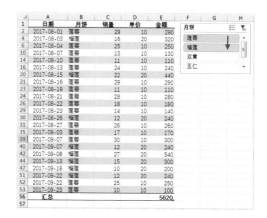

查看多个类别筛选结果

扩展表格区域并更新汇总结果

不显示汇总行时：

在智能表格下方一行，直接输入数据，表格区域便会自动扩展至新的一行。

这就是智能表格的自动扩展特性。数据透视表和图表常常利用这一特性，将其作为动态数据源，保持统计结果自动包含新增数据。

	日期	月饼	销量	单价	金额
49	2017-09-20	五仁		1	5	5
50	2017-09-21	双黄	15	15	225
51	2017-09-22	榴莲	12	20	240
52	2017-09-22	莲蓉	25	10	250
53	2017-09-23	莲蓉	10	10	100
54	2017-09-29	双黄	20	15	300
55	2017-09-30	双黄	16	15	240
56	2017-02-08				0

已显示汇总行时：

此时可以通过拖曳右下角的小三角，扩展或收缩表格区域。

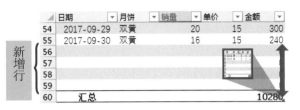

	日期	月饼	销量	单价	金额
54	2017-09-29	双黄	20	15	300
55	2017-09-30	双黄	16	15	240
56					
57					
58					
59					
60	汇总				10280

新增行

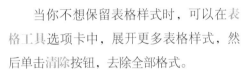

答疑 01　如何清除智能表格的样式？

当你不想保留表格样式时，可以在表格工具选项卡中，展开更多表格样式，然后单击清除按钮，去除全部格式。

此操作仅清除表格的样式外观，但它仍然是智能表格。

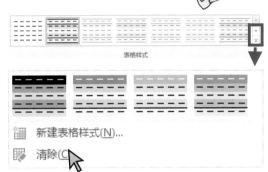

表格样式

新建表格样式(N)…
清除(C)

答疑 02　如何将智能表格转换成普通数据区域？

在表格工具中单击转换为区域按钮，即可将智能表格恢复成普通数据区域。

此操作仅转换表格，但保留样式外观。

通过数据透视表汇总
删除重复项
转换为区域
插入切片器

工具

3.3 自动求和函数与公式计算

插入自动求和函数

	A	B	C	D	E	F	G
1	工号	姓名	职务	基本工资	奖金	交通补贴	合计
2	QY001	黄飞鸿	主管	8000	500	100	8600
3	QY002	梅梅	员工	6000	300	100	6400
4	QY003	刘冬	员工	6000	300	100	6400
5	QY004	柯南	主管	7500	500	100	8100
6	QY005	费玉	员工	5000	300	100	5400
7	QY006	张小凡	员工	5000	300	100	5400
8	QY007	鲁智	实习	1500	0	0	1500
9	QY008	春丽	员工	4000	300	100	4400
10	QY009	杜兰特	实习	1500	0	0	1500
11	QY010	玛拉	员工	3500	300	100	3900

工资明细表

以计算工资明细表中的合计工资为例，要插入求和函数根本不用手写，只需选中第一个单元格G2，然后单击**公式**选项卡中的**自动求和**字样上方的**符号∑按钮**。

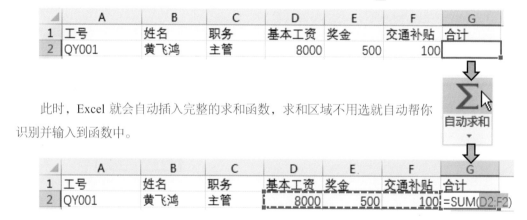

此时，Excel 就会自动插入完整的求和函数，求和区域不用选就自动帮你识别并输入到函数中。

按Enter键得到G2的计算结果后，再选中G2，并双击G2右下角的填充柄，将公式自动填充到最底行，就得到了全部计算结果。

	A	B	C	D	E	F	G
1	工号	姓名	职务	基本工资	奖金	交通补贴	合计
2	QY001	黄飞鸿	主管	8000	500	100	8600
3	QY002	梅梅	员工	6000	300	100	双击
4		刘冬	员工	6000	300	100	6400
5		柯南	主管	7500	500	100	8100
6		费玉	员工	5000	300	100	5400
7		张小凡	员工	5000	300	100	5400
8		鲁智	实习	1500	0	0	1500
9		春丽	员工	4000	300	100	4400
10		杜兰特	实习	1500	0	0	1500
11	QY	玛拉	员工	3500	300	100	3900

自动填充得到所有合计数

答疑 01　如何更改或添加求和区域？

自动求和类别的函数会自动感应周边的数据区域，理解你的意图并自动添加作为函数的计算参数。但有的时候可能会跑偏，这时需要对求和区域进行调整。

调整求和区域的方法是：

（1）在编辑栏中，选中并删除括号里的参数；

（2）重新选择一个或多个区域。

*当求和区域有多个时，在选择一个区域以后，需要输入英文逗号，再继续选择第二个区域，依次类推。

删除并重新选择求和区域

A1:A5,C1:C5

求和区域有多个时用英文逗号隔开

答疑 02　**如何更换计算方式？例如，求平均值。**

插入自动求和函数时，单击位置换成下方的文字部分或小三角，就能展开更多自动求和函数，选择其中一种就能直接插入该函数。其余操作和求和函数一模一样。

Σ
自动求和

SUM	——	Σ ●求和(S)
AVERAGE	——	●平均值(A)
COUNT	——	●计数(C)
MAX	——	●最大值(M)
MIN	——	●最小值(I)
		其他函数(F)…

对自动求和函数列表及对应名称

输入简单的公式计算

如果还要在合计基础上扣除个人所得税，得到每个人的应发工资，应该如何输入公式呢？

	A	B	C	D	E	F	G	H	I
1	工号	姓名	职务	基本工资	奖金	交通补贴	工资合计	个人所得税	应发工资
2	QY001	黄飞鸿	主管	8000	500	100	8600	465	8135
3	QY002	梅梅	员工	6000	300	100	6400	185	6215
4	QY003	刘冬	员工	6000	300	100	6400	185	6215
5	QY004	柯南	主管	7500	500	100	8100	365	7735
6	QY005	费玉	员工	5000	300	100	5400	85	5315
7	QY006	张小凡	员工	5000	300	100	5400	85	5315
8	QY007	鲁智	实习	1500	0	0	1500	0	1500
9	QY008	春丽	员工	4000	300	100	4400	27	4373
10	QY009	杜兰特	实习	1500	0	0	1500	0	1500
11	QY010	玛拉	员工	3500	300	100	3900	12	3888

根据绿色的两列数据，用公式计算得出橙色区域的应发工资

* 案例采用模拟数据，表格不代表真实的工资构成，仅作为 Excel 用法示例

相信你已猜到，只需输入一个减法公式，再将公式向下填充到底，就能得到全部结果。

	A	B	C	D	E	F	G	H	I
1	工号	姓名	职务	基本工资	奖金	交通补贴	工资合计	个人所得税	应发工资
2	QY001	黄飞鸿	主管	8000	500	100	8600	465	=G2-H2
3	QY002	梅梅	员工	6000	300	100	6400	185	621
4	QY003	刘冬	员工	6000	300	100	6400	185	
5	QY004	柯南	主管	7500	500	100	8100	365	7735
6	QY005	费玉	员工	5000	300	100	5400	85	5315
7	QY006	张小凡	员工	5000	300	100	5400	85	5315
8	QY007	鲁智	实习	1500	0	0	1500	0	1500
9	QY008	春丽	员工	4000	300	100	4400	27	4373
10	QY009	杜兰特	实习	1500	0	0	1500	0	1500
11	QY010	玛拉	员工	3500	300	100	3900	12	3888

双击

输入减法公式，公式中所引用的单元格位置可从表格中选择添加

从上面的例子可以看出，加减乘除等数学公式运算，可以作为函数计算的补充。例如，下面是一份比赛评分表，总共有5个评委对每一位选手的表现进行打分。要计算每位选手所得到的平均分，可以直接插入自动求和中的平均值函数。

但是，如果规则变成：去掉一个最高分、去掉一个最低分，然后再求剩余分数的平均分呢？

	A	B	C	D	E	F	G	H
1	姓名	评委1	评委2	评委3	评委4	评委5	平均分	修剪平均分
2	张小凡	8.5	6.0	9.0	9.1	6.4	7.80	7.97
3	梅梅	10.0	8.8	6.6	9.5	9.8	8.94	9.37
4	玛拉	8.0	9.4	8.3	7.3	8.0	8.20	8.10

计算规则不同，需要不同的函数公式

在设置计算公式之前，我们必须先搞清楚按照数学运算的方法：只要能够写出数学计算公式，我们就能够照葫芦画瓢地写出函数公式。

$$修剪平均分 = \frac{总分 - 最高分 - 最低分}{总数 - 2}$$

在H2中输入如下函数公式，并向下填充，就能得到所有修剪后的平均分：

=(SUM(B2:F2)−MAX(B2:F2)−MIN(B2:F2))/(COUNT(B2:F2)−2)

其中所用到的函数，全都是实际工作中最为常用的函数，也都是前面介绍过的自动求和函数。只不过在此案例中，无法直接通过自动求和列表插入，必须手工输入罢了。

如果我们知道一个生僻一点的函数，就可以不用那么麻烦，修剪平均值函数TRIMMEAN预设了除去两端数值后求平均值的计算规则。

=TRIMMEAN(B2:F2,2/5)

这个函数并不常用，名字又难记~我一直都只记得开头的两个字母 TR……

函数名称都是英文的，看起来很复杂，但我们并不需要全部记住。

常用的求和、平均值等，可以在自动求和里直接选择，而其他的函数，只要我们记得大概的功能及开头的英文字母是什么就够了。

=tr
ⓕ TRANSPOSE
ⓕ TREND
ⓕ TRIM
ⓕ **TRIMMEAN** 返回一组数据的修剪平均值
ⓕ TRUE
ⓕ TRUNC

例如，上面的TRIMMEAN函数，我曾经看到过该函数的功能介绍，大概记得开头的字母是TR。在Excel单元格中，只要输入等号和开头字母后，就会自动出现函数名称列表，单击每一个函数，都能看到该函数的功能概要，双击名称或按Tab键就能自动输入此函数。

而函数括号中的参数及具体的计算规则，即使我们忘记了也不要紧，Excel还提供其他的提示和说明可以帮助我们一路完成，完全不用担心。更多常用函数、实战应用及如何找到新手帮助，在第7章中再详细学习。

所以，关于函数公式的应用，在这一章里，我们只需要了解以下3点就足够了。

关于函数公式，必须知道3点：

（1）函数公式主要用于计算生成新的数据列（字段）；

（2）解决同一个计算问题，可能有多种不同的函数公式，知道多一点函数可以写得更简单，而知道少一点，并不会妨碍我们正常使用，所以，掌握最常用的就能解决90%以上的问题；

（3）函数名称、计算规则不用全部记下来，后面还会学到辅助输入公式的方法，用得多了，自然就记住了！至于那些不常用到的，忘就忘了吧，以后知道去哪里找、怎么找不就好啦。

3.4 数据透视表基本操作

关于数据透视表的主要特点、优势及应用场景，在第1章及本章的第1节已经有过详细阐述，不再啰唆。接下来，就先以一份200多行记录的销售明细表为例，熟悉数据透视表的基础操作，然后再详细看看每一类统计分析方法，如何用数据透视表来完成。

	A	B	C	D	E	F	G	H
1	订单编号	日期	销售员	区域	产品名称	销量(台)	单价	金额
233	Q0232	2017/12/9	春丽	华中	智能电视	5	4999	24995
234	Q0233	2017/12/10	张小凡	华南	智能电视	4	4999	19996
235	Q0234	2017/12/15	黄飞鸿	华北	平板电脑	4	1500	6000
236	Q0235	2017/12/16	春丽	华中	无人机	1	7000	7000
237	Q0236	2017/12/17	张小凡	华南	笔记本	2	5999	11998
238	Q0237	2017/12/18	春丽	华中	手机	4	2700	10800
239	Q0238	2017/12/19	刘冬	华东	无人机	2	7000	14000
240	Q0239	2017/12/30	春丽	华中	笔记本	3	5999	17997
241	Q0240	2017/12/31	鲁智	华中	无人机	6	7000	42000

销售明细表

创建数据透视表

Excel中除了单元格和数据内容以外，所有要生成的对象都可以在插入选项卡中找到，数据透视表也不例外。

单击销售明细表的任意数据，比如A1单元格，然后插入数据透视表。

Excel就会自动弹出一个创建数据透视表的对话框，直接单击确定，就可以创建一个数据透视表。

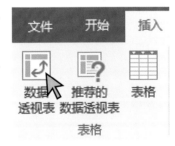

确定创建

在新工作表中生成透视区域

　　Excel会自动识别销售明细表中的整个数据区域并将之作为数据源，在新建的工作表中生成数据透视区域。

字段列表和汇总方法

　　生成数据透视表区域后，只要单击透视表区域任意位置，就会显现**数据透视表字段**窗口。数据透视表的本质是**分类汇总统计**。所以，认准三块功能区域就够了。

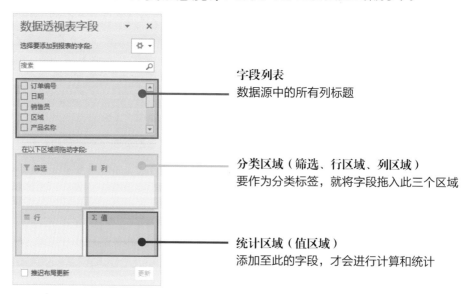

字段列表
数据源中的所有列标题

分类区域（筛选、行区域、列区域）
要作为分类标签，就将字段拖入此三个区域

统计区域（值区域）
添加至此的字段，才会进行计算和统计

以汇总统计每种产品的销量为例，我们先将统计需求列出来，就自然知道接下来该选择哪些字段，并放在哪个区域中。

分类：产品

统计：销量

所以，我们需要将**产品名称**字段拖入任意一个分类区域，例如最常用的**行区域**，将**销量**拖入**值区域**。两次拖曳就完成了分类汇总。

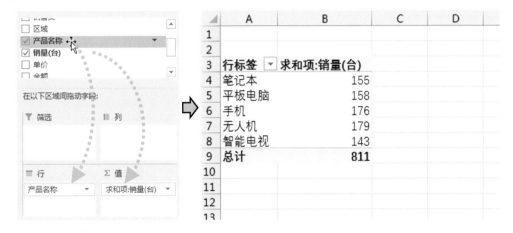

拖曳字段　　　　　　　　　　　自动生成分类统计结果

将产品名称拖入列区域不是不可以，只是只有一种分类时，横向的统计表不符合我们的阅读习惯而已。

放入筛选页中，同样可以实现分类统计，但是只能通过筛选器来切换分类。所以，一般情况下，只有在复杂的统计报表中，才会用到列区域，更复杂的统计报表中需要有多维度的分类时才会用到筛选页。

多级分类汇总和交叉汇总的差别

当分类字段存在包含与被包含的**上下级关系时**，通常采用多级分类的汇总方式。例如，每位销售人员仅属于四大区域中的其中一个，此时就可以采用**多级分类汇总**。

区域中的上下级关系反映在透视表的级别上

多级汇总

交叉汇总

求和项:销量(台)	列标签				
行标签	笔记本	平板电脑	手机	无人机	智能电视	总计
华北	33	34	32	29	19	147
华东	28	24	34	36	19	141
华南	47	58	52	58	44	259
华中	47	42	58	56	61	264
总计	155	158	176	179	143	811

当分类字段不存在上下级关系，而存在**交叉关系**时，通常采用**交叉汇总**。

例如，按销售区域和产品分类，每个销售区域都可以销售任意一款产品，此时用交叉汇总会更加简洁直观。

行标签 ▼	求和项:销量(台)
⊟华北	
笔记本	33
平板电脑	34
手机	32
无人机	29
智能电视	19
华北 汇总	147
⊟华东	
笔记本	28
平板电脑	24
手机	34
无人机	36
智能电视	19
华东 汇总	141
⊟华南	
笔记本	47
平板电脑	58
手机	52
无人机	58
智能电视	44
华南 汇总	259
⊟华中	
笔记本	47
平板电脑	42
手机	58
无人机	56
智能电视	61
华中 汇总	264
总计	811

用错汇总类型

同样是按区域和产品名称进行分类，如果做成多级汇总，每一个区域中都有所有产品的品类，就会显得啰唆，不够简洁美观。

所以，我们在进行分类汇总时，得根据数据本身的逻辑关系去选择更合理的布局方式。如果还有更多维度需要分类怎么办?

可以考虑放入筛选页，实在不行，那就在行区域做多级分类汇总，尽量不要在列区域做多级分类——要以透视表的易读性为出发点。

答疑 01　如何取消显示某个字段?

将字段名称拖出原来的区域，或在列表区域中单击选框，就能将该字段从透视表中剔除:

方法一　拖曳，取消选择

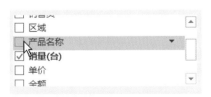

方法二　单击，取消勾选

答疑 02 字段区域太小了，显示不全，操作不方便怎么办?

拖曳字段窗口，可以调整位置。拖曳边线还可以调整尺寸。

字段窗口布局设置
可选择合适的窗口布局，
以方便选用汇总字段

窗体边界
鼠标指针悬停双向箭头，
拖曳可调整窗口及区域尺寸

答疑 03 字段列表窗口为什么不见了?

有两个原因会导致看不见列表窗口：（1）没选中透视表区域中的单元格；（2）关闭了字段列表窗口。

如果是第2种原因，在透视表工具栏的分析选项卡中重新打开字段列表就能看到了。

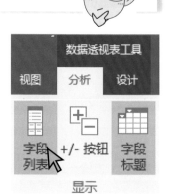

答疑 04 如何在现有工作表中创建透视表？

在创建数据透视表窗口中，切换透视表目标位置为现有工作表，选择一个单元格作为插入点即可。

选择放置数据透视表的位置
- ○ 新工作表(N)
- ● 现有工作表(E)

位置(L): |

在现有工作表中创建透视区域

答疑 05 透视表能做出下面的效果吗？

可以，而且非常简单！下一节就学习如何更改透视表布局和美化的基础操作。

	A	B	C	D	E	F	G	H	I	J	K	L	M	N	O
1	销售统计报表														
4	求和项:金额		月	日期											
5			1月	2月	3月	4月	5月	6月	7月	8月	9月	10月	11月	12月	总计
6	区域	销售员													
7	华北	黄飞鸿	9.5	0.3	0.0	0.0	3.6	1.9	5.5	2.0	0.0	0.0	2.0	3.6	28.4
8		费玉	3.7	1.2	2.8	0.2	8.0	2.5	7.2	2.7	0.6	0.3	5.8	0.0	34.9
9	小计		13.2	1.5	2.8	0.2	11.6	4.5	12.7	4.7	0.6	0.3	7.8	3.6	63.3
10	华东	刘冬	7.1	1.4	4.8	1.4	5.0	0.0	7.0	3.8	0.0	1.8	6.5	1.9	40.6
11		玛拉	0.0	0.0	3.5	0.0	1.4	0.0	4.3	2.7	0.2	0.0	8.0	3.6	23.6
12	小计		7.1	1.4	8.3	1.4	6.3	0.0	11.3	6.5	0.2	1.8	14.5	5.4	64.3
13	华南	杜兰特	4.3	4.5	0.0	6.2	6.6	1.2	0.3	4.4	1.2	1.0	0.0	0.0	29.8
14		柯南	10.0	0.6	4.0	6.4	2.6	11.5	3.1	5.6	0.0	1.5	10.6	0.0	55.8
15		张小凡	0.8	3.5	0.0	0.0	1.5	1.1	2.3	0.0	5.6	0.0	8.9	4.3	27.9
16	小计		15.1	8.6	4.0	12.6	10.7	13.7	5.7	10.0	6.8	2.4	19.5	4.3	113.5
17	华中	春丽	5.9	0.0	0.8	0.0	2.7	0.9	6.4	3.8	0.0	0.0	1.8	11.3	33.7
18		梅梅	12.3	1.4	0.0	2.8	5.3	1.8	1.5	11.4	0.3	3.7	7.5	4.4	52.5
19		鲁智	6.6	0.0	0.3	1.0	1.0	3.1	7.0	1.5	2.8	1.4	4.8	4.2	33.6
20	小计		24.9	1.4	1.1	3.8	9.0	5.8	14.9	16.8	3.1	5.1	14.1	19.9	119.8
21	总计		60.3	12.9	16.2	17.9	37.6	24.0	44.6	38.0	10.7	9.6	55.9	33.2	361.0

3.5　调整透视表的布局和美化

使用数据透视表进行汇总统计的最大好处在于灵活性。不仅调整统计方法灵活，连调整布局结构和美化报表也非常灵活。

以上一节的销售明细表为数据源，拖曳以下字段得到下面的透视表。

行：区域、销售员

列：日期（月会自动生成）

值：金额

| 求和项:金额 | 列标签 | | | | | | | | | | | | |
行标签	⊞1月	⊞2月	⊞3月	⊞4月	⊞5月	⊞6月	⊞7月	⊞8月	⊞9月	⊞10月	⊞11月	⊞12月	总计
⊟华北	131989	14500	27598	1500	115692	44698	127483	46995	5999	2700	78199	35995	633348
黄飞鸿	94793	3000			35696	19200	55496	19996			19999	35995	284175
费玉	37196	11500	27598	1500	79996	25498	71987	26999	5999	2700	58200		349173
⊟华东	71493	14000	82999	13500	63492		113100	64997	1500	17700	145478	54494	642753
刘冬	71493	14000	47999	13500	49992		70000	37997		17700	65092	18500	406273
玛拉			35000		13500		43100	27000	1500		80386	35994	236480
⊟华南	151280	85992	39998	126492	106687	137487	56898	100287	68200	24498	194696	42794	1135309
杜兰特	43494	44992		61995	65694	11998	2700	44493	12400	9998			297764
柯南	99686	6000	39998	64497	25996	114989	30998	55794			14500	105797	558255
张小凡	8100	35000			14997	10500	23200		55800		88899	42794	279290
⊟华中	248587	14099	11100	37998	90394	57998	148973	167875	31000	50700	140983	198785	1198492
春丽	59490		8400		27196	9000	63988	38494			17998	112790	337356
梅梅	123497	14099		28000	53298	18000	14997	113983	3000	37200	74989	43995	525058
鲁智	65600		2700	9998	9900	30998	69988	15398	28000	13500	47996	42000	336078
总计	603349	128591	161695	179490	376265	240183	446454	380154	106699	95598	559356	332068	3609902

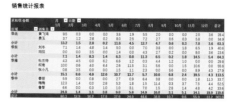

如何将素颜的汇总表快速美妆呢?

开始动手之前，你得知道：所有数据透视表相关的功能和工具，都在【数据透视表工具】上下文选项卡中，它只有在单击数据透视表区域后才会显现。

数据透视表工具 设计选项卡

数据透视表工具 布局选项卡

记住：调整布局和外观相关的功能大多在**设计**选项卡，调整汇总选项和数据的功能大多在**分析**选项卡。想用的时候，就大概知道在哪找啦。

快速改变布局结构

显示所有分类汇总

在组的底部显示所有分类汇总

底部显示汇总行的效果

分离二级分类单独放在一列中

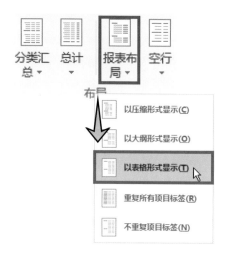

以表格形式显示

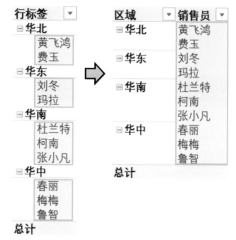

分离二级分类后的效果

快速调整报表的外观

关闭【+/-按钮】

单击报表上的+/-按钮，可以展开和折叠分组，便于浏览特定级别的汇总。如果在最终输出的报表中不需要，则可以取消该按钮，让报表看起来更加清爽。接上面改变布局后的操作：

布局下的三个显示开关   关闭前   关闭后

设置字段的数字格式

透视表中的数据过大，以万为单位显示数值会更加简洁。

求和项:金额		月 日期			
		1月	2月	3月	4月
区域	销售员				
华北	黄飞鸿	37196	11500	27598	
	费玉	94793	3000		
华北 汇总		131989	14500	27598	
华东	刘冬	71493	14000	47999	
	玛拉			35000	
华东 汇总		71493	14000	82999	
华南	杜兰特	43494	44992		
	柯南	99686	6000	39998	
	张小凡	8100	35000		
华南 汇总		151280	85992	39998	
华中	春丽	59490		8400	
	梅梅	65600		2700	
	鲁智	123497	14099		
华中 汇总		248587	14099	11100	
总计		603349	128591	161695	

以"元"为单位

求和项:金额		月 日期			
		1月	2月	3月	4月
区域	销售员				
华北	黄飞鸿	3.7	1.2	2.8	
	费玉	9.5	0.3		
华北 汇总		13.2	1.5	2.8	
华东	刘冬	7.1	1.4	4.8	
	玛拉			3.5	
华东 汇总		7.1	1.4	8.3	
华南	杜兰特	4.3	4.5		
	柯南	10.0	0.6	4.0	
	张小凡	0.8	3.5		
华南 汇总		15.1	8.6	4.0	
华中	春丽	5.9		0.8	
	梅梅	6.6		0.3	
	鲁智	12.3	1.4		
华中 汇总		24.9	1.4	1.1	
总计		60.3	12.9	16.2	

以"万元"为单位

透视表中设置数字格式的步骤如下：

❶ 选中任一数值；

❷ 单击【字段设置】按钮；

❸ 打开【数字格式】窗口；

❹ 切换至自定义；

❺ 输入代码。

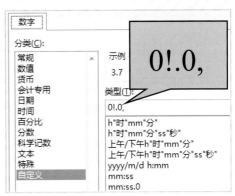

* 英文逗号为千位分隔符，叹号为转义字符。代码的含义是，用转义符强制将小数点显示在千位之前，千位分隔符后面的数值不显示。结果就是以万为单位显示。

修改字段名称和标签

透视表中的文字标签、字段名称均可以直接修改。例如，将分类汇总标签修改成小计。

直接输入一个【小计】，按Enter键就能将所有同一级别的汇总标签全部改好。

* 修改文字标签无法双击进入编辑状态，但可以直接输入覆盖，或者在编辑栏修改。

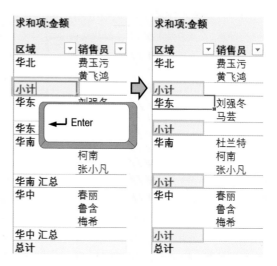

再比如，直接将默认的值标签内容【求和项：金额】修改成金额（万元）。

套用表格样式一键美化

最后，像智能表格一键换装一样，选择套用一个表格样式，立马可变得美美哒。

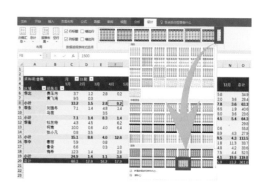

数据透视表的创建、汇总方式、字段调整、改变布局和美化等基本操作，已科普完毕。看吧，从分类汇总，到变换布局，再到美妆打扮，统统都可以通过鼠标单击拖曳完成。

> 在调整布局和美化的过程中，对某些细节还有疑问，看下面的常见问题答疑。

答疑 01　多级分类，怎样只保留第一级的分类汇总行？

右键单击指定的级别标签，就可以取消/显示该级别汇总。

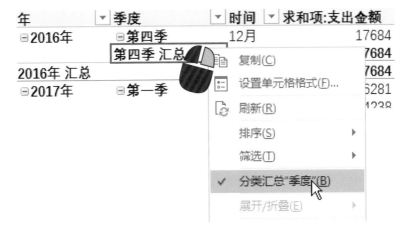

答疑 02 透视表可以调出普通表格的效果吗？

完全可以，只要按照以下几项要求修改布局就能快速"变"出来。

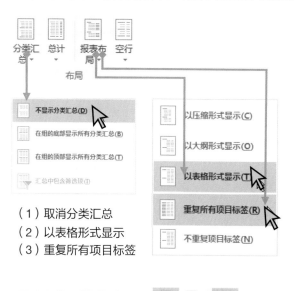

（1）取消分类汇总
（2）以表格形式显示
（3）重复所有项目标签

（4）取行标题样式　　（5）取消折叠按钮

剩余的总计、空行布局项，本案例不用调整，你也可以自定调试每一个选项，看看会有什么影响：

行标签 ▼	求和项:销量(台)
华北	
黄飞鸿	72
费玉	75
华北 汇总	147
华东	
刘冬	90
玛拉	51
华东 汇总	141
华南	
杜兰特	64
柯南	126
张小凡	69
华南 汇总	259
华中	
春丽	78
梅梅	115
鲁智	71
华中 汇总	264
总计	811

默认的透视表分级汇总布局

⬇

区域 ▼	销售员 ▼	求和项:销量(台)
华北	黄飞鸿	72
华北	费玉	75
华东	刘冬	90
华东	玛拉	51
华南	杜兰特	64
华南	柯南	126
华南	张小凡	69
华中	春丽	78
华中	梅梅	115
华中	鲁智	71
总计		811

普通表格式布局

答疑 03 同类标签可以合并居中吗？

可以，而且特别简单，只要更改透视表选项中的更多布局就可以了。

修改前

区域 ▼	销售员 ▼	求和项:销量(台)
华北	黄飞鸿	72
华北	费玉	75
华东	刘冬	90
华东	玛拉	51
华南	杜兰特	64
华南	柯南	126
华南	张小凡	69
华中	春丽	78
华中	梅梅	115
华中	鲁智	71
总计		811

重复显示的标签

数据透视表名称：　活动字段：

数据透视表4　　　销售员

🔲 选项 ▾　　　🔲 字段设置

选项中有更多关于布局、格式及显示效果
的属性配置。

打印	数据	可选文字
布局和格式	汇总和筛选	显示

布局

☑ 合并且居中排列带标签的单元格(M)

压缩表单中缩进行标签(C)： 1 　字符

在报表筛选区域显示字段(D)： 垂直并排 ▼

每列报表筛选字段数(F)： 0 ⬍

格式

☐ 对于错误值，显示(E)： ［　　　］

☑ 对于空单元格，显示(S)： ［　　　］

☑ 更新时自动调整列宽(A)

☑ 更新时保留单元格格式(P)

合并且居中排列带标签的单元格

修改后

区域 ▼	销售员 ▼	求和项:销量(台)
华北	黄飞鸿	72
	费玉	75
华东	刘冬	90
	玛拉	51
华南	杜兰特	64
	柯南	126
	张小凡	69
华中	春丽	78
	梅梅	115
	鲁智	71
总计		811

合并且居中的标签

答疑 04 修改标签名称时，为什么会弹出警报？

因为字段名称列表中，已经占用了该名称，为了避免混乱，禁止重名。

如果非要起一个和字段名称一样的标签名称，可以在输入以后，继续输一个空格，外观上空格看不出来。因为已经是统计分析后的输出报表，此时多余的空格可以起到辅助的效果，所以并不影响统计分析。

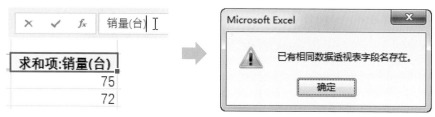

编辑栏中修改标签名称 　　　　　　警告字段名已存在

好啦，快速调整数据透视表的布局和美化效果科普完毕。就是这么易推倒！

接下来重点学习利用数据透视表进行统计分析的具体操作方法。毕竟，统计分析才是它的杀手锏。

3.6 不重复计数

工作中经常碰到类似的需求，提取出不重复的值，并计算各个值在表格中出现的次数。

例如，如何查看右表中有多少个人物出场，并且统计各个人物的出场次数呢？

习惯的做法，事先梳理分类统计的字段。

分类：人物

统计：人物次数

而在表格中，各人物姓名在该列中所占单元格的数量就是出现的次数。于是，只需拖曳两次人物字段，就能够自动得出计数统计结果：

	A	B	C
1	出没时间	人物	活动类型
221	2017/12/12 23:02	光头强	伐木
222	2017/10/3 8:27	光头强	开车
223	2017/9/26 23:40	熊二	打架
224	2017/8/2 18:03	光头强	开车
225	2017/6/19 8:52	熊大	打架
226	2017/9/25 6:34	熊二	打架
227	2017/9/18 12:29	熊二	打酱油
228	2017/11/17 5:19	光头强	开车
229	2017/8/10 2:51	光头强	伐木
230	2017/6/11 14:08	光头强	打酱油
231	2017/10/15 6:55	熊二	耍光头强
232	2017/8/26 23:14	熊二	打酱油

《熊出没》人物出场时间表

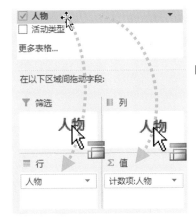

	A	B	C	D
1				
2				
3	行标签	计数项:人物		
4	光头强	83		
5	熊大	77		
6	熊二	79		
7	总计	239		
8				
9				

两次拖曳人物字段　　　　　　　　文本字段，自动计数

原理：

（1）不重复项其实就是分类项目；

（2）值区域会根据拖入的数据类型自动选择汇总方式。

数据类型	默认汇总方式	含义
文本	计数	非空单元格的数量
数值	求和	所有数值之和

3.7 一个字段"变"出多种汇总方式

透视表中的值标签，无法双击进入编辑状态。因为双击标签名称后，会直接打开**值字段设置窗口**，在该窗口中，可以**切换计算类型**，从而改变汇总的方式。

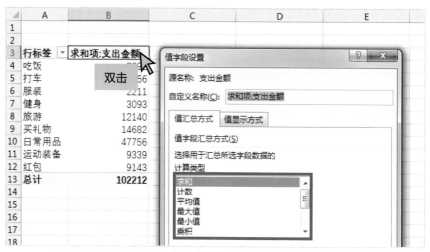

值字段设置窗口

例如，下面是秋小叶的2017年消费支出明细表。如何在一个数据透视表中分别统计出他在各费用类型上的消费**次数**、**总值**、**平均值**、**最高额**及**最低额**呢？

	A	B	C
1	时间	费用类型	支出金额
233	2017/12/9 5:34	打车	39
234	2017/12/9 7:22	买礼物	928
235	2017/12/9 17:13	红包	450
236	2017/12/11 12:14	打车	16
237	2017/12/11 13:53	买礼物	877
238	2017/12/11 22:30	旅游	436
239	2017/12/12 22:04	买礼物	267
240	2017/12/12 23:02	健身	91

消费支出明细表

记住 2 个要点：

❶ 同一个字段可以多次拖入值区域；

❷ 双击字段名可以快速切换汇总方式。

所以，要完成任务，非常简单。先一口气把支出金额字段，拖进值区域5次！

行标签	求和项:支出金额	求和项:支出金额2	求和项:支出金额3	求和项:支出金额4	求和项:支出金额5
吃饭	2092	2092	2092	2092	2092
打车	1756	1756	1756	1756	1756
服装	2211	2211	2211	2211	2211
健身	3093	3093	3093	3093	3093
旅游	12140	12140	12140	12140	12140
买礼物	14682	14682	14682	14682	14682
日常用品	47756	47756	47756	47756	47756
运动装备	9339	9339	9339	9339	9339
红包	9143	9143	9143	9143	9143
总计	102212	102212	102212	102212	102212

双击各个值字段标签，分别将计算类型改成：计数、求和、平均值、最大值、最小值。因为修改计算类型，并不会改变字段标签，所以还需要继续将各个值标签修改过来。为了让大数字看起来更美观，可以将数字格式修改成保留两位小数，并带千位分隔符。

行标签	计数项:支出	求和项:支出	求和项:支出2	求和项:支出3	求和项:支出4
费用项目	发生次数	消费总额(元)	平均消费(元)	最高消费(元)	最低消费(元)
吃饭	2092	2092	2092	2092	2092
打车	1756	1756	1756	1756	1756
服装	2211	2211	2211	2211	2211
健身	3093	3093	3093	3093	3093
旅游	12140	12140	12140	12140	12140
买礼物	14682	14682	14682	14682	14682
日常用品	47756	47756	47756	47756	47756
运动装备	9339	9339	9339	9339	9339
红包	9143	9143	9143	9143	9143
总计	102212	102212	102212	102212	102212

修改标签名称和显示单位以后的结果

答疑 除了求和、计数等常用计算类型，还有其他吗？

有！比智能表格汇总行中所支持的计算类型还要丰富！

这些类型大多数"表哥表妹"并不常用，所以简单了解一下心里有数就好。

更多计算类型

3.8 百分比构成分析

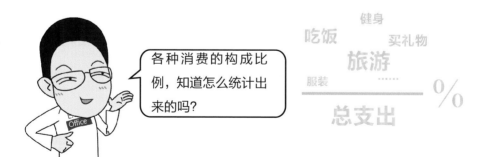

各种消费的构成比例，知道怎么统计出来的吗？

双击值字段名称，除了可以通过**值的汇总方式**切换值字段的计算类型，还可以通过**值的显示方式**，配置不同的分析方法，从而实现更加丰富的统计需求。

值的显示方式及其包含的分析方法种类

以上种类看似繁多，实际上常用到的，无非就是这四大类：**百分比分析、差额分析、比率分析、名次分析。**

每一个类别具体是什么含义，有什么功能呢？接下来，就以简化的案例，详细看看应用各类值显示方式进行统计分析的方法。首先看百分比计算分析。

　　需要留意的是，分级汇总时，可以双击值字段名称直接打开值字段设置窗口。但是交叉汇总时却不行。但是你要知道，Excel功能在界面上的分布规律，一种方法找不到，可以再去选项卡、字段窗口、右键菜单里找。

打开值字段设置窗口的4种方法

占总数的百分比

下面以秋小叶2017年消费支出汇总为例，自动计算出每个单项分类汇总占全部汇总的百分比。

行标签 ▼	求和项:支出
吃饭	2092
打车	1756
服装	2211
健身	3093
旅游	12140
买礼物	14682
日常用品	47756
运动装备	9339
红包	9143
总计	102212

行标签 ▼	求和项:支出
吃饭	2.05%
打车	1.72%
服装	2.16%
健身	3.03%
旅游	11.88%
买礼物	14.36%
日常用品	46.72%
运动装备	9.14%
红包	8.95%
总计	100.00%

$$\frac{单项汇总}{总计}\% = 占总数的百分比$$

$$\frac{2092}{102212}\% = 2.05\%$$

▲ 求和汇总结构　　▲ 单项占总数的百分比

知道计算来源，操作起来非常简单：

① 打开**值字段设置**窗口；

② 切换至值显示方式；

③ 选择总计的百分比类型；

④ 确定。

答疑　**其他百分比计算类型有什么区别?**

在值的显示方式中，关于百分比的计算选项就有9种，足以满足日常工作中绝大多数的百分比统计分析需求。

 竟然有这么多? 连名字都傻傻分不清楚，该怎么用啊? 它们到底有啥区别?

也别着急，搞清楚各个选项的计算原理，就能分清楚各种百分比的功能差别了。先来看橙黄色框出的一组百分比选项。它们是功能最接近，也是最常用到的一组，可以统称为

总和类百分比

之所以称其为总和类百分比，是因为这些百分比算法均有一个特点，即所有百分比选项均以当前数值为分子，各种总和数值为分母。

$$总和类百分比 = \frac{当前数值}{对应的总和数值} \%$$

下面提供一份速查表，可以一一对照。在你想用到的时候，可以马上找到对应的百分比类型。以秋小叶2017年支出汇总表中7月旅游的数据**1010**为例，不管选用的是哪一种总和类百分比，分子始终是它，依据百分比的类型，它们的分母分别如下图所示:

❶ 总计的百分比　　　　❹ 父级汇总的百分比

❷ 列汇总的百分比　　　　❺ 父行汇总的百分比

❸ 行汇总的百分比

求和项:支出	费用类型 ▼									
季度 ▼	月 ▼ 吃饭		打车	服装	健身	旅游	买礼物	日常用品	运动装备	红包	总计
第二季	6月	361	351	562	304	1727	1559	10045	1265	1510	17684
第二季 汇总		361	351	562	304	1727	1559	❸ 7月全部总和			17684
第三季	7月	664	249	422	451	1010	2134	7974	1467	1919	16281
	8月					2140	2639	6979			16271
	9月	❺ 第二季旅游总和				686	2411				10736
第三季 汇总		1051	954	960	1830	3836	7184	19884	3831	3758	43288
第四季	10月	363	176	298	614	2675	878	8782	1607	1377	16770
	11月	317	220	76		2987	2989	7316	2410	1056	17527
	12月	❷ 全年旅游总和				915	2072	❶ 全年全部总和			6943
第四季 汇总		680	451	689		6577	5939	17827	4243		41240
总计		2092	1756	2211	3093	12140	14682	47756	9339	9143	102212

❹ 第二季全部总和

绿色为各类百分比计算的分母

父级汇总是指上一级别的行列全部汇总，7月份的上一级别是第三季，旅游的上一级别是列总计，所以1010的父级百分比以43288为分母。上面的汇总表中，列汇总只有一个级别，所以父列汇总百分比实际上和行汇总百分比的结果一样。

在前面计算占总数的百分比案例中，由于只有费用类型一个分类，所以使用总计百分比，和使用列汇总百分比，结果一样。

看到了吗？利用数据透视表强大的统计能力，要计算各种百分比也是轻而易举，只需单击切换**值的显示方式**就可以随时更换，跟变魔术一样神奇。

行标签 ▼	求和项:支出
吃饭	2.05%
打车	1.72%
服装	2.16%
健身	3.03%
旅游	11.88%
买礼物	14.36%
日常用品	46.72%
运动装备	9.14%
红包	8.95%
总计	100.00%

在本书配套练习材料中，自己动手调试不同的百分比汇总，观察哪些数据会变成 100% 吧。

相对百分比（倍数和比率）

　　自动计算百分比，说白了，就是将初始状态下的汇总结果作为分子，再指定一类数值作为分母，计算其百分数。通过该计算方式，可以计算两类数值之间的倍数和比率。

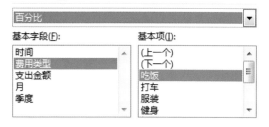

$$百分比 = \frac{初始数值}{指定基本项} \%$$

（基本字段和值字段相同）

　　如果你已经理解该原理，下面就考考你，不妨动手试一试。

任务：

　　求每一种类型的支出金额是吃饭总金额的百分之多少。

费用项目 ▼	求和项:支出2	求和项:支出
吃饭	2092	2092
打车	1756	1756
服装	2211	2211
健身	3093	3093
旅游	12140	12140
买礼物	14682	14682
日常用品	47756	47756
运动装备	9339	9339
红包	9143	9143
总计	102212	102212

费用项目 ▼	求和项:支出2	求和项:支出
吃饭	2092	100.00%
打车	1756	83.94%
服装	2211	105.69%
健身	3093	147.85%
旅游	12140	580.31%
买礼物	14682	701.82%
日常用品	47756	2282.79%
运动装备	9339	446.41%
红包	9143	437.05%
总计	102212	

环比增长率

新闻联播常提到的GDP环比增长多少，同比增长多少，到底是什么意思？简单点说：

$$环比增长率 = \frac{当月-上一月}{上一月汇总}\%$$

$$同比增长率 = \frac{当月-上一年同月}{上一年同月汇总}\%$$

仍以秋小叶2017年的消费支出明细为数据源，生成支出类别和月份的交叉汇总结果如下。以交叉汇总表中**7月份吃饭**的数据**664**为例，其环比增长率按下图所示算式计算。

求和项:支出	列标签						
费用项目	6月	7月	8月	9月	10月	11月	12月
吃饭	361	664	279	108	363	317	
打车	351	249	459	246	176	220	55
服装	562	422	329	298	298	76	315
健身	304	451	772	607	614	156	189
旅游	1727	1010	2140	686	2675	2987	915
买礼物	1559	2134	2639	2411	878	2989	2072
日常用品	10045	7974	6879	5031	8782	7316	1729
运动装备	1265	1467	1213	1151	1067	2410	226
红包	1510	1910	1561	287	1377	1056	1442
总计	17684	16281	16271	10736	16770	17527	6943

2017 年消费支出交叉汇总表

$$\frac{664-361}{361}\% = 83.93\%$$

7 月份环比增长率算式

因为环比增长率和同比增长率都属于差额计算，所以在百分比选项中，应选择**差异百分比**，对于比例中的环比增长：

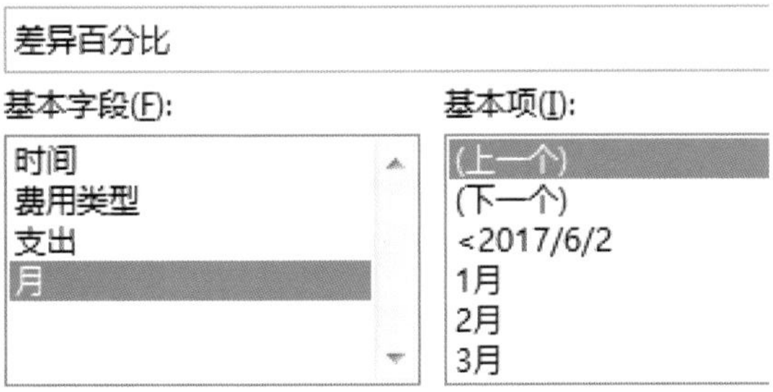

差异百分比

基本字段(F):
时间
费用类型
支出
月

基本项(I):
(上一个)
(下一个)
<2017/6/2
1月
2月
3月

基本字段：月

基本项：上一个

　　基本字段和基本项的含义是以"月"为分类，计算当前数据和上一个"月"数据的差异百分比。这正好和环比增长率吻合。因为不存在5月的数据，6月的环比数据无法计算，所以留空；12月吃饭支出缺少数值，环比数据显示了错误值#Null（空），这些都属正常计算结果。

求和项:支出　列标签 ▾	⊞6月	⊞7月	⊞8月	⊞9月	⊞10月	⊞11月	⊞12月
费用项目 ▾							
吃饭		83.93%	-57.98%	-61.29%	236.11%	-12.67%	#NULL!
打车		-29.06%	84.34%	-46.41%	-28.46%	25.00%	-75.00%
服装		-24.91%	-22.04%	-36.47%	42.58%	-74.50%	314.47%
健身		48.36%	71.18%	-21.37%	1.15%	-74.59%	21.15%
旅游		-41.52%	111.88%	-67.94%	289.94%	11.66%	-69.37%
买礼物		36.88%	23.66%	-8.64%	-63.58%	240.43%	-30.68%
日常用品		-20.62%	-13.73%	-26.86%	74.56%	-16.69%	-76.37%
运动装备		15.97%	-17.31%	-5.11%	39.62%	49.97%	-90.62%
红包		26.49%	-18.27%	-81.61%	379.79%	-23.31%	36.55%
总计		-7.93%	-0.06%	-34.02%	56.20%	4.51%	-60.39%

环比增长率计算结果

同比增长率

　　与环比增长率的配置方法类似，只需将基本字段从【月】改为【年】。以下面的2017年和2018年两个年度的汇总结果，如何计算2018年的同比增长率？

求和项:支出金额　列标签 ▾	2017年							2018年							总计
行标签 ▾	6月	7月	8月	9月	10月	11月	12月	6月	7月	8月	9月	10月	11月	12月	
吃饭	361	664	279	108	363	317		388	803	409	116	609	385		4802
打车	351	249	459	246	176	220	55	409	359	561	370	343	318	151	4267
服装	562	422	329	209	298	76	315	695	544	499	524	403	145	464	5485
健身	304	451	772	607	614	156	189	379	662	1101	842	914	246	289	7526
开房	1510	1910	1561	287	1377	1056	1442	1545	1973	1811	353	1462	1152	1644	19083
旅游	1727	1010	2140	686	2675	2987	915	1953	1131	2344	715	2831	3271	990	25375
买礼物	1559	2134	2639	2411	878	2989	2072	1605	2382	2767	2693	1020	3218	2131	30498
日常用品	10045	7974	6879	5031	8782	7316	1729	10120	8064	7000	5229	9057	7424	1827	96477
运动装备	1265	1467	1213	1151	1607	2410	226	1418	1718	1340	1302	1823	2687	264	19898
总计	17684	16281	16271	10736	16770	17527	6943	18519	17636	17832	12144	18462	18846	7760	213411

秋小叶 2017 ～ 2018 年消费支出交叉汇总

左边配置选项的意思是：计算每一个数据和【上一个】【年】字段中的数据【差异】，并以百分比的形式显示。

结果是否符合预期，验算一下就知道了：(388 − 361)/361=0.074792≈7.48%

求和项:支出金额	列标签 ▾													总计
	⊟2017年							⊟2018年						
行标签 ▾	6月	7月	8月	9月	10月	11月	12月	6月	7月	8月	9月	10月	11月	12月
吃饭								7.48%	20.93%	46.59%	7.41%	67.77%	21.45%	#NULL!
打车								16.52%	44.18%	22.22%	50.41%	94.89%	44.55%	174.55%
服装								23.67%	28.91%	51.67%	150.72%	35.23%	90.79%	47.30%
健身								24.67%	46.78%	42.62%	38.71%	48.86%	57.69%	52.91%
开房								2.32%	3.30%	16.02%	23.00%	6.17%	9.09%	14.01%
旅游								13.09%	11.98%	9.53%	4.23%	5.83%	9.51%	8.20%
买礼物								2.95%	11.62%	4.85%	11.70%	16.17%	7.66%	2.85%
日常用品								0.75%	1.13%	1.76%	3.94%	3.13%	1.48%	5.67%
运动装备								12.65%	17.11%	10.47%	13.12%	13.44%	11.49%	16.81%
总计								4.72%	8.32%	9.59%	13.11%	10.09%	7.53%	11.77%

同比增长率计算结果

至此，我们就学完了利用数据透视表的值显示方式，计算分析各种百分比的方法。

3.9 累计、增量与排名统计

利用**值显示方式**快速分析各种百分比，熟知原理，举一反三，就能轻而易举完成各种日常统计工作。除了百分比计算分析，还可以通过值显示方式，统计累计数、增长额、名次等。

累计数值计算

右表中记录了每一天每一个课程新注册的用户数。如何汇总统计出**逐月累计的注册用户总数**呢？同样只需修改**值显示方式**就可以实现。

3	日期	课程	每日新用户(人)
1447	2018/12/27	演讲与口才	15
1448	2018/12/28	恋爱心理	18
1449	2018/12/28	孙子兵法	14
1450	2018/12/28	建筑历史	15
1451	2018/12/28	恋爱心理	10
1452	2018/12/29	恋爱心理	19
1453	2018/12/29	孙子兵法	6
1454	2018/12/29	建筑历史	3

课程注册用户

在那之前，需要先得到每月汇总结果：

分类：日期

统计：每日新用户

日期字段的数据都是标准格式，所以在拖入行区域以后，就会自动按月分组。

行标签	求和项:每日注册(人)
1月	1296
2月	1097
3月	1271
4月	1330
5月	1251
6月	1222
7月	1249
8月	1286
9月	1366
10月	1384
11月	1307
12月	1306
总计	15365

每月汇总

按某一字段汇总

基本字段(F)：

日期
课程
每日注册(人)
月

值的显示方式：
按某一字段汇总
基本字段：月

月份	当月累计用户数
1月	1296
2月	2393
3月	3664
4月	4994
5月	6245
6月	7467
7月	8716
8月	10002
9月	11368
10月	12752
11月	14059
12月	15365
总计	

逐月累计

想要统计**每一门课程的逐月累计用户数**？

分类：日期、课程

统计：每月新用户（累计：按月字段汇总）

只需在上一页的累计基础上，将**课程**字段拖入**列区域**，立马就"变"出每一门课程的累计结果，轻轻松松。

筛选	列
	课程 ▼

行	Σ 值
月 ▼	当月累计用户数 ▼

添加课程字段

当月累计用户数	列标签 ▼				
月份 ▼	建筑历史	恋爱心理	孙子兵法	演讲与口才	总计
1月	294	363	313	326	1296
2月	574	631	621	567	2393
3月	910	926	918	910	3664
4月	1224	1315	1213	1242	4994
5月	1532	1641	1497	1575	6245
6月	1814	1985	1824	1844	7467
7月	2123	2306	2092	2195	8716
8月	2508	2610	2380	2504	10002
9月	2881	2930	2740	2817	11368
10月	3235	3261	3106	3150	12752
11月	3549	3574	3451	3485	14059
12月	3893	3892	3805	3775	15365
总计					

每个课程的逐月累计交叉汇总结果

增量计算（差额）

知道每日新增，求逐月累加，可以用【按某一字段汇总】。那如果是反过来，知道每日累加后的数据，要算每日新增数值，又该如何设置？

3	月份	课程	当月累计用户数
43	10月	演讲与口才	3150
44	11月	建筑历史	3549
45	11月	恋爱心理	3574
46	11月	孙子兵法	3451
47	11月	演讲与口才	3485
48	12月	建筑历史	3893
49	12月	恋爱心理	3892
50	12月	孙子兵法	3805
51	12月	演讲与口才	3775

每月累计用户数

月份 ▼	截至当月用户数	当月新增用户
1月	1296	
2月	2393	1097
3月	3664	1271
4月	4994	1330
5月	6245	1251
6月	7467	1222
7月	8716	1249
8月	10002	1286
9月	11368	1366
10月	12752	1384
11月	14059	1307
12月	15365	1306
总计	98321	

分析每月新增用户数

按某一个字段汇总是指定一个基本字段后进行**累加**，而**差异**则是指定一个基本字段和基本项，然后计算两者之间的**差额**。两种值显示方式是逆运算的关系。

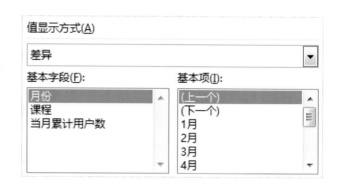

要完成增量计算任务，在月汇总的值字段做如下配置：

值显示方式：**差异**

基本自担：**月份**

基本项：**上一个**

翻译一下意思就是：将每一个月汇总的数据，和上一个【月】汇总数据相减，计算差异。结果就是每个月的增量。

排名统计

下面的收入支出明细表，如何统计每一项费用的支出总额，并按总额从高到低排列名次？

3	时间	费用项目	支出	收入	账户余额
222	2017/11/30 11:26	红包	193	-	2,944
223	2017/11/30 11:53	餐饮	68	68	2,944
224	2017/11/30 15:48	红包	-	42	2,986
225	2017/12/1 2:10	缴费	150	-	2,836
226	2017/12/2 0:54	缴费	186	-	2,650
227	2017/12/2 17:32	交通	40	-	2,610
228	2017/12/3 7:38	交通	23	-	2,587
229	2017/12/4 11:10	餐饮	26	26	2,587

费用项目	支出金额排名
餐饮	5
购物	2
红包	4
交通	6
缴费	3
转账	1
总计	

收入支出明细表　　　　　　　　　统计各项支出总额的排名

费用项目	求和项:支出
餐饮	1870
购物	6690
红包	2279
交通	1448
缴费	5400
转账	8650
总计	26337

各按费用项目分类汇总支出金额

值显示方式(A)

降序排列 ▼

基本字段(F):　　　　　　**基本项(I):**

时间
费用项目
支出
收入
账户余额
月

设置支出金额的值显示方式：降序排列

先按费用项目分类汇总支出金额，然后将**值显示方式**修改为**降序排列**，基本字段为**费用项目**。这就轻松完成了所要求的按支出总额降序排序任务。

要看谁最省钱，就从低到高排列，就不用教你怎么做了吧？

答疑　**换一个基本字段，有什么差别？**

使用透视表统计汇总数值的排名，最大的好处在于：通过单击拖曳，随时可以切换排序的分类。在不同的分类中，排名结果也不一样。例如，在月份和费用项目支出交叉汇总表中，使用【月】和使用【费用】的计算排名数据区域和结果分别如下图所示：

求和项:支出	列标签							
费用项目	6月	7月	8月	9月	10月	11月	12月	总计
餐饮	5	2	7	3	1	4	6	
购物	1	2	3	6	4	5		
红包	1	6	2	3	5	4	7	
交通	2	1	6	5	4	3	7	
缴费	5	4	1	3	2	7	6	
转账	1	4	5	6	2	3		
总计	1	2	3	7	6	4	5	

以【月】为【基本字段】

求和项:支出	列标签							
费用项目	6月	7月	8月	9月	10月	11月	12月	总计
餐饮	6	4	5	5	3	5	4	5
购物	2	2	2	2	2	2	2	2
红包	4	6	4	3	4	4	5	4
交通	5	5	6	6	6	6	6	6
缴费	3	3	1	1	1	3	3	1
转账	1	1	3	4	5	1	1	1
总计								

以【费用】为【基本字段】

多种值汇总方式及值显示方式大大丰富了数据透视表的统计分析能力。有了它们，统计数据就跟变魔术一样好玩。其实，在透视表的值区域中右键单击任意数据也能找到它们，修改起来还更方便呢。

再简单回顾一下各种汇总方式和计算方法吧。跟随本书打开配套示例表格文件，操练起来印象会更加深刻的。

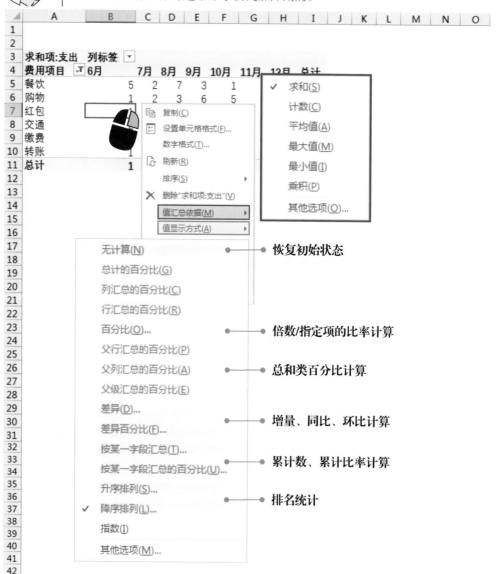

3.10 目标完成率与差额分析

在实际工作中，经常需要用到目标和实际的对比分析。在数据透视表中，要完成目标完成率计算，以及两个字段之间的差额计算，也是小菜一碟。

今年我有一个小目标：为了穿衣显瘦，脱衣有肉，年底要拥有 6 块腹肌。

以运动健身打卡记录为例。打卡记录表中记下了秋小叶每一天的运动项目、目标数和完成数。定期统计分析，就能看到哪些运动项目自己比较容易坚持。

那么，如何在透视表中汇总计算出**每一类运动项目的运动量达标率**呢？

	A	B	C	D
1	日期	运动项目	目标	完成
55	2017/10/22	俯卧	60	46
56	2017/10/22	撑	60	82
57	2017/10/22	深蹲	50	28
58	2017/10/23	仰卧起坐	90	104
59	2017/10/25	撑	60	30
60	2017/10/25	卷腹	50	40
61	2017/10/25	俯卧	60	83
62	2017/10/25	步行	8900	8698
63	2017/10/26	俯卧	80	86

运动打卡记录表

行标签	目标数	完成数	达成
步行	89800	89288	99.43%
撑	470	559	118.94%
俯卧	890	917	103.03%
卷腹	440	469	106.59%
深蹲	650	482	74.15%
仰卧起坐	880	823	93.52%
总计	93130	92538	99.36%

统计每个项目的目标达成率

此汇总统计需求已经不是改变一个字段的汇总方式、值显示方式就能够满足了。它需要用到两个字段完成计算，此时需要用到另外一种计算方式：**计算字段**。

$$完成率 = \frac{实际完成}{目标}\%$$

按照惯例，还是先分析如何分类，如何统计。

分类：运动项目

统计：目标、完成、完成率

目标和完成这两个字段都有现成的，分别拖曳到行区域、值区域，初步完成右边的统计表。

接下来，看如何通过计算字段生成完成率。

行标签	求和项:目标	求和项:完成
步行	89800	89288
撑	470	559
俯卧	890	917
卷腹	440	469
深蹲	650	482
仰卧起坐	880	823
总计	93130	92538

步骤一：打开计算字段窗口

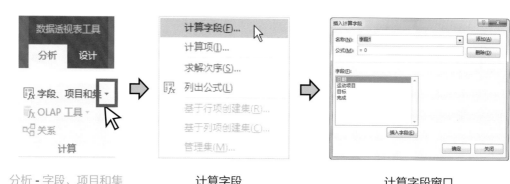

分析 - 字段、项目和集　　　　计算字段　　　　计算字段窗口

步骤二：输入公式并添加字段

① 先修改名称为【达成】；

② 在公式栏 输入公式

　　= 完成 / 目标，

　　其中，"完成"和"目标"可分别从下方的字段列表中选择并插入；

③ 单击添加按钮即生成新字段；

④ 确定。

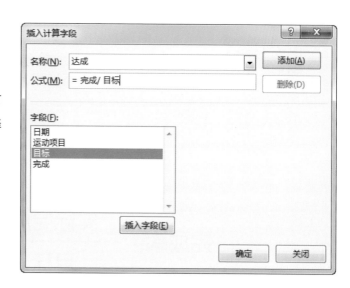

运动项目 ▼	目标数	完成数	达成率		达成率
步行	89800	89288	0.99429844		99.43%
撑	470	559	1.1893617		118.94%
俯卧	890	917	1.03033708		103.03%
卷腹	440	469	1.06590909		106.59%
深蹲	650	482	0.74153846		74.15%
仰卧起坐	880	823	0.93522727		93.52%
总计	93130	92538	99.36%		99.36%

成功添加计算字段 　　　　　　　　　　　　　　　修改数字格式

确定添加计算字段以后，透视表中就"变"出来一个新的字段。只不过计算结果是以倍数的形式呈现，继续将数字格式改成百分比格式，就变成了目标完成率的计算。

计算字段，实际上是在数据源没有该字段的情况下，通过加减乘除等公式运算无中生有，生成新的字段。比如：

新字段	数据源中存在的字段及计算字段公式
预算差额	=预算-实绩
总价	=单价*数量
利润率	=(收入-成本)/成本
达成率	=实绩/目标
平均价格	=销售总收入/销售量
折扣价	=售价*0.95

只要能列出类似的算式，就能在汇总结果的基础之上，创建新的字段，实现更丰富的统计分析。不过，数据透视表计算公式仅支持简单的数学四则运算规则，不支持函数公式。所以有一些复杂的计算需求，需要先在数据源中计算好，才能对其进行分类汇总。

> 数据透视表中可以通过计算字段"变"出来的汇总列，是不是就不需要在数据源中添加了呢？

3.11　日期分组、数值分段统计

　　工作中，常常需要对日期进行分组统计，制作相应的报表，比如按年、月、季度统计制作日报、月报、年报、季度报。HR 可能需要按年龄段统计公司人员的年龄构成，老师常常需要按分数段统计人数等。

用数据透视表，还能自动分组、自动分段统计。

▌按季度、年、月等周期自动分组

　　事实上，只要日期、时间列中的数据符合系统标准格式，在将标准日期拖入分类字段区域之时，就会立即自动分组。这就是标准日期的神奇之处！

	A	B	C
1	时间 　　　　　　　↓	费用类型	支出金额
2	2016/12/4 1:32	旅游	386
3	2016/12/4 9:35	日常用品	1702
4	2016/12/5 9:28	运动装备	412
5	2016/12/6 22:54	服装	60
6	2016/12/7 6:04	开家	302

标准日期时间格式

　　例如，将右表中的**时间**字段拖**入列区域**，透视表表中出现的不是每一天的汇总，而是直接生成年度汇总。

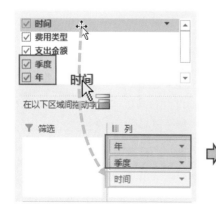

求和项:支出金额	列标签			
	⊞2016年	⊞2017年	⊞2018年	总计
行标签				
吃饭			5032	9604
打车			4613	8534
服装			5853	10970
健身	304	6261	8487	15052
旅游	1727	24506	24517	50750
买礼物	1559	29410	30027	60996
日常用品	10045	95587	87322	192954
运动装备	1265	18838	19693	39796
红包	1510	18321	18335	38166
总计	17684	205259	203879	426822

按 年 自动分组

答疑 日期自动分组周期（跨度）可以自定义吗?

当然可以，只需要修改【分组选择】中的选项就行。

系统日期格式只有年、季度、月、日、时、分、秒的分组方式，如果需要用到按周分组，则需要自定义分组天数。首先选中任一个时间字段，单击**分组选择**，打开字段组合窗口。

求和项:支出金额	列标签			
	⊞2016年	⊞2017年	⊞2018年	总计
行标签				
吃饭	361	4211	5032	9604
打车	351	3570	4613	8534
服装	562	4555	5853	10970
健身	304	6261	8487	15052
旅游	1727	24506	24517	50750
买礼物	1559	29410	30027	60996
日常用品	10045	95587	87322	192954
运动装备	1265	18838	19693	39796
红包	1510	18321	18335	38166
总计	17684	205259	203879	426822

选择一个日期标签　　　　　　　　　　　点击分组选择

然后在组合窗口中执行以下操作：

（1）**取消**"步长"一栏中的**月、季度、年的默认分组**；

（2）单击选中**日分组方式，输入**天数7；

（3）单击确定，便按7天一组重新分组，即以【周】分组。

单击取消各个默认分组　　　　　　　　单击选择日分组，自定义天数

现在知道为什么一直强调录入数据要标准规范了吧？各种灵活轻便啊。不符标准日期格式，透视表自动分组功能都不理你。

按数值区间自动分组统计

和日期自定义分组的方法类似，数值同样可以设定区间步长，实现自动分段统计。以学生成绩表为例，如何按照以下分数区间，自动统计各个分数段的学生人数？

分段要求：

<60 为一组

60 ~ 99 以 10 分为一组

100 分单独一组

	A	B	C	
1	学号 ▼	姓名 ▼	成绩 ▼	
20	QY019	索普	90	
21	QY020	贾宝玉	95	
22	QY021	高富帅	93	
23	QY022	唐僧	98	
24	QY023	陶大奋	71	
25	QY024	猪八戒	80	
26	QY025	甄宝玉	74	
27	QY026	路飞	77	

学生成绩表

分数段 ▼	人数
不及格	1
60-69	2
70-79	8
80-89	7
90-99	7
100	1
总计	26

按分数段统计

按照习惯做法，先描述统计需要，并罗列需要参与分类和统计的字段。

分类：成绩

统计：人数（姓名数量）

步骤一：统计每个成绩的人数

按照统计需求描述和字段需求分析，分别将成绩、姓名字段拖入行和值区域，先得到按成绩分类的人数统计结果。

行标签	计数项:姓名
54	1
69	2
71	1
74	1
77	3
78	1
79	2
80	1
82	3
84	1
88	2
90	1
93	1
95	3
98	1
99	1
100	1
总计	**26**

每个成绩的学生人数

步骤二：配置分组区间和步长（间距）

① 选中任一个行标签，例如 77；

② 在透视表工具栏中单击分组选择；

③ 填写组合属性如下：

　　起始于：60

　　终止于：99

　　步　长：10

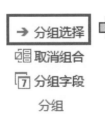

分组选择
取消组合
分组字段

分组

组合	
自动	
☐ 起始于(S):	60
☐ 终止于(E):	99
步长(B):	10

确定　　取消

行标签 ▼	计数项:姓名
<60	1
60-69	2
70-79	8
80-89	7
90-99	7
>100	1
总计	26

超出区间范围自动分为一组

分数段 ▼	人数
不及格	1
60-69	2
70-79	8
80-89	7
90-99	7
100	1
总计	26

修改分组名称

数值自动分组的原理很简单，就是指定一个起点、一个终点和步长（间距），起点和终点之间的数值按照指定步长自动分组。如有超出此区间范围的数据，会头尾自动各分一组。

答疑 01　如何取消分组，恢复原来的汇总状态？

要恢复分组之前的状态，选中分组区域中任意一个单元格，然后【取消分组】即可。

答疑 02　不想按等距离平均分组，怎么做？

不等间距，可以采用先选定分组范围，再选择分组的方式。

例如，还以相同的学生成绩表为数据源，但统计区间换成如下分组需求：

分段要求：

差：70 分以下

中：70 ～ 89

良：90 ～ 95

优：96 ～ 100

等级 ▼	人数
⊞ 差	3
⊞ 中	15
⊞ 良	5
⊞ 优	3
总计	26

步骤一：手工组合第1组

选择【差】范围内的成绩

单击【分组选择】

➜ 分组选择

步骤二：完成所有分组

依照步骤一，重复操作，完成剩余数据分组

步骤三：修改名称

修改分组名称

修字段名称

折叠分组字段

等级	人数
⊞ 差	3
⊞ 中	15
⊞ 良	5
⊞ 优	3
总计	26

分组统计就是这么简单！但是**手工分组有2个局限**：

（1）必须选择2个以上的标签才能手工分组；

（2）标签较多，组别较多，所以需要反复更新时，非但不能省事，反而更加麻烦。

因而，在遇到更复杂的情形时，别执拗于分组功能。不如直接在数据源添加一个名为"等级"的辅助列，这样就能用透视表直接分类汇总。

要将成绩自动匹配相应等级？也就一个函数公式的事儿。在第 7 章还会详细介绍该用法。

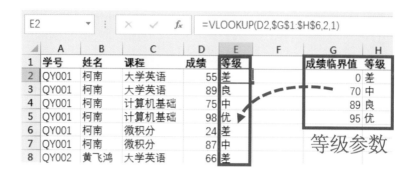

函数公式自动匹配等级，辅助列计算，作为分类汇总字段

在 Excel 中是条条大路通罗马呀。所以，再碰到难解决的问题时，换一个思路，或许就柳暗花明。

3.12 按指定条件查看汇总数据

当仅仅需要显示特定类别的数据时，可以进行筛选，数据透视表中筛选的方法有 3 种——筛选器、筛选页、切片器。

筛选器

行标签和列标签均自带筛选器，并且不能消除，通过标签上的筛选器，可以快速实现查看指定数据的目的。下面以交叉汇总表为例，如何筛选并查看平板电脑和手机的数据？

求和项:销量(台)	列标签 ▼					
行标签 ▼	笔记本	平板电脑	手机	无人机	智能电视	总计
华北	33	34	32	29	19	147
华东	28	24	34	36	19	141
华南	47	58	52	58	44	259
华中	47	42	58	56	61	264
总计	155	158	176	179	143	811

区域和产品类别交叉汇总

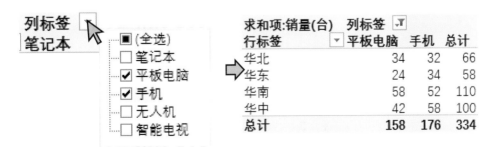

打开筛选器，配置选项　　　确定以后，仅显示勾选过的数据

筛选页

将字段拖入筛选区域后，会在透视结果区域上方出现一个筛选页，打开筛选器，同样可以进行简单的筛选操作。

切片器

在本章智能表格一节中，已经介绍过切片器的基本用法。在数据透视表中同样可以插入切片器，并通过切片器实现数据筛选。

插入切片器　　　　　拖选显示项　　　　　　　实时查看筛选结果

3.13 按顺序排列汇总数据

在完成汇总统计后，有序地组织数据，更容易看出数据背后的规律，从而提高统计报表的可读性。例如，下图中的销售汇总表，默认是按照姓名拼音排序，没有任何意义。但是对数值从大到小排序后，就能一眼看出【柯南】最多，【玛拉】最少，【黄飞鸿】不上不下。

销售员	求和项:销量(台)
春丽	78
杜兰特	64
费玉	75
黄飞鸿	72
柯南	126
刘冬	90
鲁智	71
玛拉	51
梅梅	115
张小凡	69
总计	811

销售员	求和项:销量(台)
柯南	126
梅梅	115
刘冬	90
春丽	78
费玉	75
黄飞鸿	72
鲁智	71
张小凡	69
杜兰特	64
玛拉	51
总计	811

默认排序 - 按姓名的拼音次序　　　　　　重新排序 - 按数值从大到小

数据透视表和普通数据区域的排序操作大体相同，在第 6 章中还会详细介绍。不过数据透视表是结构化的统计报表，有其特殊性，所以，先来看看数据透视表中如何对数据进行排序。

单级分类汇总的自动排序

只有一级分类的汇总表，排序最简单，例如完成上图的降序排序效果，有 2 种方法。

方法一

（1）选中任意一个数值，比如78；

（2）单击数据选项卡中的，降序按钮。

方法二

（1）选中任意一个数值，比如78；
（2）右键菜单中选排序-降序。

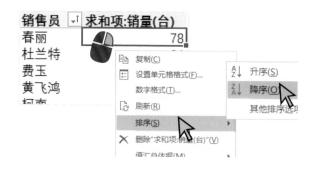

多级分类汇总的自动排序

其实，不管单级还是多级，对谁排序，都取决于预先选中的位置。只不过在做多级分类汇总时，值所在行和汇总行是分开排序的。例如，选中以下三个单元格后，执行排序的效果分别如下：

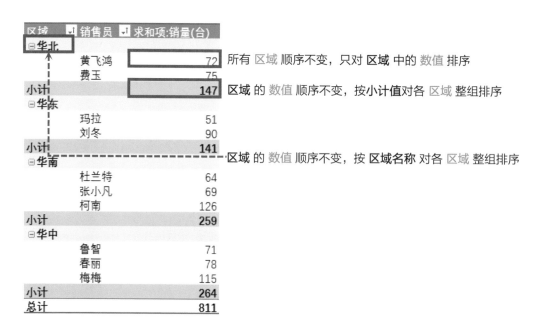

手工调整局部次序

个别分类要局部调整次序时，可以通过手工拖曳的方式进行调整。

步骤一：选中拟移动的透视表行 / 列

鼠标指针悬停至行标签内侧左边的位置，指针变成黑色箭头时单击，即可选中整行。

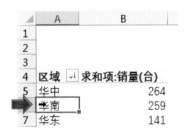

步骤二：拖曳至目标位置

鼠标指针悬停至选中区域的边缘，变成带四向箭头时，即可拖曳选区。

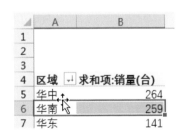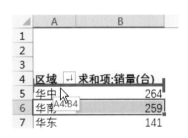

步骤三：放开鼠标，局部调整次序完成

3.14　遇到这些问题怎么破？(Q&A)

答疑 01　如何查看某个汇总数据背后的明细数据？

老板对【旅游】的数据有疑问，想看看详细数据。怎么办？直接双击该数据，就能自动生成一份新的工作表，和该数据的所有明细都在此表中列出，就是这么酸爽。

行标签	求和项:支出金额
吃饭	9604
打车	8534
服装	1
健身	15 2
旅游	50750
买礼物	6099
日常用品	192954
运动装备	39796
红包	38166
总计	426822

双击

时间	费用类型	支出金额
2016/12/4 1:32	旅游	386
2018/12/11 22:30	旅游	427
2018/12/7 17:51	旅游	563
2018/11/30 11:53	旅游	455
2018/11/22 1:36	旅游	330
2018/11/18 7:41	旅游	407
2016/12/8 6:46	旅游	448
2018/11/11 15:18	旅游	331
2018/11/8 23:48	旅游	351
2018/11/8 11:32	旅游	526
2018/11/4 23:58	旅游	493
2018/11/2 1:28	旅游	378
2018/10/31 17:00	旅游	431
2018/10/30 8:25	旅游	319
2018/10/22 20:39	旅游	383

学生成绩表

按分数段统计

答疑 02　修改数据源中的数据，为什么汇总结果不会更新？

数据透视表常用来处理成千上万行的数据，为了表格运行效率，牺牲了实时刷新的功能。所以修改数据源后，都**必须手工刷新透视表**。刷新方法是：**右键**单击透视表区域任意位置，选择**刷新**。

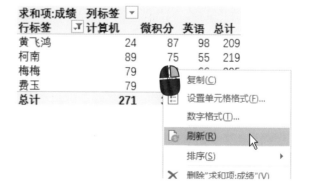

答疑 03 数据源增添记录，如何添加到透视表的汇总结果中?

普通数据区域，在生成透视表之后，再向数据源增添记录，即使刷新透视表也无济于事。因为创建透视表时引用的数据源是一个固定区域。解决此问题的方法有 2 个。

方法一：更改数据源

重新选择数据源区域，将新数据记录包含在内，然后刷新数据透视表。

方法二：转智能表格，变成动态数据源

先将数据源中的普通数据区域转换成智能表格，使之具备自动扩展功能，变成动态数据源。以后再添加新行，只需直接刷新数据透视表，新增的行也会自动更新到汇总结果中。

	A	B	C
1	姓名 ▼	课程 ▼	成绩 ▼
8	梅梅	英语	66
9	梅梅	计算机	79
10	梅梅	微积分	80
11	费玉	英语	31
12	费玉	计算机	79
13	费玉	微积分	73
14	秋小叶	数学	99

求和项:成绩	列标签 ▼				
行标签 ▼	计算机	微积分	英语	数学	总计
黄飞鸿	24	87	98		209
柯南	89	75	55		219
梅梅	79	80	66		225
费玉	79	73	31		183
秋小叶				99	99
总计	271	315	250	99	935

在智能表格下方添加新行   自动更新到汇总结果

总之，让智能表格成为源数据的标配，好处多多。

答疑 04 **每次刷新，列宽都变回默认状态，能固定住吗？**

打开透视表选项设置窗口，取消勾选更新时自动调整列宽一项，以后再刷新透视表时，列宽就不会自动变化了。

答疑 05 日期字段为什么不能分组了？

数据透视表中的文本字段无法自动分组。有些数据源中的日期数据虽然表面看起来是标准格式，但实际上是以文本形式存储、无法计算的"假"日期。

只有将所有文本型"假"日期转换成数字型的"真"日期才能分组。

具体操作方法，下一章再详细解析。

关于如何轻松高效地做计算分析，本章所学的方法可还给力？不过这些方法，都是针对整洁、规范的源数据的，可我们实际工作中的数据表可能千奇百怪，透视表无法生成，怎么办？

你需要学会整理数据的技能，甚至是一些函数公式，先将数据整理成规范化的表格，再做计算分析。

先不着急学整理技能，先来看看如何呈现数据，把 3+1 中的 3 先掌握了。按惯例，先简单回顾一遍。

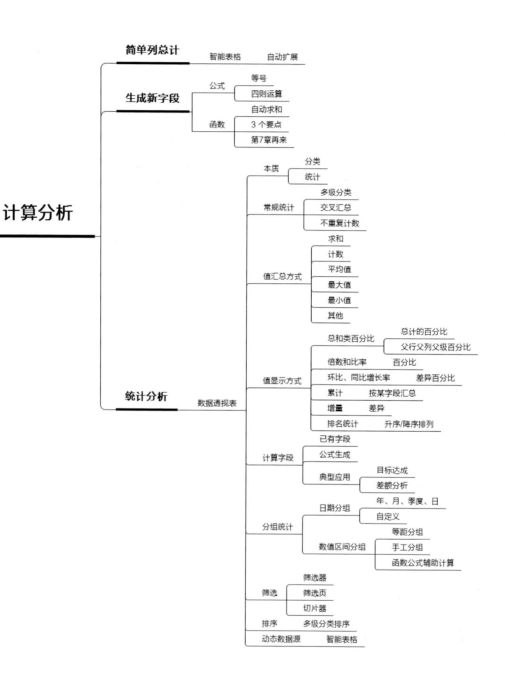

计算分析

简单列总计 —— 智能表格 —— 自动扩展

生成新字段
- 公式
  - 等号
  - 四则运算
- 函数
  - 自动求和
  - 3 个要点
  - 第7章再来

统计分析 —— 数据透视表
- 本质
  - 分类
  - 统计
- 常规统计
  - 多级分类
  - 交叉汇总
  - 不重复计数
- 值汇总方式
  - 求和
  - 计数
  - 平均值
  - 最大值
  - 最小值
  - 其他
- 值显示方式
  - 总和类百分比
    - 总计的百分比
    - 父行父列父级百分比
  - 倍数和比率 —— 百分比
  - 环比、同比增长率 —— 差异百分比
  - 累计 —— 按某字段汇总
  - 增量 —— 差异
  - 排名统计 —— 升序/降序排列
- 计算字段
  - 已有字段
  - 公式生成
  - 典型应用
    - 目标达成
    - 差额分析
- 分组统计
  - 日期分组
    - 年、月、季度、日
    - 自定义
  - 数值区间分组
    - 等距分组
    - 手工分组
    - 函数公式辅助计算
- 筛选
  - 筛选器
  - 筛选页
  - 切片器
- 排序 —— 多级分类排序
- 动态数据源 —— 智能表格

简单快速地

CHAPTER 4

让数据一目了然

从复杂的数据概括出简单的信息并形成结论，
就是数据分析的过程。而统计或计算出结果
并没有真正完成分析：

· 你能一眼看出排名前 5 的数据吗？

· 你能快速找到超标的数据吗？

· 你能图形化呈现数据的内在规律吗？

· 你能看出有哪些数据低于平均值吗？

本章将带你一探究竟，Excel 当中简单好玩
又智能的可视化手法。

4.1 喜「形」好「色」的老板

我该用什么函数公式？

　　我想在费用统计表的右边增加一列，并对每一行都用文字描述一下该行费用的超支和节约情况。但是每一行都手写的话，工作量太大了。用什么函数公式可以自动生成这些文字描述呢？

	公司合计				
	实际	同期	比同期	预算	比预算
办公费					
文具费	30.22662	11.5163	18.71032	3.107462	27.11916
电脑耗材	1.25385	0	1.25385	0.782	0.47185
印刷费	1.29794	0.24955	1.04839	1	0.29794
差旅费	5.46702	12.6135	-7.14648	5.5	-0.03298
机物料消耗					
机物料消耗-杂品	40.63688	80.21118	-39.5743	65.81916	-25.1823
机物料消耗-五金	6.1314	8.8464	-2.715	2.815269	3.316131
机物料消耗-劳保用品	19.71276	15.36887	4.34389	23.201	-3.48824
机物料消耗-化工原料	94.80768	158.7698	-63.9621	53.31859	41.48909
污水处理费					
污水处理费-耗水	22.28573	7.26919	15.01654	2.591748	19.69398
污水处理费-耗电	33.22582	10.06453	23.16129	6.957265	26.26856
污水处理费-耗气	17.23858	12.64049	4.59809	27.9646	-10.726

> 文具费比同期超出18.71，超出预算27.11

　　用连字符"&"可以将表中的数据和相应的文本连接起来，形成完整的描述。可是，为什么要这样做呢？小张说："当老板想看时，他只看右边一列的文字描述就清清楚楚了。"

　　其实，小张的真实目的是想让老板阅读报表时更省心省力，出发点特别好，然而方法却不实用。仔细一想，如果上百行数据，每一行都有一段文本描述，那阅读文本和直接看数据比起来，哪个更轻松呢？好像还不如直接看数据。

　　要让数据一目了然，更好的方式是数据结论可视化，从而让人一看就懂，而不是用更加难以阅读的文本去描述。

> 什么是数据可视化？

　　科学研究发现，我们人类的眼睛对颜色、形状、大小等视觉化的信息会更加敏感。而Excel 中，可以让符合条件的数据用各种颜色、大小、图标、图表等视觉元素呈现出来。看几个例子后你就知道它有多强悍。

👁 暴露不达标

小明做了一张团队绩效考核表，该表可以根据填写的数据自动计算每个人的平均分数，以及每个季度不达标的人次。

工号	姓名	1季度	2季度	3季度	4季度	平均分
QY001	白龙马	6.9	7	7.2	7.1	7.1
QY002	白富美	6.1	7	5.5	5.2	6.0
QY003	乔巴	10.2	9	7.2	10.4	9.2
QY004	孙悟空	7	9.4	6.6	10.1	8.3
QY005	麦兜	7.5	10.9	5.5	6.6	7.6
QY006	花道	9.3	5.8	5.9	9.7	7.7
QY007	李八神	9.1	9.8	10.2	9.9	9.8
QY008	李逍遥	9.1	7.1	5.9	6.4	7.1
QY009	沙僧	7.5	9.4	6.5	6	7.4
QY010	范坚强	9.9	5.9	6.9	10.5	8.3
C级数量		0	2	4	1	1

A:9分以上
B：6~9分
C：6分以下（含6分）

素颜的团队绩效考核表

该考核表只有数据计算的结果，仅此而已。结果，老板问他："到底哪几个人最终的评级不达标，哪几个人在各个季度评价得过 C 呢？"

呃，这个，这个，还有那个……

小明一通乱指，自己都觉得好尴尬。但是如果在该表的基础上，配置条件格式的规则，就能达到让人眼前一亮的效果。

工号	姓名	1季度	2季度	3季度	4季度	平均分	评价等级
QY001	白龙马	6.9	7			7.0	⚪
QY002	白富美	6.1	7			6.6	⚪
QY003	乔巴	10.2	9			9.6	⚪
QY004	孙悟空	7	9.4			8.2	⚪
QY005	麦兜	7.5	10.9			9.2	⚪
QY006	花道	9.3	5.8			7.6	⚪
QY007	李八神	9.1	9.8			9.5	⚪
QY008	李逍遥	9.1	7.1			8.1	⚪
QY009	沙僧	7.5	9.4			8.5	⚪
QY010	范坚强	9.9	5.9			7.9	⚪
C级数量		0	2	0	0	0	

填写一、二季度的数据时

工号	姓名	1季度	2季度	3季度	4季度	平均分	评价等级
QY001	白龙马	6.9	7	7.2	7.1	7.1	⚪
QY002	白富美	6.1	7	5.5	5.2	6.0	⚫
QY003	乔巴	10.2	9	7.2	10.4	9.2	⚪
QY004	孙悟空	7	9.4	6.6	10.1	8.3	⚪
QY005	麦兜	7.5	10.9	5.5	6.6	7.6	⚪
QY006	花道	9.3	5.8	5.9	9.7	7.7	⚪
QY007	李八神	9.1	9.8	10.2	9.9	9.8	⚪
QY008	李逍遥	9.1	7.1	5.9	6.4	7.1	⚪
QY009	沙僧	7.5	9.4	6.5	6	7.4	⚪
QY010	范坚强	9.9	5.9	6.9	10.5	8.3	⚪
C级数量		0	2	4	1	1	

全年填写完成后

做出上图的效果，不用我说，阅读者自己就能一眼看出关键的数据。这就是数据可视化，直接在表格中使用颜色、形状、大小、图标等视觉化的元素，让你想要表达的数据结论一目了然。在Excel中，利用条件格式可以轻轻松松实现各种可视化效果。

◑ 状态看得见

活动策划小兵，制作了一张表格，用以跟进准备工作的完成进度。如果能以四分圆形图标的形式展现哪些工作已经完成，哪些工作尚未开工，工作进度状态就会变得一清二楚。

活动	计划	已完成	项目进度
工作项目A	100	100	100%
工作项目B	400	360	90%
工作项目C	900	845	94%
工作项目D	800	456	57%
工作项目E	100	76	76%
工作项目F	300	162	54%
工作项目G	500	295	59%
工作项目H	600	300	50%
工作项目I	600	250	42%
工作项目J	100	23	23%

活动	计划	已完成	项目进度
工作项目A	100	100	●
工作项目B	400	360	◕
工作项目C	900	845	◕
工作项目D	800	456	◑
工作项目E	100	76	◕
工作项目F	300	162	◑
工作项目G	500	295	◑
工作项目H	600	300	◑
工作项目I	600	250	◔
工作项目J	100	23	○

工作进度跟进—设置前 　　　　　　　　　　　　　设置后

Excel 中提供了丰富的图标集，用以展示数据的不同状态。

◑ 数据有"温度"

媒体工作者小红，得到一份某城市全年空气质量指数（AQI）表，想将其作为新闻稿的素材。该表统计了一天中各个时刻的 AQI 指数平均值。然而，从密密麻麻的数据统计结果中并不能看出什么端倪。

时刻	1月	2月	3月	4月	5月	6月	7月	8月	9月	10月	11月	12月	平均
0时	147	137	141	156	122	154	105	113	138	112	128	119	131.0
1时	83	110	78	84	79	98	99	59	88	61	67	78	82.0
2时	79	100	91	60	95	51	84	63	77	71	64	51	73.8
3时	56	45	55	42	70	77	83	57	42	45	40	44	54.7
4时	43	36	43	69	86	77	34	51	42	38	67	33	51.6
5时	61	95	77	109	113	109	95	63	64	103	90	68	87.3
6时	111	135	146	129	118	147	123	133	120	124	129	145	130.0
7时	181	148	161	187	192	158	181	158	178	159	158	181	170.2
8时	139	193	195	141	141	148	138	137	175	154	189	145	157.9
9时	194	177	228	234	234	229	179	235	230	232	228	228	219.0
10时	260	257	229	231	245	230	204	254	255	220	208	246	236.6
11时	236	205	243	243	219	190	239	248	200	221	234	246	227.0
12时	203	196	186	208	185	214	170	179	161	172	195	215	190.3
13时	200	160	172	145	173	186	153	151	169	200	204		174.0
14时	107	131	164	104	152	108	120	104	150	143	123	160	130.5
15时	103	85	112	93	96	97	100	91	132	126	119	81	102.9
16时	90	115	100	115	83	84	71	125	70	115	112	109	99.1
17时	105	145	104	144	139	107	153	135	127	137	137	97	127.5
18时	128	180	156	144	150	140	142	152	144	134	169	186	152.1
19时	163	208	161	220	166	218	204	163	213	220	220	171	193.9
20时	245	232	215	245	248	218	238	251	230	202	228	204	229.7
21时	220	235	230	219	260	226	232	247	240	241	230	210	232.5
22时	214	169	203	217	193	224	218	202	196	206	213	185	203.3
23时	179	155	169	173	182	186	139	148	166	186	137	148	164.0

某城市全年空气质量 AQI 指数—设置前

但是，当她用了色阶功能后得到下图所示的表格，数据信息立马现出原形。从图中能够得出什么结论，不言自明。

时刻	1月	2月	3月	4月	5月	6月	7月	8月	9月	10月	11月	12月	平均
0时	147	137	141	156	122	154	105	113	138	112	128	119	131.0
1时	83	110	78	84	79	98	99	59	88	61	67	78	82.0
2时	79	100	91	60	95	51	84	63	77	71	64	51	73.8
3时	56	45	55	42	70	77	83	57	42	45	40	44	54.7
4时	43	36	43	69	86	77	34	51	42	38	67	33	51.6
5时	61	95	77	109	113	109	95	63	64	103	90	68	87.3
6时	111	135	146	129	118	147	123	133	120	124	129	145	130.0
7时	181	148	161	187	192	158	181	158	178	159	158	181	170.2
8时	139	193	195	141	141	148	138	137	175	154	189	145	157.9
9时	194	177	228	234	234	229	179	235	230	232	228	228	219.0
10时	260	257	229	231	245	230	204	254	255	220	208	246	236.6
11时	236	205	243	243	219	190	239	248	200	221	234	246	227.0
12时	203	196	186	208	185	214	170	179	161	172	195	215	190.3
13时	200	160	175	172	145	173	186	153	151	169	200	204	174.0
14时	107	131	164	104	152	108	120	104	150	143	123	160	130.5
15时	103	85	112	93	96	97	100	91	132	126	119	81	102.9
16时	90	115	100	115	83	84	71	125	70	115	112	109	99.1
17时	105	145	104	144	139	107	153	135	127	137	137	97	127.5
18时	128	180	156	144	150	140	142	152	144	134	169	186	152.1
19时	163	208	161	220	166	218	204	163	213	220	220	171	193.9
20时	245	232	215	245	248	218	238	251	230	202	228	204	229.7
21时	220	235	230	219	260	226	232	247	240	241	230	210	232.5
22时	214	169	203	217	193	224	218	202	196	206	213	185	203.3
23时	179	155	169	173	182	186	139	148	166	186	137	148	164.0

色阶
250
200
150
100
50

设置后

色阶，是用颜色的暖冷色调、深浅不同来表达数值的高低的一种方法。在数据可视化领域，又叫作热力图（Heat Chart）。Excel 中的色阶功能，只需一次单击选择就能轻松实现。

比比谁更长

某店铺老板想对比看看不同系列主打产品的销售情况，结果好像发现了一个不得了的规律……

月份	避孕套	奶粉
1月	786	891
2月	3372	504
3月	758	843
4月	932	1869
5月	954	2553
6月	1722	3555
7月	784	2475
8月	3134	1575
9月	3772	3099
10月	2012	3993
11月	754	3375
12月	1038	345

产品销售对比—设置前

月份	避孕套	奶粉	
1月	786		891
2月	3372		504
3月	758		843
4月	932		1869
5月	954		2553
6月	1722		3555
7月	784		2475
8月	3134		1575
9月	3772		3099
10月	2012		3993
11月	754		3375
12月	1038		345

设置后

Excel 中可以用数据条表示数值的大小，从而实现系列数据的对比。

◉ 走势入我眼

网店销量 月份 商品	2月	1月	3月	4月	5月	6月	7月	8月	9月	10月	11月	12月
2B铅笔	379	393	1456	466	477	861	392	377	1006	519	1567	1886
笔记本	189	191	1776	705	559	1200	461	426	870	358	1129	607
便利贴	168	297	1033	281	851	825	623	525	1185	403	1125	1331
纸巾	1594	1782	3624	1695	2725	3521	2876	2555	4050	2340	4098	3975
总计	2330	2663	7889	3147	4612	6407	4352	3883	7111	3620	7919	7799

产品销售趋势 设置前

店铺老板发现了数据条的妙处，于是在另外一份商品统计表上也运用了数据条，果然比原来纯数据更加直观了。但也只能看到每个月各个产品之间的对比，总觉得还缺点什么，直到他加上 4 条神奇的曲线……

网店销量 月份 商品	2月	1月	3月	4月	5月	6月	7月	8月	9月	10月	11月	12月	销售趋势
2B铅笔	379	393	1456	466	477	861	392	377	1006	519	1567	1886	
笔记本	189	191	1776	705	559	1200	461	426	870	358	1129	607	
便利贴	168	297	1033	281	851	825	623	525	1185	403	1125	1331	
纸巾	1594	1782	3624	1695	2725	3521	2876	2555	4050	2340	4098	3975	
总计	2330	2663	7889	3147	4612	6407	4352	3883	7111	3620	7919	7799	

添加迷你折线图后

虽然只是非常简单的 4 条细线，却直观地反映了各个产品的全年销售趋势。该老板从中发现了两个销售形式大好的时期，琢磨着，来年是不是要集中资源做做推广。

上图中的 4 条曲线，就是 Excel 中迷你图表的一种 —— 迷你折线图。迷你图的功能是，可以直接在单元格中生成极简的图表，以辅助观察数据的趋势和规律。

可视化的技能，看着就很酷吧？ 要实现以上案例中的效果，一点都不难！ 看叔教你各个击破，做个喜「形」好「色」的上好青年。

4.2 让异常数字自动变红

在 Excel 表格中，最简单、最经典的数据可视化手段是**自定义数字格式**。利用数字格式的条件规则，让符合特定条件的数字自动变色或显示额外的字符，可以使部分数据变得与众不同。自定义数字格式的操作方法，在第1章就已详尽解析，此处不再赘述操作步骤，仅展示格式规则及相应的效果。

红色突显超标数字

以体重数据为例，用红色字标识超过140的数据，可以设置如下自定义数字格式类型。

姓名	体重
白龙马	143
乔巴	96
孙悟空	132
白富美	153
阿娇	108

设置前

姓名	体重
白龙马	143
乔巴	96
孙悟空	132
白富美	153
阿娇	108

设置后

[红色][>=140]0;G/通用格式

用颜色和符号标识数值增减

让数据增减分别用不同的颜色表示也是一种常用的手法。

姓名	上次称重	本次称重	体重增减
白龙马	143	138	-5
乔巴	96	98	2
孙悟空	132	133	1
白富美	153	160	7
阿娇	108	108	0

设置前

姓名	上次称重	本次称重	体重增减
白龙马	143	138	▼ 5.00
乔巴	96	98	▲ 2.00
孙悟空	132	133	▲ 1.00
白富美	153	160	▲ 7.00
阿娇	108	108	保持

设置后

[红色]▲ 0.00;[绿色]▼ 0.00;"保持"

自定义数字格式简单、有效，但是局限性也特别明显：

（1）只能自动改变颜色和添加字符；

（2）中括号中的条件规则仅支持2条（不含颜色规则）。

如何按性别来分，即男性体重在140以上变色，女性体重在110以上变色？要实现该效果就只能依靠更加强大的**条件格式**。

4.3　用条件格式突显单元格

条件格式在［开始］选项卡中的位置如下图所示，其菜单中包含 2 种基本规则和一组管理工具。

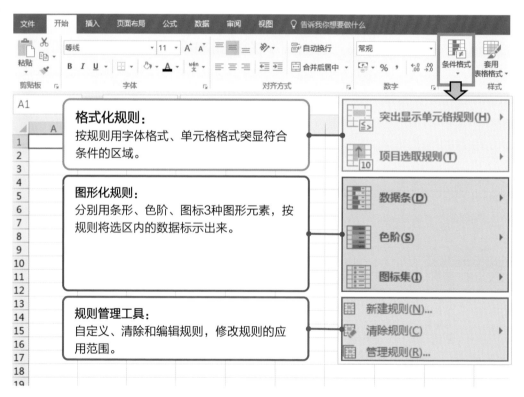

条件格式功能及基本类型

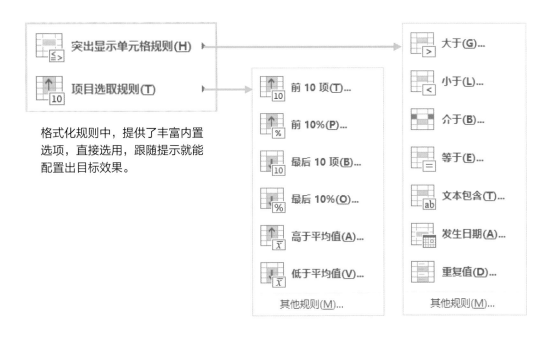

格式化规则中，提供了丰富内置选项，直接选用，跟随提示就能配置出目标效果。

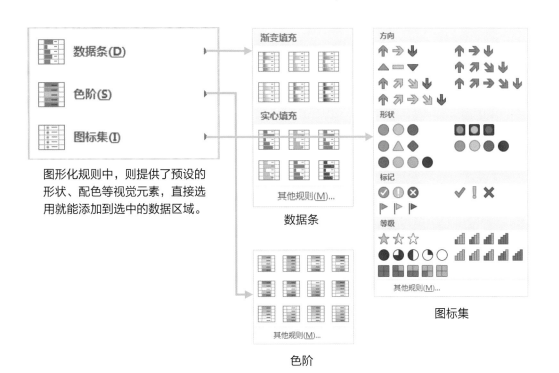

图形化规则中，则提供了预设的形状、配色等视觉元素，直接选用就能添加到选中的数据区域。

数据条

色阶

图标集

下面就通过几个不同的应用场景来了解条件格式的格式化规则的基本用法。

指定排名范围突出显示

让排名靠前的数据突显出来是最常用的一种格式化规则。例如，将右侧歌手名单中排行前三 的人气数值，用黄色突出显示。

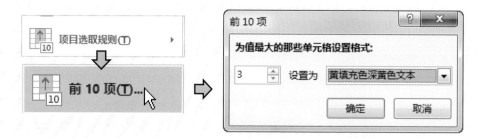

设置前　　　　　　　　　　　　　　　　完成效果

项目选取规则中包含了 3 种常用的规则。

（1）排名：前几名，后几名。

（2）比例：前百分之多少，后百分之多少。

（3）和平均值相比：比平均值高，比平均值低。

具体操作方法如下。

【 前 10 项 】Excel 官方翻译有误导，真实含义是前几项才对 ~

选中数据区域后，打开条件格式的【项目选取规则】，选择【前 10 项】

修改数值为【3】，选定一种目标格式

到期提醒——按日期范围突出显示

在突出显示单元格规则中有发生日期的选项，可以突出显示指定范围内的日期。

小方是个合同管理员，每周都要处理一批合同，她想把所有下周到期的日期全部突显出来，该如何做呢？

合同编号	到期日
M010	2月24日
M011	2月25日
M012	2月26日
M013	2月27日
M014	2月28日
M015	3月1日
M016	3月2日
M017	3月3日
M018	3月4日
M019	3月5日
M020	3月6日

设置前

合同编号	到期日
M010	2月24日
M011	2月25日
M012	2月26日
M013	2月27日
M014	2月28日
M015	3月1日
M016	3月2日
M017	3月3日
M018	3月4日
M019	3月5日
M020	3月6日

完成效果

具体操作步骤如下。

选择【发生日期】　　　　　　修改为【下周】后，单击［确定］按钮

快速标记重复项

利用条件格式，可以迅速地标记出重复项。此功能既可以提前预设，作为输入数据时的 实时提醒，又可以作为事后的检查手段。

例如，如何标记出右图中所有重复的人名？

选中所有人名以后，进行以下操作。

文本
侧田
陈奕迅
陈奕迅
邓紫棋
邓紫棋
邓紫棋
韩红

文本
侧田
陈奕迅
陈奕迅
邓紫棋
邓紫棋
邓紫棋
韩红

设置前　　　　　　重复项标红

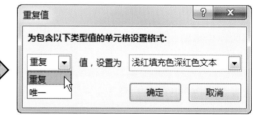

选择【重复】后，再选择一种目标格式

选择【重复值】

4.4 图形化展现单元格数值

图形规则的类型和用法

图形化条件格式规则的用法特别简单：选中一个数据区域，选择一种类型，即可得到可视化效果。下图是同一组数据应用不同规则的效果。

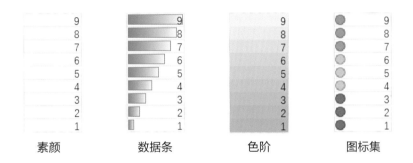

素颜　　　　　数据条　　　　　色阶　　　　　图标集

从上图中可以明显看出，默认情况下，3种类型的基本规则都是两个字：等分。

类型	适用场景	默认的划分规律
数据条	简化版的条形图，适用于系列数值之间比较大小、增减状况和排行情况等	单元格宽度/数值范围
色阶	简化版的热力图，用于识别数据整体的重点关注区间	颜色渐变区间/数值范围
图标集	分类图示，用于标示数据属于哪一个区段，当前的状态	数值范围/图标种类

3种类型的适用场景和基本规律

　　然而，图形化规则又没那么简单，其中还有一些门道，如果不搞清楚，就没办法灵活运用。例如：

　　如何让两个系列的数据条反向进行对比？

　　如何自定义色阶的范围和中间过渡点？

　　图标集的范围为什么和预期不符？

　　下面就通过一些具体的应用场景来摸清图形化的"潜"规则。

数据条清晰比较数值大小

　　为了对比两个系列产品的销量情况，直接套用数据条的效果如下图所示，要如何调整才能得到"旋风图"的效果呢？

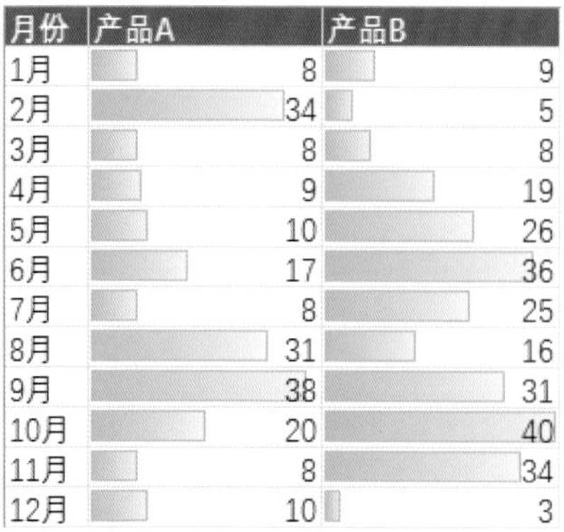

月份	产品A	产品B
1月	8	9
2月	34	5
3月	8	8
4月	9	19
5月	10	26
6月	17	36
7月	8	25
8月	31	16
9月	38	31
10月	20	40
11月	8	34
12月	10	3

月份	产品A	产品B
1月	8	9
2月	34	5
3月	8	8
4月	9	19
5月	10	26
6月	17	36
7月	8	25
8月	31	16
9月	38	31
10月	20	40
11月	8	34
12月	10	3

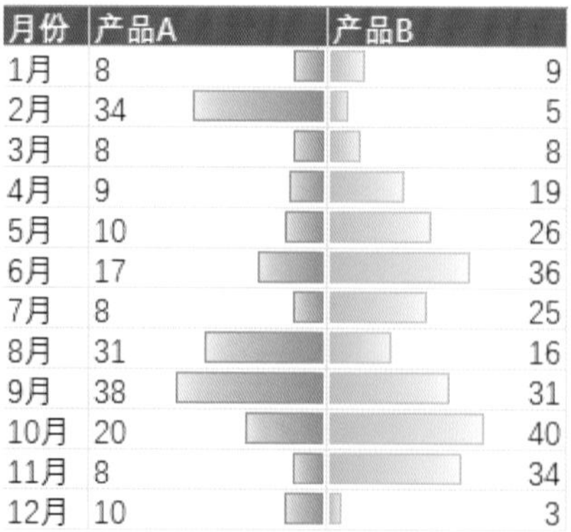

直接套用数据条的效果　　　　　　反向显示的"旋风"型条形图

步骤一：分别添加数据条

① 选中 B 列数据区域，添加【红色】数据条

② 选中 C 列数据区域，添加【橙色】数据条

③ 得到两组不同颜色的数据条

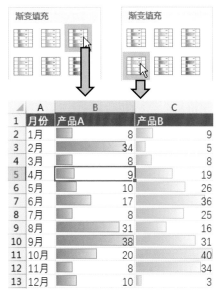

添加数据条

步骤二：反向显示左侧数据条

再次编辑刚才添加的数据条规则，将 B 列条形方向更改为【从右到左】，就得到了"旋风图"的效果

选择【管理规则】 → 编辑规则 → 条形图方向改为从右到左

"旋风"型条形图基本定型，然而，有两个细节是很多"表哥/表妹"都容易忽视的：

（1）部分数据会被数据条遮挡；

（2）每个系列的最大数值均占满单元格，代表100%。

这就意味着两个系列对比的是各自的百分比，而不是绝对数值。如果要反应数值大小的对比，则必须统一两个系列的取值范围。

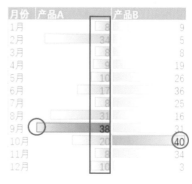

存在的 2 处瑕疵

答疑 01　如何统一条形刻度，防止遮挡数值？

编辑规则说明(E)：

基于各自值设置所有单元格的格式：

格式样式(O)： 数据条　　　　☐ 仅显示数据条(B)

	最小值	最大值
类型(T)：	数字	数字
值(V)：	0	60

	A	B	C	D	E	F
1	月份	产品A		产品B		
2	1月	8		9		
3	2月	34		5		
4	3月	8		8		
5	4月	9		19		
6	5月	10		26		
7	6月	17		36		
8	7月	8		25		
9	8月	31		16		
10	9月	38		31		
11	10月	20		40		
12	11月	8		34		
13	12月	10		3		

统一条形刻度

① 需要分别编辑两组数据条的详细规则

② 统一将最小值、最大值类型更改为【数字】

③ 最小值改为【0】，最大值改为【60】

* 两组数据的最大值为40，60>40，能为数据留出空间，防止遮挡最大的数值。

④ B 列数据左对齐，C 列数据右对齐，至此完成所有设置

当单个数据组中同时存在正数和负数时，直接套用数据条会呈现出双色反向对比的效果。此方法常用来做盈亏平衡分析、偏离平均值的分析或涨跌幅度分析等。

姓名	上次称重	本次称重	体重增减
白龙马	143	138	-1
乔巴	96	98	5
孙悟空	132	133	2
白富美	153	160	10
阿娇	108	108	0

反映数据增减的双向数据条

答疑 02　如何自定义双色数据条的零点分界和负数填充色？

在编辑规则时，打开【复制和坐标轴】设置窗口，在其中可以分别设定零点分界和负数填充色。

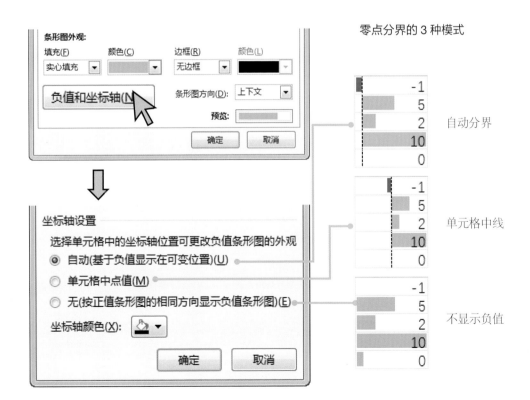

用色阶呈现等级水平和热度

色阶没有太多的额外规则设定，所以，应用色阶最为简单。选择一种最贴近数据特性的类型，例如，温度值越高，颜色越红；温度越低，则颜色越蓝。对水生生物来说，水中的含氧量充足，则安全，可用绿色；含氧量越低，则越危险，可用红色，以示警报。

温度	污染指数	含氧量	浓度
10	10	10	10
9	9	9	9
8	8	8	8
7	7	7	7
6	6	6	6
5	5	5	5
4	4	4	4
3	3	3	3
2	2	2	2
1	1	1	1

尽可能选择贴近数据本身含义的颜色

 答疑 如何自定义色值范围及渐变中间点？

在编辑规则窗口中，当选择的色阶类型为三色刻度时，可以调节中间渐变的节点位置。和数据条一样，可以自定义填充颜色，最低值和最高值为自动检测到的最小值和最大值。而数字类型，则可以人工设置固定的最小值和最大值。

基于各自值设置所有单元格的格式：

	最小值	中间值	最大值
格式样式(O)：	三色刻度 ▼		
类型(T)：	最低值 ▼	百分点值 ▼	最高值 ▼
值(V)：	(最低值) ↑	80 ↑	(最高值) ↑
颜色(C)：	▼	▼	▼
预览：			

编辑色阶规则

三色刻度的预览效果并不准确。例如，设置中间值为【80 百分点值】时，实际的色阶渐变效果如下。

最小值 ━━━━━━━━━━━━━━━━ 中间值 ━━━ 最大值

色阶渐变效果

例如，对于空气质量指数，50以下为优，150以上为污染一般，250以上为污染严重。

时刻	1月	2月	3月	4月	5月	6月	7月	8月	9月	10月	11月	12月	平均
0时	122	134	127	125	162	137	135	139	123	143	111	132	132.5
1时	59	102	58	81	77	86	61	106	65	93	100	111	83.3
2时	57	75	100	50	58	62	80	107	93	93	81	68	77.0
3时	83	83	37	44	79	51	39	35	69	79	56	29	57.0
4时	70	55	65	60	50	57	88	60	86	73	36	62	63.5
5时	113	82	82	72	69	77	95	92	69	79	94	69	82.8
6时	163	143	127	124	125	127	155	144	152	129	148	153	140.8
7时	155	156	176	189	192	192	177	155	142	141	152	168	166.3
8时	139	143	184	176	177	173	157	145	179	173	170	149	163.8
9时	211	214	226	203	194	232	184	222	222	224	227	195	212.8
10时	256	218	206	226	241	206	258	253	222	238	200	237	230.1
11时	215	228	213	240	193	228	195	222	207	194	211	245	215.9
12时	174	215	209	179	193	195	178	171	214	167	157	178	185.8
13时	187	175	165	161	193	168	196	180	203	191	197	158	181.2
14时	155	137	107	130	121	128	141	116	143	141	138	158	134.6
15时	100	108	119	93	93	105	109	138	138	122	141	130	116.3
16时	128	108	101	111	122	82	79	98	112	124	115	91	105.9
17时	146	143	144	130	127	96	139	114	141	108	100	136	127.0
18时	183	186	130	153	158	147	187	146	185	185	147	187	166.2
19时	216	163	190	162	210	163	167	199	174	206	196	178	185.3
20时	224	244	243	244	195	236	220	240	245	216	217	219	228.5
21时	253	250	246	251	260	245	231	247	211	224	259	265	245.2
22时	223	207	199	221	190	199	223	175	205	200	202	225	205.8
23时	172	187	153	163	176	142	148	185	145	161	162	136	160.8

色阶
300
250
200
150
100
50
0

某城市空气质量指数

按照下图设置即可达到预期效果。

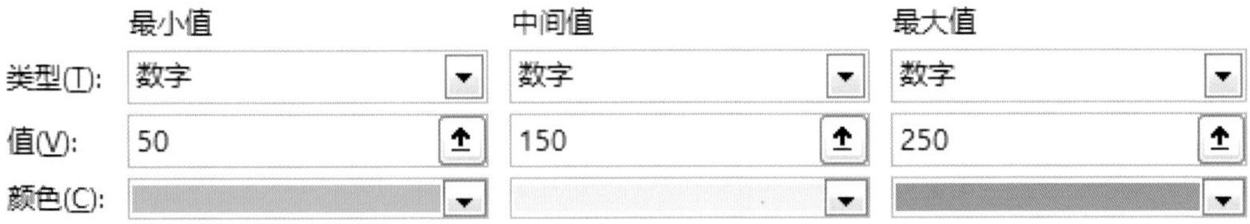

	最小值	中间值	最大值
类型(T):	数字	数字	数字
值(V):	50	150	250
颜色(C):			

设置规则

用图标集反映项目状态

图标集默认划分方式是以数据区域内的最小值和最大值作为两个端点，按照图标的个数等距离划分。但在某些时候，会出现不匹配的情况。

以项目完成进度为例，整个等级两端的数值分别是100%和0（见图1）。当一组数据中最大值同为100%，最小值同为0时，等级范围还能对应上（见图2）。

但是，当数据中最大值不到100%，或最小值不等于0时，图标集和取值范围的对应关系就错乱了（见图3）。

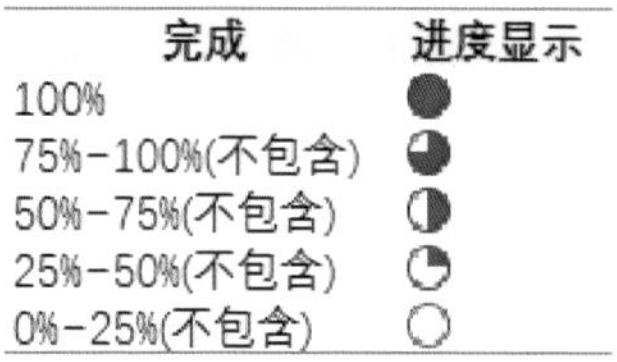

完成	进度显示
100%	●
75%-100%(不包含)	◕
50%-75%(不包含)	◑
25%-50%(不包含)	◔
0%-25%(不包含)	○

图1　标准等级划分

活动	项目进度	
工作项目1	●	100%
工作项目2	◕	80%
工作项目3	◑	50%
工作项目4	◔	30%
工作项目5	○	0%

图2　显示正常的一组数据

活动	项目进度	
工作项目1	●	60%
工作项目2	◕	50%
工作项目3	◑	40%
工作项目4	◔	30%
工作项目5	○	20%

图3　显示错乱的一组

答疑 01　各个类别有固定范围时，如何划分才能与数值对应上？

在有分级区间的限定条件时，必须在编辑规则窗口中自定义每个图标和区间分界点的对应关系。以上文图1中的项目完成比例分级为划分区间，修正项目进度显示图标为例，设置规则的操作步骤如下。

① 修改分界值的类型为【数字】，变成固定的数值类型。

② 修改图标对应的分界【值】，依次为1、0.75、0.5、0.25。

修正前

修正后

按照数值大小的逻辑关系，设置第一个级别≥1，第二个级别会
自动变成<1，只需填写第二个级别的另一端分界点，就能划定第
二个级别的取值范围。

所以，在划分此类取值范围时，要么从大到小，要么从小到大依
次设置，不要乱。

答疑 02 若某个级别不需要图标，可以将其隐藏起来吗？

在只需关注某个级别的数据时，如果将全部数据都添加上图标，反而会感觉很乱。此时，可以在【编辑规则】窗口中隐藏部分级别的图标。

隐藏级别图标的方法如下。

① 设置好对应等级的【数字】型分界点。

② 将【＜100 且≥60】的图标设为【无单元格图标】即可。

满分亮绿灯，不及格亮红灯

图标(N)		值(V)	类型(T)
●	当值是 >=	100	数字
无单元格图标	当 < 100 且 >=	60	数字
●	当 < 60		

隐藏中间级别的图标

按此规律，对于上文中的数据和等级划分，通过对图标进行微调，就可以得到不同的显示效果。因此，在使用图标集时，选择一个最接近的类型，再按照呈现目的对规则进行微调是最省力的方法。

单个图标
仅保留不及的红灯

跨级别显示
及格以上均亮绿灯

图标混搭
及格以上亮红旗

图标运用，最关键的就是找到符合数据表达的类型。

你知道这些图标都适合作为什么数据的标记吗？

答疑 03 可以只显示图标而不显示数据吗？

可以。在编辑规则时，勾选【仅显示图标】选项就能实现该效果。在只关心大致类别而不关心具体数值时，此方法是不错的选择。

编辑规则　　　　　　　　　　　　　　　　　　　　　仅显示图标

利用此选项，结合辅助列，还能实现图标和数据的分离。默认规则下，数据和图标同列，且图标固定在前，无法调整显示次序和对齐方式。但增加一个辅助列并设置引用公式后，就可以巧妙地实现一列输入数据，另一列显示图标。在 Excel 中，很多效果都可以通过类似的"曲线救国"方式实现。所以，围绕你的目的，变换一个角度看问题，很多问题都能迎刃而解。

▲	A	B
1	活动	完成比例
2	工作项目1	● 100%
3	工作项目2	◑ 60%
4	工作项目3	◔ 40%
5	工作项目4	◔ 30%
6	工作项目5	○ 20%

默认规则图标和数据同列

=A2

▲	A	B	C
1	活动	完成比例	项目进度
2	工作项目1	100%	●
3	工作项目2	60%	◑
4	工作项目3	40%	◔
5	工作项目4	30%	◔
6	工作项目5	20%	○

辅助列法实现图标和数据分离

答疑 04 图标的大小能改变吗？

可以。修改单元格字体的大小，图标和单元格中的数据就会同步放大或缩小。

答疑 05 文本型的数据能添加图标集吗？

可以。但是图标集只认数值类型的数据，所以前提是用替换、函数公式等你想得到的任何办法，将文本转换成数值。

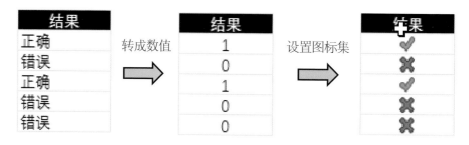

实例中的图标集设置要点

4.5 按条件让整行数据变色

如何让不及格的记录自动变色？

如果想让符合某个条件的整行都统一变色，该怎么做呢？就比如，将下表中分数 < 60 的行全部变为橙色。

学号	姓名	性别	成绩
QY004	张三丰	男	53
QY009	孙悟空	女	96
QY004	小新	男	95
QY010	姜子牙	男	92
QY009	白子画	男	41
QY003	杨过	女	89
QY004	周芷若	男	59
QY007	郭靖	女	89
QY010	花千骨	男	91

无论是格式化规则，还是图形化规则，默认都是针对数据本身所在的单元格进行视觉化强调。如果想让符合某个条件的整行都自动变色，该怎么做呢？这就需要用到更高级别的自定义规则：公式。

| 步骤一：新建规则

第1步特别关键，选取的范围就是规则的应用范围，其会影响公式的具体写法。

① 选中单元格区域 A2:D10

② 选择【条件格式】-【新建规则】

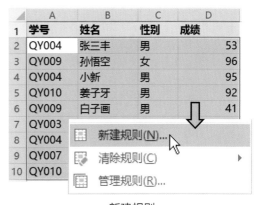

新建规则

步骤二：添加公式规则

① 选择【公式】类规则

② 输入公式【=$D2<60】

③ 设置格式　填充色为橙色

④ 单击【确定】按钮

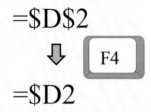

$$=\$D\$2$$
$$\Downarrow \quad \boxed{F4}$$
$$=\$D2$$

特别留意美元符号，它是
整行变色的关键所在。

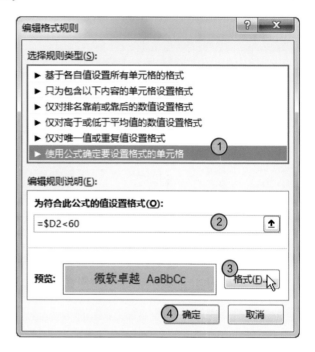

添加公式规则

为什么是"$D2"，而不是
"D$2"？

这涉及公式规则的一个难点，暂时搞不明白没关系，可以直
接跳过。在第 7 章函数公式中会详细介绍引用方式的差别。

整行变色易错点及原理详解

Excel 的功能实在太多、太强大，在没有反复历练的情况下，不可能记住所有的技术细节。所以，在没有十足把握一步搞定的情况下，将问题拆解，实行小规模调试和验证尤为重要。

这也是高效学习 Excel 的重要心法，在实战中即学即用，对知识点的掌握会更加牢固。下面回归正题，详细看看，应用范围和引用方式对最终效果的影响。

为符合此公式的值设置格式：

=$D2<60

成绩小于60，则条件格式成立

上色跑偏了？应用范围惹的祸

针对上文的案例，2人用了完全相同的公式，可结果却完全不一样，后者的上色效果全部偏离了一行，为什么？

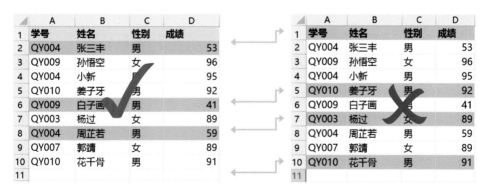

上色效果正确

<60 的行没变色，但该行的上一行全部变色
（D11 是空值，同样 <60）

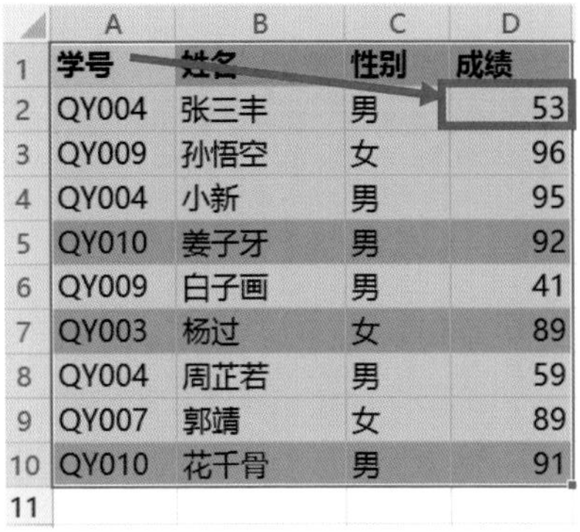

图 1　选取区域及偏离的引用对象

图 2　A1 对应规则的运算结果

原来后者在创建规则之前，选择的单元格区域是A1:D10。输入条件公式以后，以所选区域中的活动单元格A1（选区内唯一高亮的单元格）为起点开始验算。于是，A1单元格完整的条件规则为：

A1=($D2<60)

其运算过程如上面图2所示，结果成立，A1单元格变色。

验算完 A1单元格的规则，再验算 B1 单元格，由于公式引用位置锁定在了"成绩"列（D列），所以判定位置不变，B1单元格的完整规则为：

B1=($D2<60)

条件依然成立，B1 单元格也变色。依次类推，第一行整行的规则都成立，所以第一行整行变色。

但是，当验算到了第二行，由于规则公式只锁定了"成绩"列（D列），并未锁定行，于是在第二行各个单元格的规则公式中，判定成绩的位置随之向下移动一行，即变成了第三行的成绩：

A2=($D3<60)
B2=($D3<60)
……

以上规则的运算结果均不成立，导致第二行整行都不变色。依次类推验算选区内所有规则公式，就得到了上一页"全部偏离一行"的结果。

那么在选区不变，从A1单元格开始选取的情况下，怎样才能得到正确的结果呢？

我都是只盯着活动单元格，以它为基准，它以谁来判定条件是否成立，就在公式中引用谁。因为我知道，公式的相对引用和绝对引用会帮我自动验算其他单元中的规则。

选取单元格区域A1:D10时，正确的规则公式应该以A1单元格为基准，引用同一行的成绩：

A1=($D1<60)   ✓

读懂条件格式应用范围对规则公式的影响后，相信你对相对引用和绝对引用的用法会有更加深入的理解，这对日后学习函数公式的批量复制也会有很大帮助。

全变色了？引用方式搞错啦

	A	B	C	D
1	学号	姓名	性别	成绩
2	QY004	张三丰	男	53
3	QY009	孙悟空	女	96
4	QY004	小新	男	95
5	QY010	姜子牙	男	92
6	QY009	白子画	男	41
7	QY003	杨过	女	89
8	QY004	周芷若	男	59
9	QY007	郭靖	女	89
10	QY010	花千骨	男	91

选区内全部变色

应用范围：A2:D10

规则公式：=$D$2<60

条件格式应用范围和规则公式

错就错在这位"童鞋"用了绝对引用，把判定成绩的行也一起锁定了。结果选区内所有单元格都以 D2 单元格的成绩为判定条件，全都成立，也就全都变色了。

如果将公式引用方式写成了"D2<60"或"D$2<60"，又会是什么结果呢？为什么会有这样的结果？敢在练习中动手，并验算一遍吗？

4.6 条件格式的进阶应用

批量复制条件格式到其他区域

条件格式也属于单元格格式的一种，所以可以用格式刷进行复制粘贴。

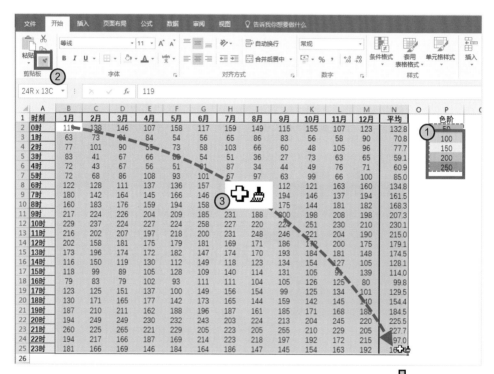

① 选择带条件格式的单元格区域中的任意一个单元格，例如 P2 的单元格，然后按 Ctrl+C组合键复制。

② 单击【格式刷】按钮。

③ 鼠标指针变成刷子形状后选中目标区域。

④ 完成复制。

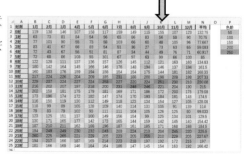

除此以外，可以通过【管理规则】窗口，修改应用范围，扩展条件格式的应用区域。

修改应用范围

可动态切换的条件规则

右边是一份成绩表，如何让大于或等于 F2 单元格内数值的所有行都变色呢？

方法很简单，应用固定数值时的公式是：=$D2>=540

只需将其中的固定数值换成引用位置就 OK 了。

	A	B	C	D	E	F
1	学号	姓名	报考院校类型	总分		录取分数线
2	QY004	张杰	文科	535		540
3	QY009	孙燕姿	理科	484		
4	QY004	蜡笔小新	语言	468		
5	QY010	姜熙健	工科	541		
6	QY009	曾秩可	理科	517		
7	QY003	艾微儿	综合	533		
8	QY004	李敬镐	工科	590		
9	QY007	梁静茹	语言	507		
10	QY010	邓超	文科	555		
11						

在公式中添加 F2 单元格作为条件

应用范围：A2:D10

规则公式：=$D2>=$F$2

如此一来，只要修改F2单元格中的数值，就能够自动调节规则中的条件，从而达到动态切换突显效果的目的。

	A	B	C	D	E	F
1	学号	姓名	报考院校类型	总分		录取分数线
2	QY004	张三丰	文科	535		510
3	QY009	孙悟空	理科	484		
4	QY004	小新	语言	468		
5	QY010	姜子牙	工科	541		
6	QY009	白子画	理科	517		
7	QY003	杨过	综合	533		
8	QY004	周芷若	工科	590		
9	QY007	郭靖	语言	507		
10	QY010	花千骨	文科	555		

修改 F2 的数值就能更改规则

如果再结合下拉列表，只要单击选择，就能自动切换规则。在需要频繁切换条件规则的情况下，这种方式就更加灵活和方便。

应用范围：A2:D10

规则公式：=$C2=$F$2

	A	B	C	D	E	F
1	学号	姓名	报考院校类型	总分		录取院校
2	QY004	张三丰	文科	535		理科
3	QY009	孙悟空	理科	484		文科
4	QY004	小新	语言	468		理科
5	QY010	姜子牙	工科	541		语言
6	QY009	白子画	理科	517		工科
7	QY003	杨过	综合	533		综合
8	QY004	周芷若	工科	590		
9	QY007	郭靖	语言	507		
10	QY010	花千骨	文科	555		

从下拉列表中选【理科】后，【理科】所在的行全部着色

Excel 中，只要存在区域选择按钮的地方，都可以实现类似的引用。

你学过的每一个单点技巧，在特定情境下，都可以联合起来运用，达到更高效、更人性化的效果。关键在于：你，想要怎样？

格式样式(O)：数据条　　　☐ 仅显示数据条(B)

	最小值	最大值
类型(T)：	数字	自动
值(V)：	0	(自动)

函数，让条件格式发挥更大功效

综合应用一：到期提醒，怎样可以随时切换预警天数？

对合同文档进行集中管理，每一份合同文档都有相应的起始日期和截止日期。我需要根据具体工作情况来调整到期提醒的天数。例如，有时需要提醒15天内到期的合同，有时需要提醒30天内到期的合同，如何设置这样的到期提醒呢（假设今天日期为2017年2月23日）？

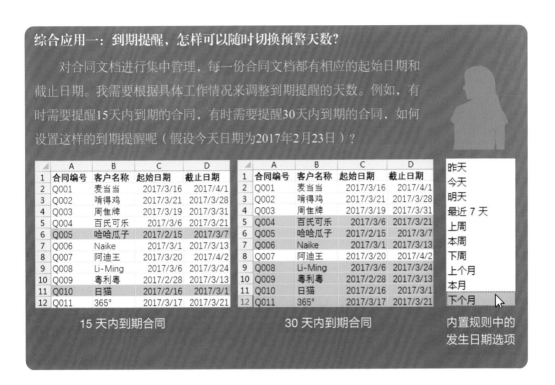

15 天内到期合同　　　　30 天内到期合同　　　　内置规则中的发生日期选项

如此个性化需求，内置规则中有关发生日期的选项显然已经无法满足。怎么办呢？

通常，在无法一步到位解决问题时，都可以尝试将大问题进行分解，变成几个小问题，然后想办法各个击破。

（1）能不能先算出每个合同各还有几天到期？

（2）按到期天数如何设定可以随时切换的规则？

下面就分 3 步实现

步骤一：计算到期天数

添加一个辅助列，在 E2 单元格中输入如下公式并向下填充，即计算出全部合同的到期天数。

	A	B	C	D	E
1	合同编号	客户名称	起始日期	截止日期	到期天数
2	Q001	麦当当	2017/3/16	2017/4/1	36
3	Q002	啃得鸡	2017/3/21	2017/3/28	33
4	Q003	周佳牌	2017/3/19	2017/3/31	36
5	Q004	百氏可乐	2017/3/6	2017/3/21	26
6	Q005	哈哈瓜子	2017/2/15	2017/3/7	12
7	Q006	Naike	2017/3/1	2017/3/13	18
8	Q007	阿迪王	2017/3/20	2017/4/2	38
9	Q008	Li-Ming	2017/3/6	2017/3/24	29
10	Q009	粤利粤	2017/2/28	2017/3/13	18
11	Q010	日猫	2017/2/16	2017/3/1	6
12	Q011	365°	2017/3/17	2017/3/21	26

=D2-TODAY()

公式中 TODAY() 函数可以自动获取当天的系统日期，截止日期 − 今天日期=剩余天数，即到期天数。

计算到期天数

步骤二：设定动态规则

在计算出到期天数以后，就可以以到期天数为判定依据。

	A	B	C	D	E	F	G	H	I	J
1	合同编号	客户名称	起始日期	截止日期	到期天数		到期天数			
2	Q001	麦当当	2017/3/16	2017/4/1	36		15			
3	Q002	啃得鸡	2017/3/21	2017/3/28	33					
4	Q003	周佳牌	2017/3/19	2017/3/31	36					
5	Q004	百氏可乐	2017/3/6	2017/3/21	26					
6	Q005	哈哈瓜子	2017/2/15	2017/3/7	12					
7	Q006	Naike	2017/3/1	2017/3/13	18					
8	Q007	阿迪王	2017/3/20	2017/4/2	38					
9	Q008	Li-Ming	2017/3/6	2017/3/24	29					
10	Q009	粤利粤	2017/2/28	2017/3/13	18					
11	Q010	日猫	2017/2/16	2017/3/1	6					
12	Q011	365°	2017/3/17	2017/3/21	26					

应用范围：A2:E12

规则公式：=$E2<=$G$2

设定判定规则

既然计算出的到期天数已经是个数值，那么能不能直接运用内置规则中突出显示数值的选项来设定呢？

答案当然是可以的，但是你还记得吗，这些规则都只能突出显示数值本身所在的单元格，而不能突出显示整行！

到这一步，上一页场景中的需求其实已经满足。

大于(G)...

小于(L)...

介于(B)...

等于(E)...

设置突出显示数值选项

步骤三：简化步骤，舍弃辅助列

当我们已经理清了数据和条件规则之间的逻辑关系后，熟练掌握函数公式的同学可以将到期天数计算的公式套用进原来的规则中，得到新的规则。在新规则下，可以省去辅助列。

	A	B	C	D	E	F	G	H	I	J
1	合同编号	客户名称	起始日期	截止日期			到期天数			
2	Q001	麦当当	2017/3/16	2017/4/1			15			
3	Q002	啃得鸡	2017/3/21	2017/3/28						
4	Q003	周佳牌	2017/3/19	2017/3/31						
5	Q004	百氏可乐	2017/3/6	2017/3/21						
6	Q005	哈哈瓜子	2017/2/15	2017/3/7						
7	Q006	Naike	2017/3/1	2017/3/13						
8	Q007	阿迪王	2017/3/20	2017/4/2						
9	Q008	Li-Ming	2017/3/6	2017/3/24						
10	Q009	粤利粤	2017/2/28	2017/3/13						
11	Q010	日猫	2017/2/16	2017/3/1						
12	Q011	365°	2017/3/17	2017/3/21						

应用范围：A2:D12

到期计算：E2=D2-Today()

原 规 则：=$E2<=$G$2

⇩

新 规 则：=$D2-Today()<=$G$2

套用函数公式

原规则：简单的公式 + 辅助列

新规则：复杂一点的公式一步到位

两种做法，你更倾向于用哪一种？

很多函数公式应用的高手都极力推崇写复杂的公式一步到位。那么假如以后还需要分组统计不同到期天数下的合同数量时该怎么办呢？有辅助列的做法，就可以用数据透视表迅速完成统计。

其实，用复杂的公式一步到位并没有比用辅助列高明多少。别忘了，我们用 Excel，是为了解决问题，在具体的应用场景下，只要够用就好。

相反，如果我们能够用辅助列的方法，先把逻辑关系捋清楚，在表格中对公式先行验证，就不容易出错。一步步推演函数公式的过程对新手来说，是极好的函数思维训练。

上述场景案例你并不一定会碰上，但是至少能够从中学到两点：

（1）拆解问题，先分步验证，后统合公式的思路；

（2）函数公式，能让条件格式适应更复杂的需求。

下面就再看一个综合运用函数公式和条件格式的案例。

综合应用二：同时满足多个条件时整行变色

需要同时满足以下两个条件才变色，我该如何设定条件格式规则？

（1）院校类型是"语言"类；

（2）总分在500分以上（含500分）。

	A	B	C	D
1	学号	姓名	报考院校类型	总分
2	QY004	张三丰	文科	535
3	QY009	孙悟空	理科	484
4	QY004	小新	语言	468
5	QY010	姜子牙	工科	541
6	QY009	白子画	理科	517
7	QY003	杨过	综合	533
8	QY004	周芷若	工科	590
9	QY007	郭靖	语言	507
10	QY010	花千骨	文科	555

要实现多条件下自动变色，依然要用到函数公式：

> 应用范围：C2:D10
>
> 规则公式：=AND($C2="语言",$D2>=500)
>
> * 语言两边的双引号必须是英文半角状态下的双引号。

And是最常用的一种逻辑函数，表示"且"的含义。它的语法很简单：

> AND(条件1,条件2, 条件3,……)
>
> 函数语法：同时满足括号内的所有条件时，函数成立，结果为True，否则为False

和 AND 相对应的，是 OR 函数，表示"或"的含义。用此函数时，只要多个条件中的任意一个条件成立，结果就为 True；当全部条件都不成立时，结果才为 False。

掌握更多的常用函数，就能随心所欲地设定条件规则，让条件格式变得更加智能。这也正是函数公式的真正意义所在：**完成更加复杂的计算，扩展基础功能的可能性**。

4.7 批量添加迷你图表

经过前面章节的学习，相信你已经可以利用数据条对表格中各月销售情况做纵向对比了。如果再加上横向的趋势比较，就更完美了。怎么做呢？

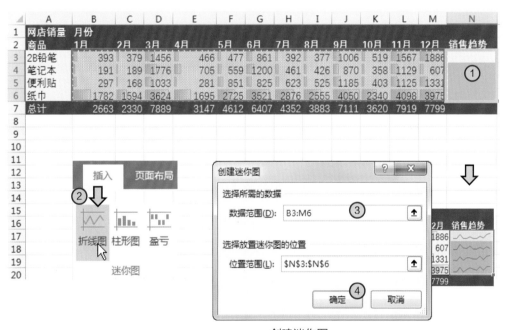

网店销量	月份												销售趋势
商品	1月	2月	3月	4月	5月	6月	7月	8月	9月	10月	11月	12月	
2B铅笔	393	379	1456	466	477	861	392	377	1006	519	1567	1886	
笔记本	191	189	1776	705	559	1200	461	426	870	358	1129	607	
便利贴	297	168	1033	281	851	825	623	525	1185	403	1125	1331	
纸巾	1782	1594	3624	1695	2725	3521	2876	2555	4050	2340	4098	3975	
总计	2663	2330	7889	3147	4612	6407	4352	3883	7111	3620	7919	7799	

销售情况对比

创建迷你图表

选中拟生成图表的区域，插入迷你折线图后选择数据范围，就能创建出一系列迷你图。

创建迷你图

① 选择拟生成迷你图表的区域；

② 打开【插入】—迷你图工具组中的【折线图】；

③ 单击【数据范围】选框，并选择红框中的数据区域；

④ 单击【确定】按钮，大功告成。

迷你图表的类型

迷你图表总共有 3 种类型，除了折线图，还有柱形图和盈亏平衡图 2 种。

| 柱形图 | 盈亏平衡图 |

盈亏平衡图和柱形图很像，二者的主要区别在于，盈亏平衡图只反映数据的正负状态，不反映数值的大小。3种迷你图各自使用的情形如下表所示。

类型	适应场景
折线图	4 项以上并随时间变化的数据，主要用于观察发展趋势
柱形图	适合少量的数据，主要用于查看分类之间的数值比较关系
盈亏平衡图	适合少量的数据，主要用于查看数据盈(+)亏(-)状态的变化

更换类型

在单击迷你图中任意位置后，就可以通过【迷你图工具】选项卡快速切换迷你图类型。例如，将上文的盈亏平衡图切换成柱形图的步骤和结果如下图所示。

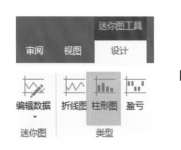

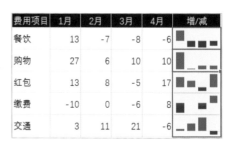

柱形图

亮点标记和修改外观

在迷你图专属的工具栏中，可以对图形的关键标记、标记颜色、形状颜色、坐标轴等属性做进一步设置，以配合整体效果。

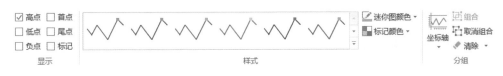

迷你图属性选项

例如，下面的2幅图中均采用了高点标记选项，在数据最大值处会突出显示：

费用项目	北京	上海	深圳	广州	费用比较
餐饮	1870	1703	1567	1421	
购物	6690	6557	6617	6535	
红包	2279	2383	2506	2165	
缴费	5400	5585	5729	5679	

商品	1月	2月	3月	4月	5月	6月	销售趋势
2B铅笔	393	379	1456	466	477	861	
笔记本	191	189	1776	705	559	1200	
便利贴	297	168	1033	281	851	825	
纸巾	1782	1594	3624	1695	2725	3521	

红色突出最大值的柱形图　　　　　　　　用色圆点标记最大值的折线图

这一章，我们主要学习了让数据快速一目了然的 3 种手段：自定义数字格式、条件格式和迷你图。

对照本章内容的思维导图，你能回忆起来 3 种可视化手段的具体应用场景吗？

下一章，我们将继续学习图表的制作方法。

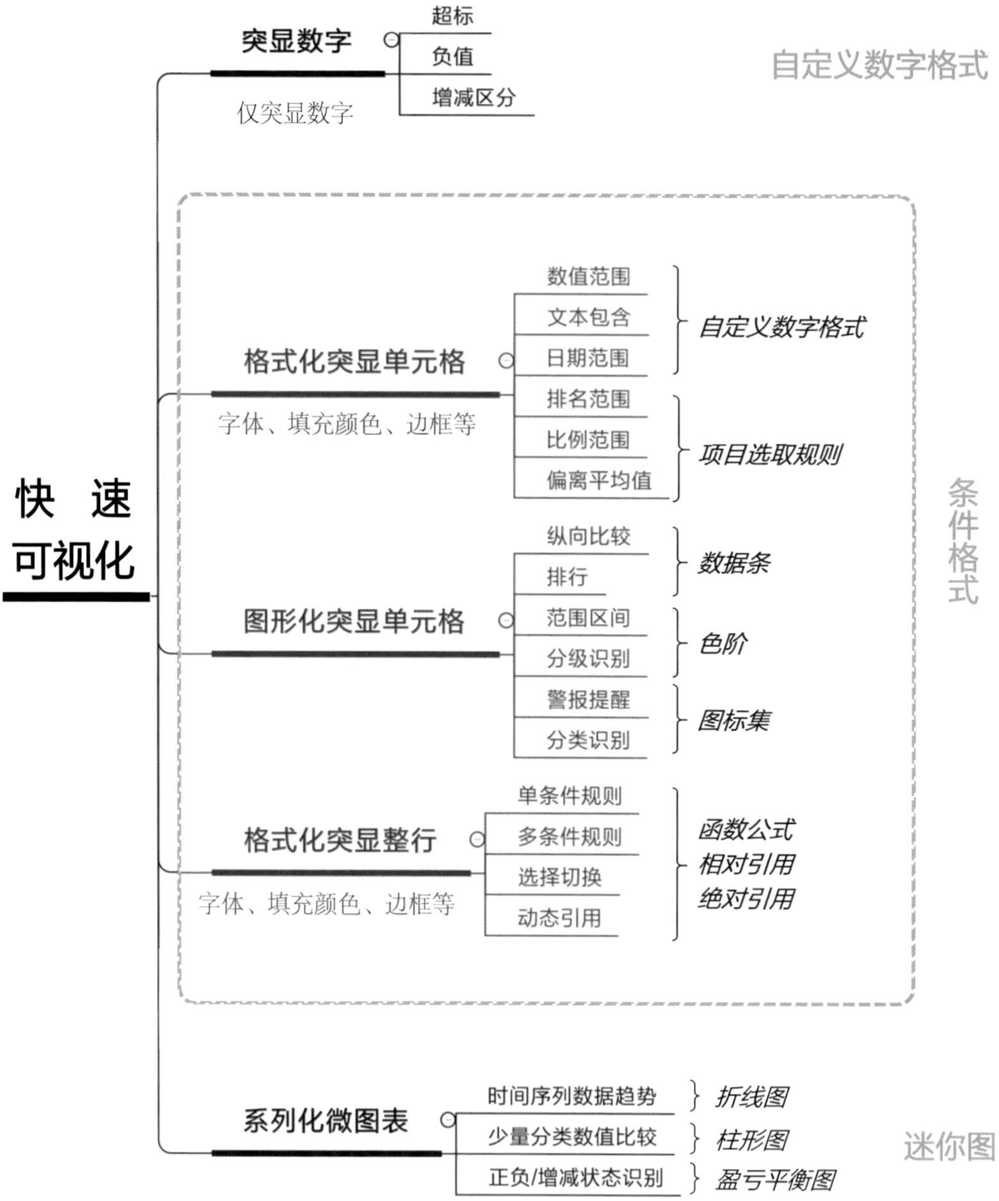

快 速
可视化

突显数字
仅突显数字

- 超标
- 负值
- 增减区分

自定义数字格式

格式化突显单元格
字体、填充颜色、边框等

- 数值范围
- 文本包含
- 日期范围

} *自定义数字格式*

- 排名范围
- 比例范围
- 偏离平均值

} *项目选取规则*

图形化突显单元格

- 纵向比较
- 排行

} *数据条*

- 范围区间
- 分级识别

} *色阶*

- 警报提醒
- 分类识别

} *图标集*

格式化突显整行
字体、填充颜色、边框等

- 单条件规则
- 多条件规则
- 选择切换
- 动态引用

函数公式
相对引用
绝对引用

条件格式

系列化微图表

- 时间序列数据趋势 } *折线图*
- 少量分类数值比较 } *柱形图*
- 正负/增减状态识别 } *盈亏平衡图*

迷你图

用高大上的图表

CHAPTER 5

让数据会说话

如何用图表展现数据?

· 折线图、柱形图、饼图、散点图等基础图表;

· 旋风图、树状图、瀑布图、直方图、漏斗图、

帕累托等新型图表;

· 交互式动态图表

......

这一章,带你一网打尽!

5.1 图表类型与基本操作

　　毕业论文、工作总结、行业研究、新闻热点解读、运动健身App、性格测试……图表都是不可或缺的重要元素。每到年底，支付宝、微信、网易云音乐、知乎等互联网巨头，也都会为用户发布年度报告，其中的主体便是各式各样的数据图表。用图表说话，俨然已经成为一种新风尚。

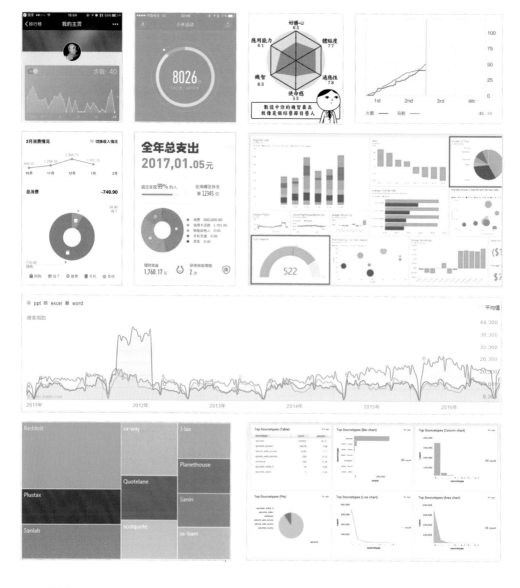

Excel不仅具备强大的数据整理、统计分析能力，而且对于制作各种各样的图表也是信手拈来。上一章中介绍的迷你图，仅仅是3种常用图表的精简版而已。在新版的 Excel 中，能够制作柱形图、条形图、折线图、散点图、雷达图、饼图、瀑布图、柏拉图、着色地图等将近20个大类、数十种图表。选中数据区域后，单击推荐的图表按钮，就可以看到全部图表类型。

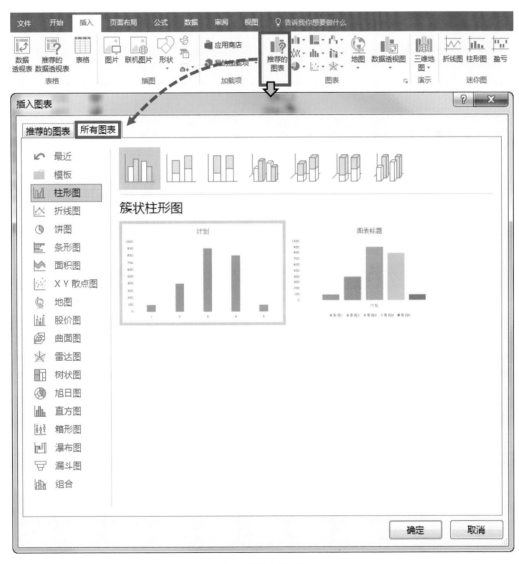

所有可选图表类型

虽然 Excel 图表的种类繁多，但是操作上却大同小异。接下来就先熟悉图表的基本操作。

插入图表

虽然图表的类型众多，但操作和构成元素都大同小异。以插入柱形图为例，操作步骤如下。

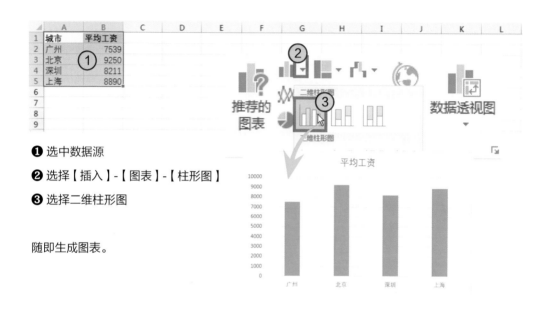

❶ 选中数据源

❷ 选择【插入】-【图表】-【柱形图】

❸ 选择二维柱形图

随即生成图表。

插入柱形图

快速调整布局

使用【图表工具】选项卡，可以快速切换图表的布局。不同布局中所包含的图表元素及其位置会略有不同。

切换图表布局

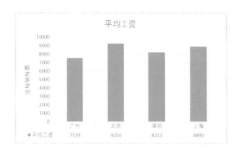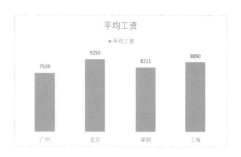

同一个图表的不同布局方式

快速美化图表

在图表工具栏的【设计】选项卡中，还可以快速调整主题配色及整体外观样式。

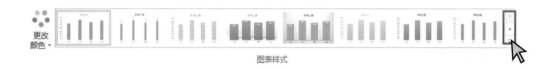

图表样式

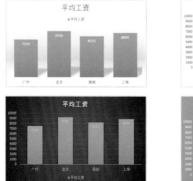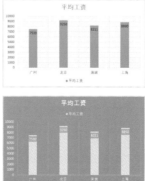

柱状图中的 4 种样式（更改主题色为绿色）

图表元素构成和添加方法

利用图表布局和图表样式，就能快速调配出美美的图表。如果需要进一步优化，则有必要了解图表的构成元素，以及元素属性修改方法。

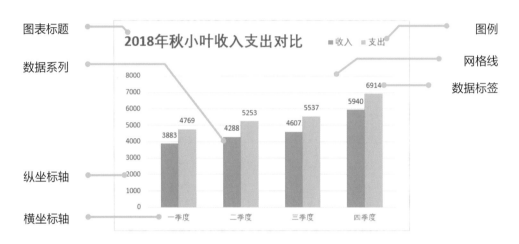

图表中最常见的构成元素

在图表工具栏的【设计】选项卡中可以添加更多图表元素，而在【格式】选项卡中则可以精准选择图表中已有的每一种元素，并设置所选元素的格式。

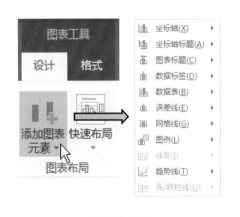

添加图表元素

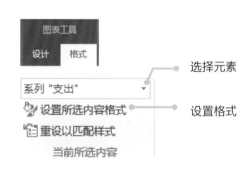

选择和设置图表元素的格式

图表工具选项卡中包含了所有关于图表的操作按钮，图标好找但使用并不方便。其实，选中图表以后，就能通过右侧边的浮动按钮进行快速设置。

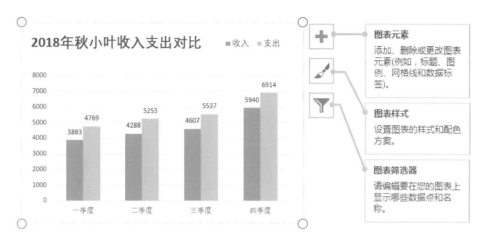

选中图表后，右侧会浮现 3 个快速设置按钮

修改图表中的任何元素都需要事先将其选定。当元素四周出现小圆圈时，代表已被选中，可以继续进行各种编辑操作。

编辑图表的方法

快速调整尺寸：

拖曳图标区和绘图区边角的小圆圈，就能分别调整绘图区的显示比例。图表标题、图例、绘图区均可以单独拖曳调整其在图表中的位置。

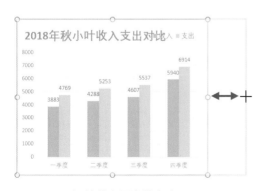

调整整个图表的大小

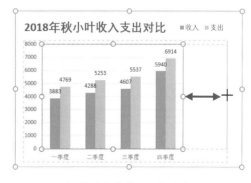

调整图表中绘图区的大小

修改数据系列格式:

默认情况下，单击选中数据系列相关的元素后进行编辑操作，都是同时成组修改。

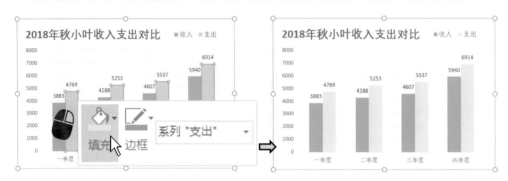

右键单击任意一个【支出】系列的柱形　　　修改填充色就能修改整个系列的颜色

若要单独修改其中一个数据点的格式，则需要在选中整个系列的前提下，再次单击以单独选中该数据点。

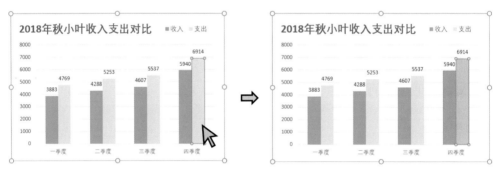

单独修改数据点

单独修改某个数据标签也是同样需要二次单击。

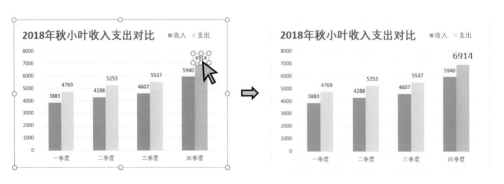

单独修改数据标签

删除图表元素:

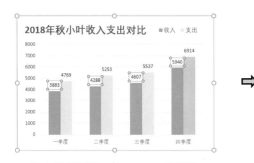
选中数据标签,按 Delete 键删除

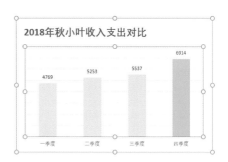
继续删除图例、数据系列后的效果

添加数据系列:

最简单快速的添加数据系列方法是复制粘贴。将拟添加的数据区域复制,然后选中图表后按 Ctrl +V 组合键粘贴。

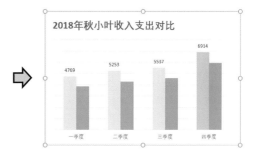

添加数据系列

此外,还可以通过图表工具栏的【选择数据】工具,添加新的数据系列,按照操作提示选择相应的数据区域。

使用【选择数据】工具添加数据系列

修改数据范围：

选定图表中的数据序列后，可以看到该系列的数据源会显示彩色的引用框，拖曳边框4个角上的小方块，可以快速放大或缩小数据范围；拖曳粗边线，则可以移动引用框，调整目标区域。

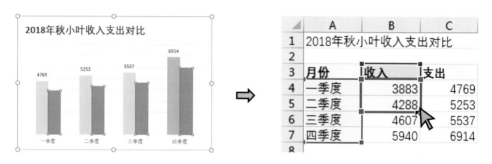

修改数据范围

你也可以通过【选择数据】工具，编辑数据范围和系列名称。

调整数据系列间距：

右键单击数据系列后，在右键菜单的底部选择【设置数据系列格式】，打开【数据系列格式】设置窗口，拖曳系列重叠或分类间距的滑块，可以调整同个系列多个柱形的间距，以及多个系列之间的重叠比例。

右键菜单，数据系列格式

拖曳系列重叠和分类间距属性的滑块

5.2 玩转六种基础图表

Excel 图表的种类繁多，但常用的基础图表不过6种，商务场合的大多数图表都由它们衍化而来，它们分别是：柱形图、条形图、折线图、饼图、散点图和雷达图。

柱形图

柱形图是出镜率最高的图表，常用于多个类别的数据比较。柱形图中又包含堆积柱形图、堆积百分比柱形图等子类别。不同类别的图表，其表达的侧重点亦有不同。

学历	男	女
中专	23	35
大专	49	43
本科	19	22
研究生	8	13

人员构成统计结果

以右侧的《人员构成统计结果》为数据源，制作如下柱形图。

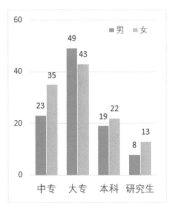

图1 普通柱形图

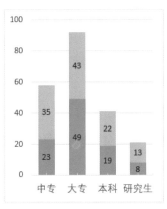

图2 堆积柱形图

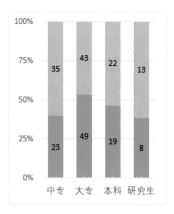

图3 百分比堆积柱形图

3个图表主要表现学历维度的不同。图1侧重于比较同一学历中男女人员在数量上的绝对大小；图2侧重比较各学历总人数的绝对大小，同时查看每个学历中的男女人员大致构成比例；图3则侧重于比较各序列中男女人员各占的比例。

比较维度如果从学历转换成性别，结果又会不一样。以下便是换成性别维度后的柱形图效果。

切换行/列

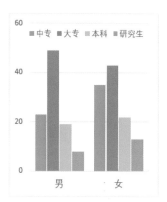

图1 普通柱形图

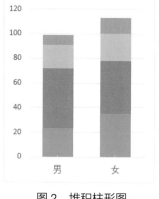

图2 堆积柱形图

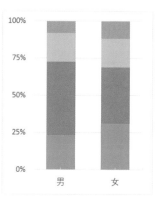

图3 百分比堆积柱形图

用柱形图还可以展现数据在时间序列上的变化。为变化趋势明显的系列柱形添加趋势线，更是让表达的数据结论一目了然。

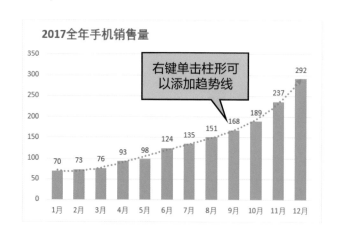

带趋势线的柱形图

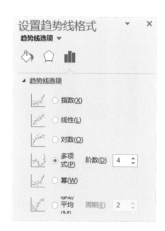

多种不同拟合程度的趋势线

条形图

把柱形图放倒，就成了条形图。相比之下，条形图更加适合多个类别的数值大小比较。常用于表现排行名次。

普通条形图

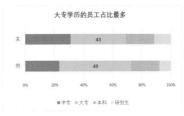

堆积百分比条形图

❶ 通过插入形状可以添加额外的元素

❷ 默认的序列如下图所示，右键单击纵坐标轴，设置坐标轴格式，可以让坐标轴逆序显示

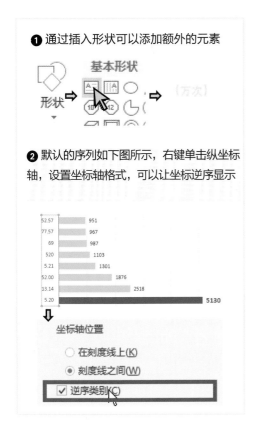

❸ 先整体更改颜色为灰色系，再单独选中大专系列，更改其填充色为橙色

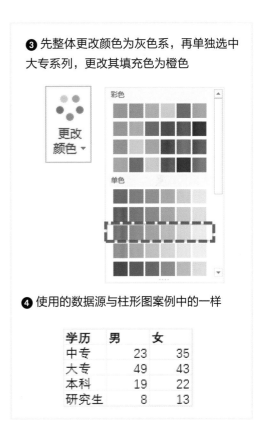

❹ 使用的数据源与柱形图案例中的一样

学历	男	女
中专	23	35
大专	49	43
本科	19	22
研究生	8	13

折线图

当我们想要观察数据的某一个维度在时间上的规律或趋势时，折线图是首选。面积图则由折线图衍生而来。折线图侧重于数据点的数值随时间推移的大小变化，而面积图更侧重于表现整体变化的幅度大小。

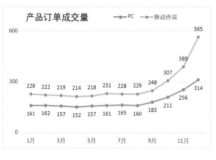

折线图 　　　　　　　　　　　　　面积图

折线图制作要点

❶ 修改数字格式，将练习中数据源的日期显示为月份形式

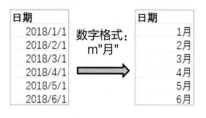

❷ 添加数据标签，并设置标签格式，修改其位置属性，避开折线

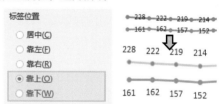

❸ 分别修改横、纵坐标轴的刻度单位，可以让坐标轴标签变稀疏

面积图制作要点

面积大的系列，如果在前面会遮挡后边系列。打开【选择数据】窗口，调整系列的次序，就能让面积较小的系列排到前面。

选择数据

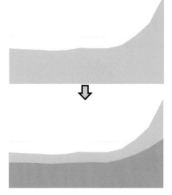

改变系列次序防遮挡

> 柱形图等色块型图表也可以通过调整次序，防止不同数据系列造成的遮挡。另外，如果有交叉关系时，还可以将数据系列填充格式设为半透明。

半透明填充防遮挡

饼图

饼图是表达一组数据的百分比占比关系最常用到的图表之一。饼图还有扇形、圆环、多个圆环嵌套等不同的衍生形式。

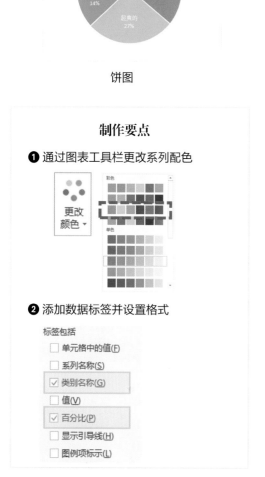

饼图

圆环图

制作要点

❶ 通过图表工具栏更改系列配色

❷ 添加数据标签并设置格式

制作要点

❶ 添加数据标签，并设置选项

❷ 需要单独拖曳每个标签到合适的位置

修改饼图圆形的大小:

选中绘图区以后,拖曳绘图区边角,可以调整圆形的整体大小。拖曳绘图区还可以调整圆形在整个图表"画布"中的位置。

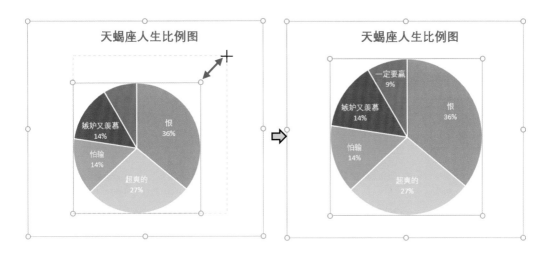

单独强调其中一块"饼"(扇区):

选中圆形之后,继续单击选中单个扇形,拖曳此"饼"就能将其拿开。

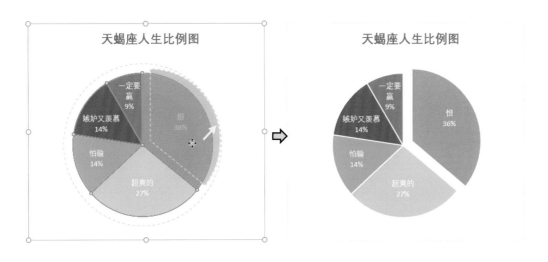

让"饼"块（扇区）分离：

设置饼图的数据格式，可以让饼图适当分离。例如下图，设置了 2% 的分离程度。

扇区分离不宜过度，否则显得散乱。

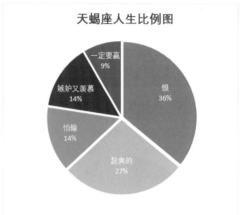

调整第一扇区角度：

在数据系列格式中，可以根据需要，适当调整扇区的起始角度。

调整圆环图的宽度：

圆环图比饼图多一个系列格式选项，用于调节圆环的内径大小。

让小"饼"看得更清楚:

饼图能够突显份额最大的扇区。当一组数据中有多个小份额的数据时,饼图就无法清晰地呈现。此时就可以更换成复合饼图、复合条饼图,在第二绘图区放大显示局部数据构成。

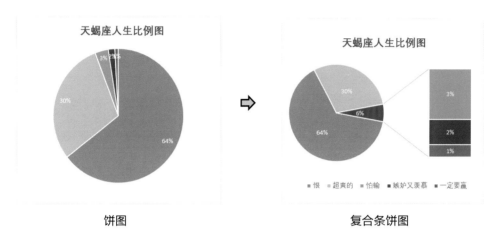

饼图   复合条饼图

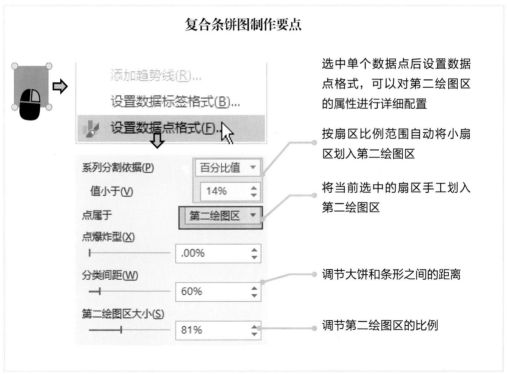

散点图

　　散点图用于表现两组数据之间的相关性。一组数据作为横坐标，另一组数据作为纵坐标，从而形成坐标系上的位置。通过观察数据点在坐标系中的位置分布情况，可以分析两者之间是否存在关联。揭示两个变量的关联性，正是散点图的独特优势，因而其在数据分析中的出镜率也是非常高的。

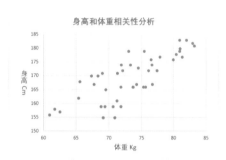

散点图：身高和体重关联分析

散点图制作要点

❶ 选中拟添加到 X 和 Y 轴中的两列数据，插入散点图

体重 Kg	身高 Cm
75.4	179
77.4	172
71.9	174
80.9	179
80.4	178
75.6	166
81	180
79.9	176
69	171
77.9	177

❷ 添加坐标轴标题，并将纵轴标题格式设为竖排对齐

❸ 手工设定横坐标轴最小值，减少空白区，让数据点更加分散

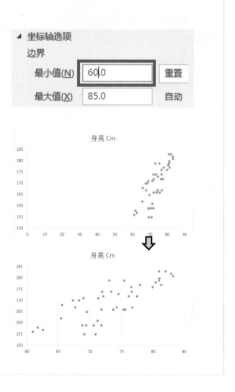

添加新的数据系列：

承接上一案例，当要按性别分成两个系列以不同的颜色显示时，就需要添加一个新的系列。但散点图比较特殊，复制粘贴法添加的数据点无法被正确识别成*X*值和*Y*值。需要通过【选择数据】对话窗添加。

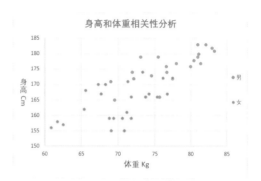

身高和体重相关性分析

双系列散点图

选择数据

修改原系列和配置新系列的具体方法如下。

双系列散点图制作要点

❶ 编辑原数据系列

❷ 在编辑窗口中删除旧的【系列名称】，重新选择一个内容为【男】的单元格，单击【确定】按钮

❸ 添加一个新的数据系列

❹ 选择一个内容为【女】的单元格

❺ 选择 C 列【体重】中女性的所有数据区域作为 *X* 轴坐标值

❻ 选择 D 列【身高】中女性的所有数据区域作为 *Y* 轴坐标值，单击【确定】按钮

❼ 添加图表图例元素，并修改数据点系列的颜色配置

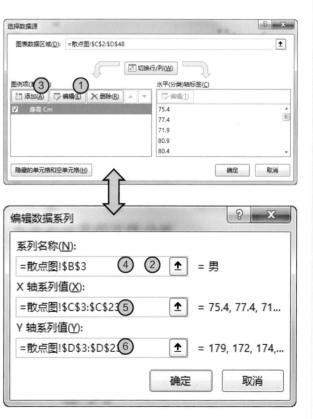

添加趋势线：

在关联性非常明显的散点图中，趋势线可以让数据规律表达得更清楚,甚至可以模拟出该趋势线的公式。

右键单击数据点添加趋势线后，设置趋势线属性如下即可得到右图中的趋势线：

类型：线性

趋势预测：勾选【显示公式】

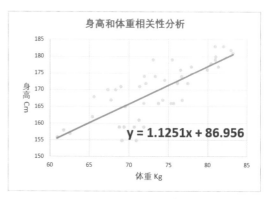

带线性趋势线的散点图

添加数字标签：

可以为数据点较少的散点图添加标签。在2010版以前，添加文本标签需要动用VBA代码，2013以上的版本则可以直接选择添加。先为数据点添加数据标签，再选择单元格中的值即可。

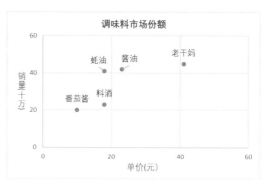

带文本标签的散点图

添加误差线：

为数据点添加垂直误差线，还能够模拟引线，制作出类似时间轴的效果，从右图中可以直观地看出每个事件所发生的时间点，并直观感受到发生的频次。

类型：垂直误差线

方向：负偏差

误差量：100%

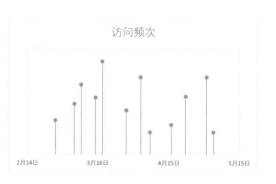

时间序列上的频次分析

象限图：

将横、纵坐标轴的主要刻度都设置成最大值的一半时，普通的散点图就变成了四象限图。从四象限中，可以观察数据点在各个区域中的分布情况，从而大致判断出总体情况。例如，从右图可以看出，次要的反馈指标上客户的满意度比较高，而重要的反馈指标上满意度普遍偏低。

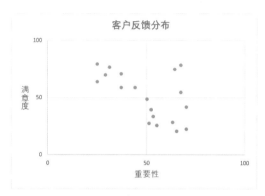

四象限分析

带平滑线的散点图：

衍生的带平滑线的散点图类似于折线图。带平滑线的散点图可用于反映时间序列上的数据走势。要得到右图的效果，需要先按时间进行排序。否则，平滑线会乱成一团。

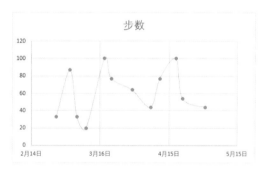

走势分析：平滑线的散点图

气泡图：

当加入第三组数据进行关系对比时，可以更换成气泡图。气泡的大小代表该位置上数据点中的比重、份额、规模等信息。

产品名称	单价(元)	销量(十万)	份额(%)
酱油	23	42	18%
老干妈	41	45	35%
蚝油	10	41	8%

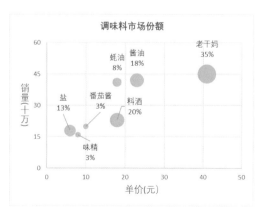

气泡图

雷达图

雷达图常用于多维度的能力指标综合评价。例如，在游戏、娱乐、体育竞技，以及企业的财务、人力等领域对角色、人物、组织的整体素质进行评判比较。雷达图也常用于比较实际能力与预期目标之间的差距，作为能力定向提升的依据。

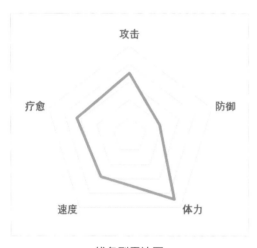

线条型雷达图

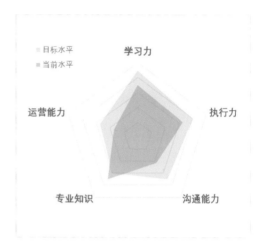

面积型雷达图

5.3 高大上的新增图表

在Office 2016之前，若要制作一些看起来更加专业的图表：旭日图、漏斗图、瀑布图、直方图、着色地图等，需要大费周折，甚至要依靠VBA代码、插件工具才能实现。现在，在Office 2016 中制作这些不再是难事。即使你现在用的不是 Office 2016，也不妨一睹为快，说不定以后就能派上用场。

树状图

柱形图适合少量的数据比较，不适合过多类目的数据比较。而树状图以颜色区分类别，以面积大小表示数值大小，形成一个个方块，比柱形图更加一目了然。其功能类似于饼图。

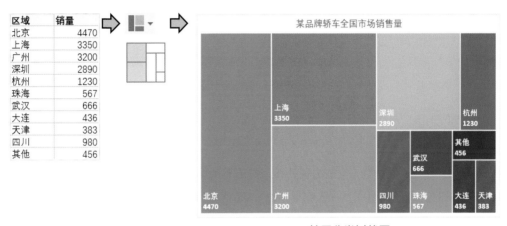

单层分类树状图

单层分类树状图制作要点

❶ 方块颜色会自动按照数据的顺序从上向下——对应主题配色方案中的颜色

❷ 面积足够大时，方块中会自动显示带系列名称的数据标签

❸ 继续设置数据标签选项，勾选【值】选项，并将分隔符设成【分行符】就可以分两行显示

柱形图更大的优势在于，能够更好地呈现多层分类的数据。

明明一点都不像是树，为什么要叫"树状图"？

区域	月饼	销量
华北区	五仁	4470
华北区	冰皮	3350
华北区	莲蓉	3200
华北区	双黄	2890
华南区	五仁	1230
华南区	冰皮	567
华南区	莲蓉	660
华东区	五仁	436
华东区	冰皮	383
华东区	莲蓉	980
华东区	双黄	456

数据源

某店全国各区月饼销售量

多层分类树状图，一级分类名称显示为横幅

多层分类树状图制作要点

多层分类时，树状图的一级分类标签默认是混在数值区中的，不容易识别。可以调整数据系列的格式选项，设为【横幅】形式。

设置数据系列格式

系列选项 ▼

▲ 系列选项
标签选项
○ 无(N)
○ 重叠(O)
◉ 横幅(B)

一级标签重叠

一级标签横幅

设置数据系列格式为【横幅】

旭日图

　　数据的分列层级更多时怎么办？制作成圆环图、饼图，只能显示1个层级；制作成树状图，也只能显示2个层级。

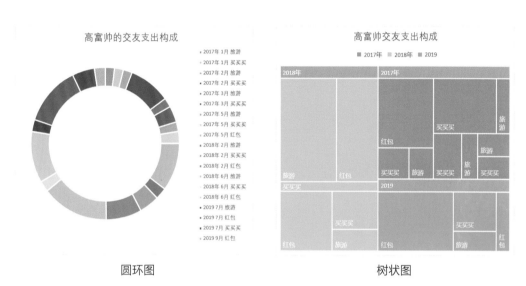

圆环图　　　　　　　　　　　　　　　　树状图

　　换成旭日图，就能将各个层级尽收眼底。从结构上看，旭日图就像是多层圆环图。在2013及以前的版本中，要制作出多层圆环的效果，需要对源数据做特别的整理才能实现。而在2016版中却可以一键生成。

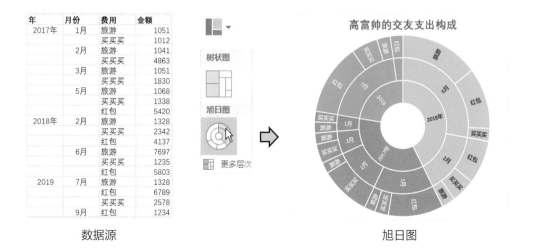

数据源　　　　　　　　　　　　　　　　旭日图

瀑布图

瀑布图是柱状图的变体，可以反映两个数据之间演变的过程，这是柱形图所无法办到的。例如，资金的收入、支出和增减状态，若用柱形图呈现，则只能展现每一笔记录的孤立状态，无法表示出结余和存款之间的联系。

日期	结算金额
存款	3000
11/11	-800
11/12	-200
11/13	300
11/14	-700
11/15	-300
11/16	-200
结余	1100

数据源

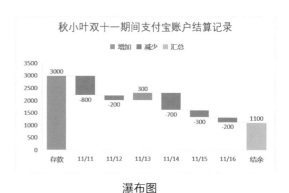

柱形图

换成瀑布图之后，就一目了然了。

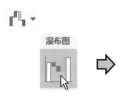

瀑布图

设定瀑布图最后的汇总项

插入瀑布图后，默认最后的汇总项也是正增长的数据项。

需要选中此数据点，然后设置数据点格式，勾选【设置为汇总】选项，就能自动变成汇总结果，以终点形态呈现。

漏斗图

漏斗图和瀑布图同是柱状图的变体，但漏斗图更侧重于表现流程中的层层转化效果，其在互联网界可谓大名鼎鼎。漏斗图可以呈现各环节的数据，用以直观比较转化效果是否符合预期。

例如某个产品上线后，假如客户从单击浏览到成功支付之间有打开阅读、购买链接、提交订单、支付购买4个步骤，每一个步骤的用户数如左下表所示。

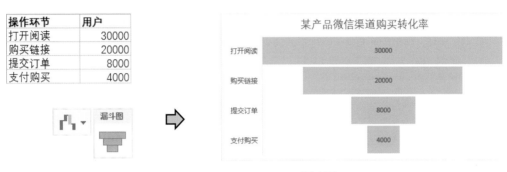

操作环节	用户
打开阅读	30000
购买链接	20000
提交订单	8000
支付购买	4000

漏斗图

直方图

直方图是和柱形图最像的统计类图表，常用于展示一组数据的分布状态，例如，高考分数分布、身高分布、体重分布、人群年龄分布等。在直方图之前，要生成如下的分布图，需要先划分分段区间进行分段统计，制作成柱形图后，再将柱形间距调为0。现在有了直方图，可以直接从数据记录自动分段统计并生成图表，一步到位。要提高统计结果的可靠程度，需至少包含30个数据。

	A
1	分数
23	82
24	83
25	84
26	87
27	55
28	63
29	98
30	99

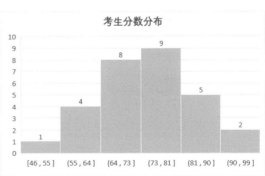

直方图

直方图制作要点

1. 如何调节直方图中的柱形的数量？

需要设置横坐标轴的格式，改变箱数。直方图中的柱形又称为"箱"，意为包含数据的容器。

调整箱宽度，则可以调节每一个柱形的跨度，从而改变总数量。

改变箱数

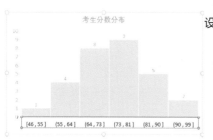

右键单击坐标轴

设置坐标轴的格式 ➡

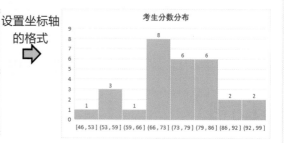

调整箱宽度后

2. 如何设置坐标轴格式？

在坐标轴格式中，可以设置坐标轴格式及小数位数。

常规格式

0 位小数的数字

设置坐标轴格式

排列图（柏拉图、帕累托图）

排列图是直方图的衍生图表，是柱形折线组合图的变体。排列图与直方图的区别在于，除了自动等距离划分区间、自动统计频次（每个区间包含的数据数量）以外，还会自动按从大到小的顺序排列，故而得名。其中的折线为逐个区间累计百分比。

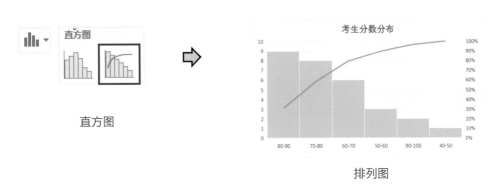

直方图　　　　　　　　　　　　　排列图

排列图最常用于质量管理领域，用于排查造成质量问题因素中，占 80% 以上的关键因素。只要解决前几项累计占比达到80%的关键因素，就能显著改善质量问题。

只是，Excel 自动生成的排列图并不"专业"，存在一个明显的瑕疵，让处女座老板看到，可能会被嫌弃死。正宗的柏拉图（帕累托图），每一个百分数据点，都应该和柱形的右侧对齐，并且第一个点和柱形图的右上角重合。

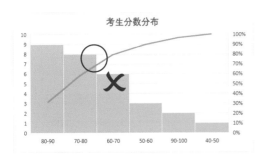

自动生成的排列图有瑕疵

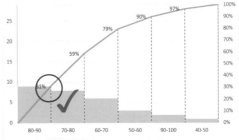

组合图表法制作的完美排列图

目前版本的排列图，只能是凑合用，千万别用在高要求的商务场合，期望以后的版本更新可以更完美。组合图表法比较复杂，在后面小节再详细介绍。

要严谨！

箱形图

互联网电商分析师的烦恼

刚搞完双十一促销活动，想要分析一下几个主打产品最多被用户买了几个，最少买了几个，大部分用户买了几个？该怎么制作图表呢？

直方图主要用于表现数据在各个区间的集中程度（频率和比重），而箱形图却恰恰相反，它着重表现的是一组数据的离散程度。从下图中可以直观看到，该组数据中的最大值、最小值、中位数、四分位数。

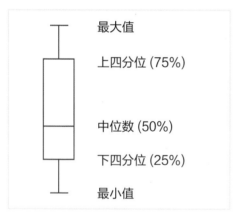

单个箱型示意图

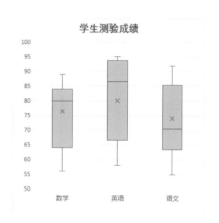

学生成绩箱形分布图

以上面的学生成绩分布图为例，数学、英语的箱形整体更靠近最大值，所以整体分数较高。

直方图、排列图、箱形图这3种统计类图表自带统计功能，所以只需准备清单型数据记录，无需事先统计。

	A	B
1	学科	成绩
2	数学	62
3	英语	93
4	英语	66
5	英语	95
6	语文	79
7	数学	66
8	语文	69
9	数学	80
10	英语	68

箱形图数据源

5.4 经典复合图表应用实例

在分析工作中，尤其是商务领域，某些特定的图表因广泛应用而为人熟知。这些图表都由柱形图、折线图、散点图等基础图表衍生而来，却比基础图表有更强的表现力。本节将着重从作图数据整理方法和图表制作思路两个方面进行了解，以打破思维局限，日后能够更加灵活地应用基础图表。

温度计图

因形状像温度计的玻璃管和水银柱而得名。

在财务、项目、销售等领域，经常需要用到两组数据的比较，例如计划—实际，目标—完成率……

利用温度计图，将注意力的焦点集中在实际完成额上，而目标额用空的形状表示，更加贴近现实。

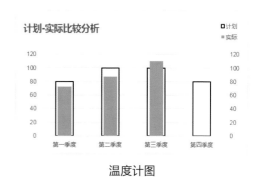

温度计图

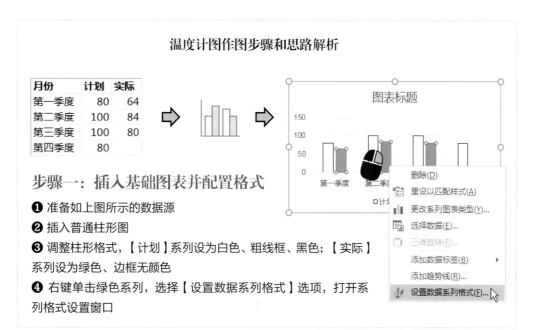

温度计图作图步骤和思路解析

月份	计划	实际
第一季度	80	64
第二季度	100	84
第三季度	100	80
第四季度	80	

步骤一：插入基础图表并配置格式

❶ 准备如上图所示的数据源

❷ 插入普通柱形图

❸ 调整柱形格式，【计划】系列设为白色、粗线框、黑色；【实际】系列设为绿色、边框无颜色

❹ 右键单击绿色系列，选择【设置数据系列格式】选项，打开系列格式设置窗口

接下来是一个非常关键的操作,让绿色柱子叠加到空柱子上。但是两个系列的柱子宽度不一样,会产生错位包含的效果,直接调整系列的重叠度在此处不管用。

只有将两个系列分离至两个不同的坐标系,才能独立控制间距,从而设置成不同的宽度。现已选中绿色系列,并已打开系列格式设置窗口,接如下方式操作就能完成:

步骤二:分离绿色柱子,调整宽度

❶ 将【系列绘制在】设为【次坐标轴】

❷ 调节分类间距,依据具体数值视图表的即时效果进行调节

经此步骤,已经达到温度计图的视觉效果了,但还存在一个致命问题,坐标轴高度不一致,视觉比较的效果还存在偏差

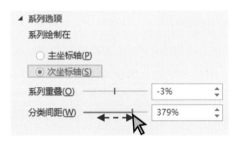

调节分类间距

步骤三:统一主次坐标轴的最大值

❶ 分别选中左侧和右侧的坐标轴
❷ 根据数据情况设置相同并且合适的最大值

手工填入坐标轴最大值

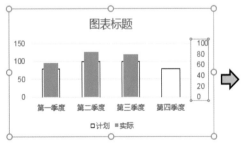

主次坐标轴高度不一致

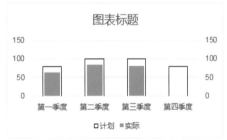

统一坐标轴最大值

调整余下的标题、图例、尺寸比例等细节,温度计图就大功告成了。

横轴、纵轴都有次坐标轴，它们构成了另一个坐标体系，可以独立设置刻度等坐标轴格式。因此，在同一图表中需要比较不同两级的数据时，经常用到。例如主坐标轴的最大值是10000，次坐标轴的最大值是10时。

因此特性，次坐标体系也常常用于曲线救国，实现高阶图表的制作。

子弹图

著名的数据可视化专家 Stephen Few 为了反映 KPI 完成的情况特设计了子弹图（Bullet Chart）。

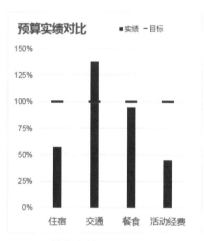

原版的子弹图加入了可以比较等级评定结果的视觉元素，数据组织略微复杂。这里先来看一个简化版的子弹图，用深色柱形代表实际完成值，短横线代表目标值或预算值等控制线。

简化版的子弹图

子弹图制作步骤和思路解析

费用项目	目标	实绩
住宿	100%	58%
交通	100%	138%
餐食	100%	95%
活动经费	100%	45%

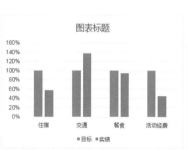

图表标题

步骤一：插入基础柱形图

子弹图以百分比数据作为数据源，插入基础柱形图作为"底子"。

步骤二：目标系列柱形改成折线

❶ 右键单击【目标】系列柱形
❷ 更改系列图表类型
❸ 将目标系列的类型改为【折线图】

* 同一个图表区中使用多种不同类型的图表时，就是【组合】类型的图表。

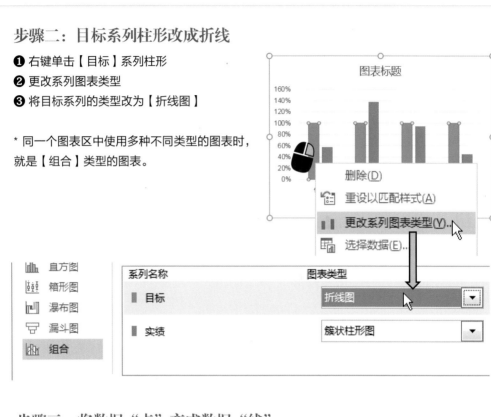

步骤三：将数据"点"变成数据"线"

❶ 设置【折线】的系列格式，将【线条】属性设为【无线条】，从而取消连续折线
❷ 切换至【标记】属性，将数据标记选项改为【内置】，类型为【-】，大小为【12】
❸ 标记的填充、边框颜色均改为红色

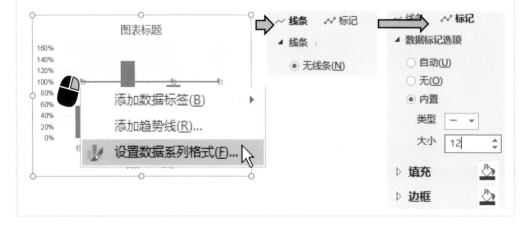

步骤四：完善细节

简化版的子弹图就基本完成了，剩下的工作就是调整图表整体尺寸比例、坐标轴刻度单位、柱形的颜色和粗细（系列间距）、图表标题和图例等细节。

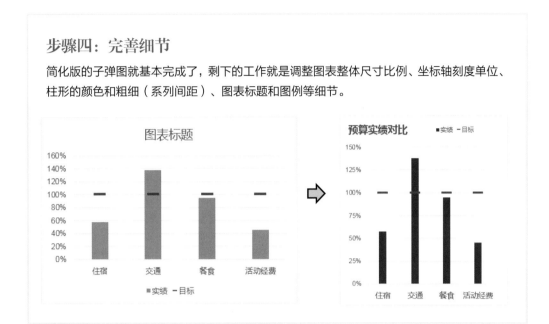

只要理解了简化版子弹图的基本原理，再结合温度计图的制作方法，就能够制作出完整版的子弹图了，具体操作方法此处不再详述。如果你想尝试，可以在简化版子弹图的基础上，增加更多数据，按照如下关键步骤提示即可制作完成。

❶ 评级为累加数值，所以要插入堆积柱形图

❷ 可能需要切换行 / 列，将列标题调至横坐标轴

❸【目标】短横线按简化版子弹图制作

❹ 其余系列按温度计图的方法进行配置，用次坐标轴分离【实绩】系列，单独调整柱形宽度

❺ 按右图设置各个柱形的配色

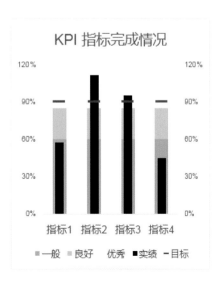

费用项目	目标	实绩	一般	良好	优秀
指标1	90%	58%	60%	25%	15%
指标2	90%	112%	60%	25%	15%
指标3	90%	95%	60%	25%	15%
指标4	90%	45%	60%	25%	15%

数据源：增加 3 个等级，总和为 100

带等级划分的完整子弹图

子弹图关键在于"组合"不同类型的图表。

利用组合图表，可以针对不同的数据特性选择更加匹配的表现形式。它是综合运用多种图表的常用方法。

真·帕累托图

前面介绍过排列图，实际是柏拉图（帕累托图）的简化版，由意大利经济学家帕累托发明。前面已经说过，2016 版目前自动生成的帕累托图并不严谨。那严谨的帕累托图在 Excel 中应该如何制作呢？

相信你已经看出来了，要制作该图，同样需用到组合图表。

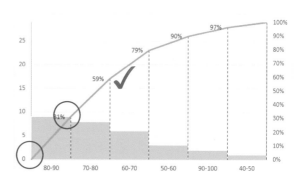

组合图表法制作的排列图

制作该图最关键的地方，就是折线的拐点必须向左偏移半个柱形的宽度，纵向以 0 为起点。

要单独设置折线图的横坐标属性，必须用到次横坐标轴；柱形用的是绝对数值，而折线用的是百分比值，所以纵坐标也应有次轴。

下面来看详细方法和关键要点解析。

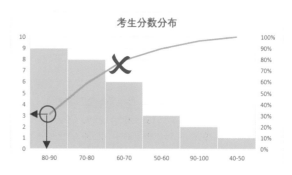

组合图表法制作的排列图

步骤一：插入组合图

❶ 准备数据源，累计百分比
准备多一个 0% 的行
❷ 插入柱形图
❸ 更改【累计百分比】系列
为【折线图】，并勾选【次
坐标轴】选项

分数段	数量	累计百分比
		0%
80-90	9	31%
70-80	8	59%
60-70	6	79%
50-60	3	90%
90-100	2	97%
40-50	1	100%

为您的数据系列选择图表类型和轴：

系列名称	图表类型	次坐标轴
数量	簇状柱形图	☐
累计百分比	折线图	☑

步骤二：配置次要横坐标轴

插入组合图

❶ 添加图表元素，展开坐标轴旁的三角菜单，勾选【次要横坐标轴】
❷ 设置次要横坐标轴选项，相交【在刻度线上】，让折线向左偏移

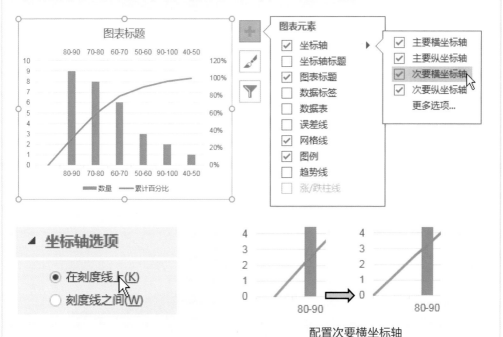

配置次要横坐标轴

步骤三：调整柱形位置和宽度

❶ 重新调整柱形的数据范围，排除第一行的空数据

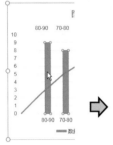

分数段	数量	累计百分比
		0%
80-90	9	31%
70-80	8	59%
60-70	6	79%
50-60	3	90%
90-100	2	97%
40-50	1	100%

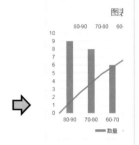

❷ 设置柱形的系列格式，将【分类间距】改为0，从而让柱形紧靠在一起。到此已完成帕累托图的雏形制作。剩下的都是细节优化

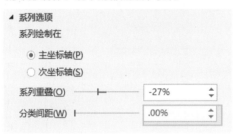

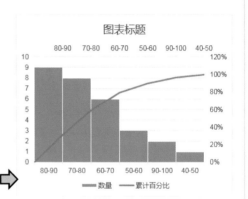

步骤四：完善细节

❶ 次要横坐标轴不能删！否则折线图又会归位
❷ 隐藏顶上的次要横坐标轴：将坐标轴的标签设为背景色白色
❸ 清除网格线，并将绘图区、主次横坐标轴都设为黑色边框
❹ 将主纵坐标轴的最大值设为合计数，次要纵坐标轴最大值设为100%

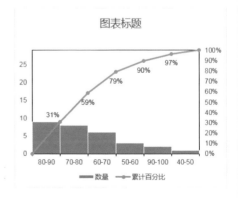

粗边面积图

面积图，侧重表现变化幅度，如果要强化变化趋势，通常会对面积图加描边。但是自动生成的面积图，直接加粗边框的效果不如人意。怎样可以只描数据点所在的边线，侧边和底边不描边呢？

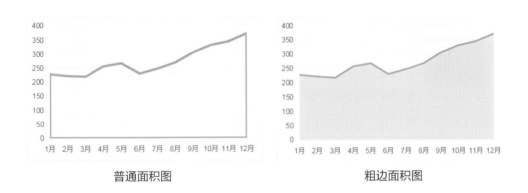

普通面积图　　　　　　　　　　　　　　　　粗边面积图

利用折线图和面积图的组合图，只需将折线图和面积图的数据点完全重合就能轻松实现。

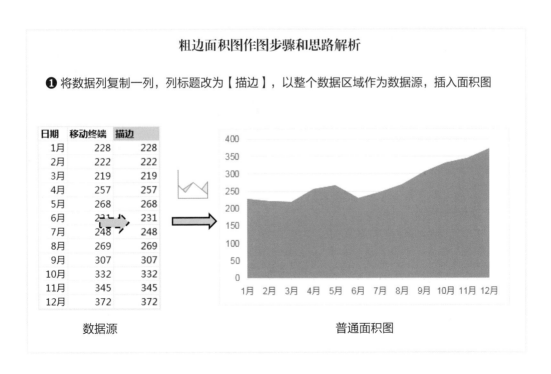

❷ 将【描边】系列更改为【折线图】

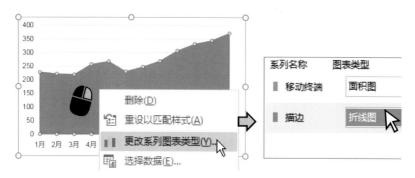

❸ 设置横坐标轴的格式,将位置属性设为【在刻度线上】,让面积图紧贴纵坐标轴

❹ 修改折线的线条颜色、面积图的填充颜色。然后单击选中图例,再次单击图例中的描边文字,单独选中该项图例,按 Delete 键将其删除,至此完成粗边面积图的制作

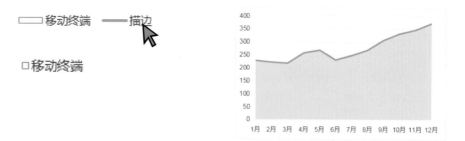

粗边面积图主要用于美化，总要有点追求不是么。

不过，从这一作图方法可以看出，源数据≠作图数据。利用辅助行或辅助列组织数据结构，实现更加高级的呈现效果也是 Excel 图表制作的惯用技法。

双层分类和分簇柱形图

辅助行和辅助列运用到图表制作中，能够达到意想不到的效果，例如制作双层分类的柱形图、分簇形式的柱形图（可按簇单独设置填充色）。其核心思想就是在利用空行、空列划分数据区域的特性，在数据源中加入辅助区域，从而让 Excel 自动识别每一"块"区域。

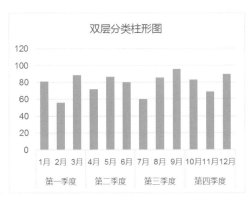

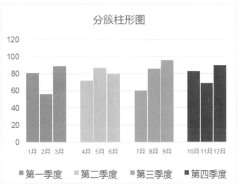

 插入普通柱形图，数据源中的颜色区域为辅助区域

季度	月份	数据
第一季度	1月	81
	2月	56
	3月	89
第二季度	4月	72
	5月	87
	6月	80
第三季度	7月	60
	8月	86
	9月	96
第四季度	10月	83
	11月	69
	12月	90

月份	第一季度	第二季度	第三季度	第四季度
1月	81			
2月	56			
3月	89			
4月		72		
5月		87		
6月		80		
7月			60	
8月			86	
9月			96	
10月				83
11月				69
12月				90

按条件突显指定数据点（最大值）

在上一章中我们学过，在单元格中制作迷你图时，勾选【高点】选项后就能够自动突出
显示最大值。

如此一来，数据一经变动，突出显示的柱形也会随时变化，非常智能。普通的图表能不
能实现类似效果呢？答案是肯定的，而且只会更加灵活和强大。其操作关键在于如何组织数
据源，将特殊数据分离，单独形成一列。

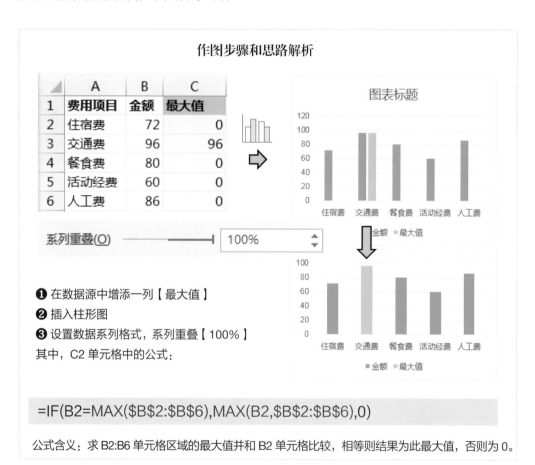

作图步骤和思路解析

❶ 在数据源中增添一列【最大值】
❷ 插入柱形图
❸ 设置数据系列格式，系列重叠【100%】
其中，C2 单元格中的公式：

`=IF(B2=MAX($B$2:$B$6),MAX(B2,$B$2:$B$6),0)`

公式含义：求 B2:B6 单元格区域的最大值并和 B2 单元格比较，相等则结果为此最大值，否则为 0。

数据系列分离的思维方法，结合函数公式，制作出的图表有无限可能，不仅仅局限于柱形图哦。

控制线图

当我们需要实时监测一定范围内的数据时，可以设置一条甚至多条控制线。类似于子弹图的做法，只不过这条控制线是根据数据源的大小分布自动调节位置的。其中，平均值控制线是最为常见的一种。具体操作和前面介绍过的经典应用图表大同小异，不再赘述。

	A	B	C	D
1	费用项目	金额	平均值	高于平均值
2			77	
3	住宿费	72	77	0
4	交通费	96	77	96
5	餐食费	71	77	0
6	活动经费	60	77	0
7	人工费	86	77	86
8			77	

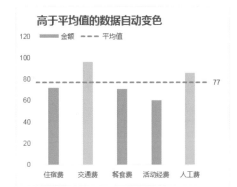

* 橙黄区域为辅助作图区域。

控制线图作图思路解析

❶ 按上图组织数据源，用函数公式计算出平均值列，以及高于平均值的数据列

　C2 单元格中的公式：

=AVERAGE($B$3:$B$7)

D3 单元格中的公式：

=IF(B3>C3,B3,0)

❷ 插入柱形图，将平均值系列变成折线并分离至次坐标轴，然后将折线顶至纵坐标轴（真·帕累托图的制作步骤）

❸ 将两个柱形系列重叠

❹ 将轮廓线设为虚线格式，单击选择折线最右侧的数据点，并添加单个数据标签

有了函数公式加成，无论想要实现什么条件，都可以根据数据变化自动更新显示效果。无非就是多学几个逻辑条件的函数，让它变得更"聪明"。

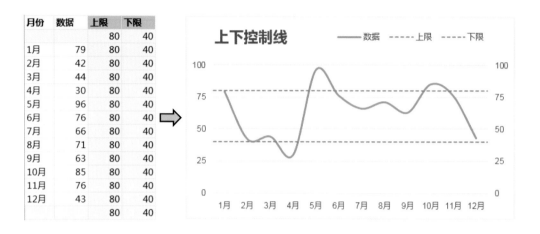

例如，上图就用到了函数公式，按照加权规则计算出动态的上限值和下限值作为辅助数据系列后制作的图表，其操作方法上并没有什么新鲜的。

创意型图表

如果能够在基础图表的"底子"上，增添一点点创意，图表就能变得妙趣横生，让人眼前一亮。例如，将条形图的条形换成相应类别的小图标。

球类	人数
篮球	984
游戏	678
足球	536
排球	345

数据源

实现图标填充的创意效果的操作并不复杂，需要的仅仅是一次复制、粘贴而已。

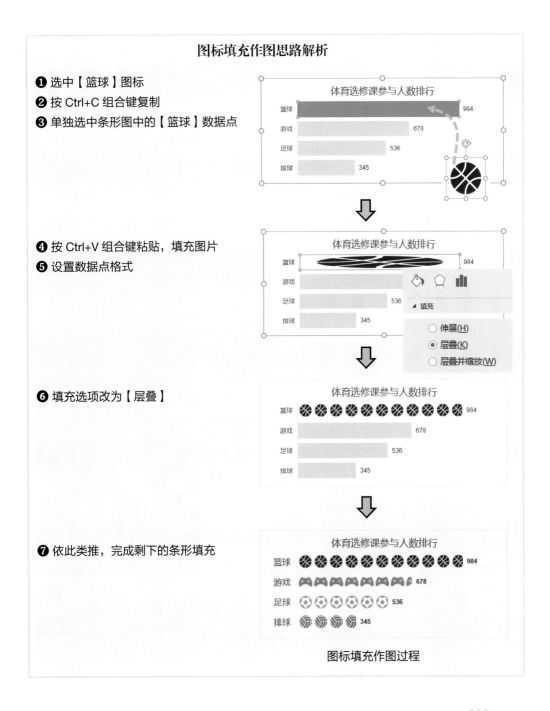

图标填充作图思路解析

❶ 选中【篮球】图标
❷ 按 Ctrl+C 组合键复制
❸ 单独选中条形图中的【篮球】数据点

❹ 按 Ctrl+V 组合键粘贴，填充图片
❺ 设置数据点格式

❻ 填充选项改为【层叠】

❼ 依此类推，完成剩下的条形填充

图标填充作图过程

你知道吗？上一页的图标都来自 Excel 自带的在线图标库。该图标库中有上千种小图标可以插入，还能修改颜色哦！

有了素材库，学会复制粘贴这一招，就能把图表玩出花来。

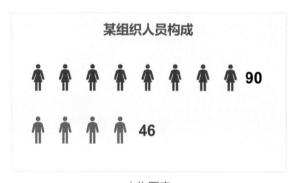

人物图表

（图片来自 People Graph）

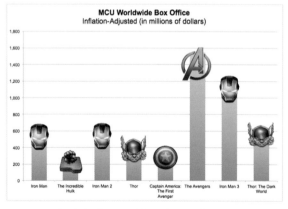

复仇者联盟系列电影全球票房数据
（图片来自网络）

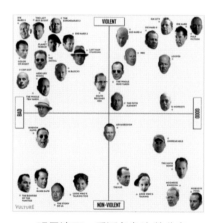

明星演正、反派角色次数分布
（图片来自网络）

仪表板

仪表板（Dashboard）是商业智能仪表盘（Business Intelligence Dashboard，BI Dashboard）的简称。它是在一张表格中联合使用图表、数据表、图形、文字、颜色等多种手段，针对特定的主题目标，实时展现各种数据状态的综合型表格。常用于监测跟踪企业业务关键指标（KPI）。

由于仪表板在有限的屏幕范围内，集中展现了多维度的核心信息，便于浏览和分析，因此，其越来越受企业领导的青睐。

如何精炼一份优秀的仪表板？关键并不在于高深的技术手段，而在于对业务逻辑的深入理解。至于漂亮的配色、酷炫的图表，都只是锦上添花而已。

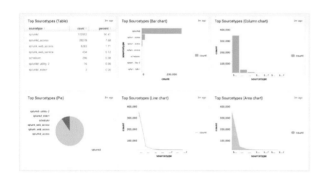 

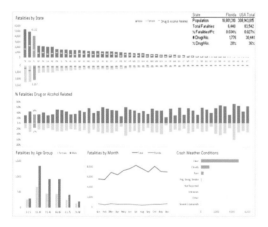 

（图片来自网络及 Excel 联机模板）

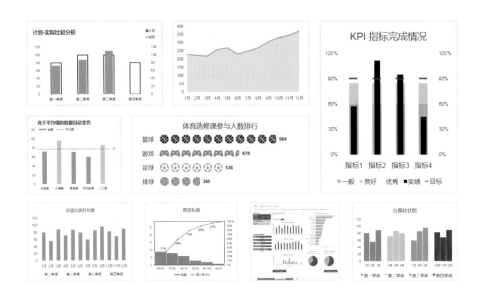

以上便是本节所学的图表类型。每一种图表背后都有巧思妙解在其中。看起来复杂，但只要掌握窍门，就不是难事。总结起来，综合运用各种元素制作图表的思路无非以下四招。

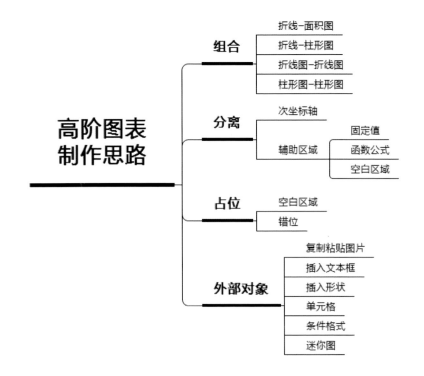

5.5 让图表动起来

什么是动态图表？简单地说，就是会随着用户操作而自动变化的图表，因此又被称为交互式图表。利用动态图表，能够有选择性地展示部分数据。用好它，既能提高图表制作效率，又能提高数据分析效率。

基本原理

动态图表的核心原理，其实就是筛选。通过筛选条件，从图表或数据源上控制输出效果。

	A	B	C	D	E
1	费用项目	第1季	第2季	第3季	第4季
2	交通费	115	123	176	132
3	红包	148	110	117	145
4	购物	252	227	300	252
5	水电费	74	76	73	59

秋小叶 2019 支出表

以《秋小叶2019支出表》为数据源，制作如下的图表。

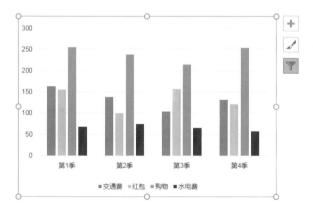

选中图表后，打开图表右侧的筛选器，勾选需要显示的数据系列和类别，然后单击【应用】按钮就能够仅显示被勾选的数据。

例如，按右图设置后，单击【应用】按钮，就仅显示【红包】和【购物】系列的下半年（第3、4季）数据图表了。

如此一来，如果想要分别查看每一个费用项目的全年图表就省事多了，再也不用做 4 个图表了。

只需通过分别勾选各个系列，就能逐个查看。这就是交互，是动态切换，是效率！

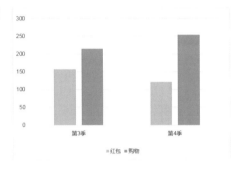

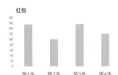
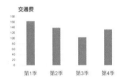

但是通过图表筛选器来交互操作，要先选中图表，打开筛选器，再勾选数据系列和类别，应用之后才能看到动态结果，操作步骤实在是太繁琐了。

既然核心原理就是筛选，那可不可以直接在数据源上进行筛选，从而管控输出到图表中的数据范围呢？如果此方法可行，那将数据源转化成智能表格，插入切片器，不就可以直接通过单击切片器，立马看到筛选后的效果了吗？

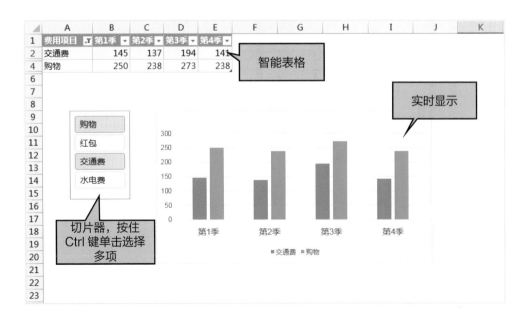

插入智能表格和切片器后，动态交互的操作从4个步骤降低到了单个操作，效率提高不是一星半点。

然而数据源中的切片器功能，只能对纵向（列）的分类进行筛选，对横向的分类无能为力，灵活性打了个折扣。

下面要出一个绝招了！！

透视图—切片器制作法

利用智能表格、数据透视表、切片器、数据透视图，从原始数据记录到统计分析结果和动态图表都能实现。

透视表中任何汇总方式的变化，都会动态反映到图表中，而切片器则可以随点随筛，实时查看动态结果。二者配合使用，让动态图表制作简单得不能再简单。

转智能表格的源数据   数据透视表   带切片器的透视图

依据同一个数据源还可以制作多个图表，只需用切片器将两者关联到一起就能实现。这样，在同一个切片器上操作时，两个图表联动的效果更加惊人。

作图步骤和思路解析

步骤一：插入数据透视图

❶ 单击数据源中任意单元格，选择【插入】-【表格】选项，或者按 Ctrl+L 组合键，将数据源转换成智能表格

❷ 插入数据透视图

❸ 单击【确定】按钮，在新工作表中同时得到透视表区域和透视图区域

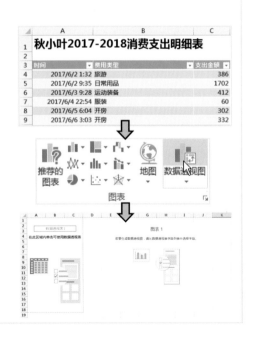

步骤二：配置数据透视图

❶ 先将【时间】和【支出金额】
字段分别拖入行、值区域

时间表中会自动生成年、季度
字段。

❷ 将【年】字段拖入列区域，
并将【季度】字段拖出行区域，
以取消显示

得到月份为横坐标的各年份系
列柱形图。

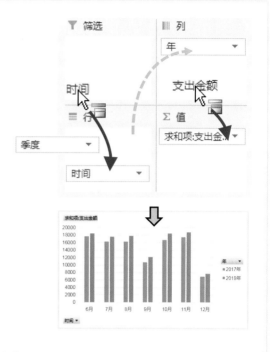

步骤三：插入并配置第二个透视图

❶ 再次插入数据透视图
❷ 将【费用】字段拖入行区域，将【支
出金额】字段拖入值区域
❸ 更改图表类型为饼图

得到按费用分类的饼图。

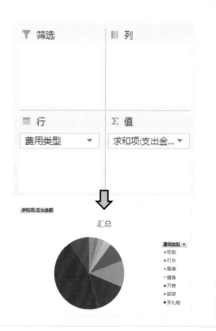

步骤四：移动图表并插入切片器

❶ 新建一张工作表 Sheet3，并将前面步骤中生成的两个数据透视图剪切到 Sheet3 中

❷ 选中其中一个数据透视图，例如柱形图，单击【透视图工具栏】-【分析】-【插入切片器】
按钮

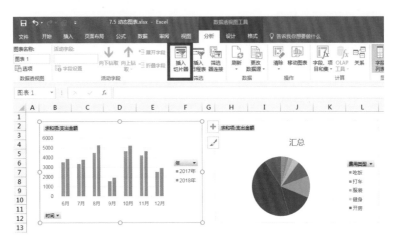

❸ 插入【年】【费用类型】和【季度】
3 个切片器

步骤五：将切片器关联至其他透视图

❶ 选中其中一个切片器

❷ 在切片器工具栏中单击【报表
连接】按钮

❸ 勾选要关联的另外一张透视
表，此案例中为数据透视表 2

❹ 重复步骤 ❶~❸，将剩余切片
器全部关联到该透视表

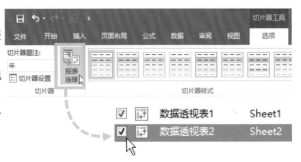

经过上述5个步骤，就已经完成了多个图表交互式联动的动态图表。为了让动态图表看起来更有档次一点，还可以对透视图、切片器进行排版布局和美化设计。由于数据源中有时间字段，因此，还可以插入和切片器功能类似的日程表，通过单击拖曳时间轴完成月份的筛选。

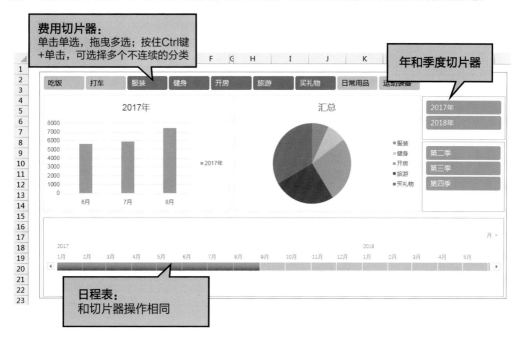

隐藏切片器、透视图（表）中不需要的元件，在相应的上下文选项卡中有相关配置按钮和更多选项配置入口，可以很容易找到，这里不再赘述。排版布局时还有2个关键点倒是需要额外留意：

（1）如何将切片器横向排布？

可以将一行切片器的【列】数调高。

（2）如何让切片器看起来和图表是一体的？

拖曳边缘扩大切片器，将它至于【底层】，就可以作为容器容纳其他切片器和图表。

多个联动的动态图表，在一屏中展示就是一个动态仪表板。如果要在此仪表板中继续加入数据表该怎么办呢？那就用透视表生成，打扮成普通表格放进来，然后和切片器关联到一起就可以了。

如此看来，制作交互式动态仪表板是不是也很简单呢？

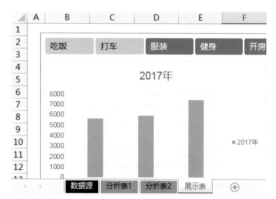

按目的和用途分离

从数据源到透视分析，再到动态图表输出，此过程中产生了4个工作表：

（1）数据源1张；

（2）分析表2张；

（3）展示报1张。

按照用途重新命名就会发现，这就是数据表格按目的和用途分离理念的体现。

为什么在一开始就要将数据源转成智能表格？

智能表格的核心特性你还记得吗？自动扩展！以后再增加新的记录，直接在智能表格下方继续登记，透视表所引用的数据源会自动扩展将其包含在内。要更新图表，只需【刷新】一次数据透视表。从"根源"上解决了数据源的动态更新问题，这才是彻底的动态图表。

在旧版Excel中，要制作出这样的动态图表，需要动用各种查找引用函数，经过复杂的计算才能完成。

Power BI 制作法

Power BI 是微软公司出品的一款商业智能（BI）工具，用于分析数据和分享洞见的利器。该软件需要从微软 Power BI 官方页面下载、安装后才能使用，其支持 Excel 表格等数据文件。

在 Power BI 中，可以直接在画布上添加各种漂亮的交互式图表，并且可以像数据透视图一样，通过拖曳字段就能轻松配置出动态仪表板。

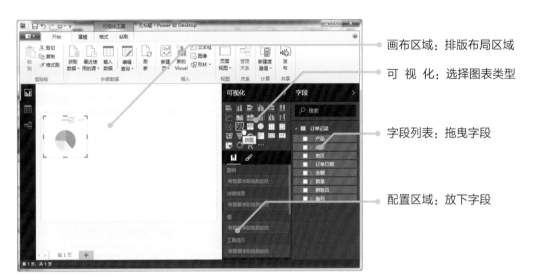

画布区域：排版布局区域

可 视 化：选择图表类型

字段列表：拖曳字段

配置区域：放下字段

Power BI 工作界面

导入数据源表之后，经过简单的单击拖曳就能生成信息丰富的交互式动态报表。

在Power BI 官网注册一个 Power BI 账户后，就可以免费使用了。遗憾的是，目前该软件只能独立使用，体验一下还是不错的。

函数公式法

智能表格—切片器、数据透视图—切片器、Power BI三种方法都很方便高效，但三者都要求数据源是简简单单的清单式记录表（数据库表）。

如果数据源结构复杂，要么先对数据进行整理，要么用函数公式。而要实现更加自由的图表设计，可能还得用到函数公式。函数公式法也是基于筛选的核心原理，只不过图表数据源中的数据，都是通过函数公式查找匹配筛选后的分类自动生成。

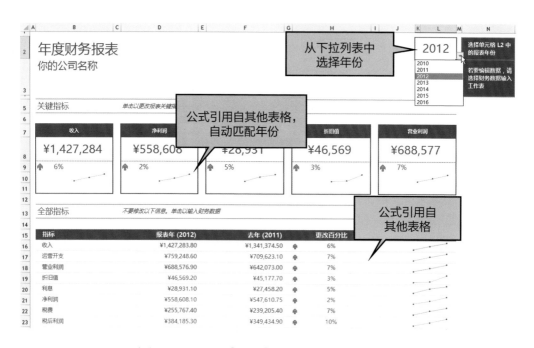

来自 Excel 文件—【新建】列表中的联机模板

VLOOKUP、INDEX、MATCH、IF、IFERROR、OFFSET 等函数，你都知道吗？少不了啊……
后面的函数公式章节再一个个捡起来吧。

5.6 图表的选择与设计误区

PPT 新手在知道 PPT 中竟然可以使用动画让页面中的图片、文字动起来的时候，恨不得每一种动画都用上，一会从左边飞进来，一会从上边跳进来，一会还要翻个跟斗，抖一抖……觉得只有这样才能在一众领导、同事面前显示自己的 PPT 水平有多牛。

学习了形形色色的各种图表，是不是有种体内注满洪荒之力的感觉？会不会也像上面描述的PPT新手一样，恨不得把每一种图表、每一种漂亮颜色、每一种酷炫特效都用上?

不好意思，酷炫和漂亮并不代表真正有效，判断图表做得好不好，漂亮也不是最主要的评价标准，你不需要证明自己的技术有多厉害，需要证明的是，你对数据、对业务的了解有多深入。

别忘了制作图表的最终目的是:

更加有效地呈现和传达数据结论

图表有那么多种类，你选对了吗?

下面的饼图和条形图，哪一个更能对比出不同品牌的份额大小?

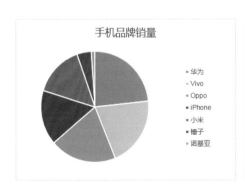

饼图

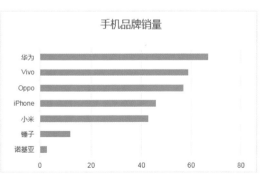

条形图

左边的两个饼图和右边的百分比堆积柱形图，哪种方式更能对比出各品牌所占市场份额的变化？

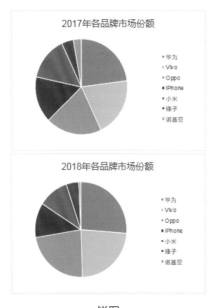

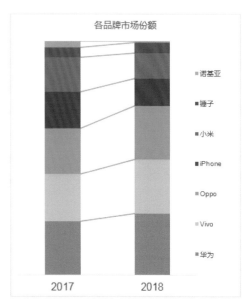

饼图 　　　　　　　　　　　　百分比堆积柱形图 + 系列线

答案应该不言自明。饼图天然适合表达"完整""圆满"等含义，用于表示各要素的构成占比，读者能轻易识别出其中最大份额的那一块"饼"。但它对相互之间的比较却弱得不行。

再看看下面的柱形图和折线图，哪一个更容易看出市场趋势？

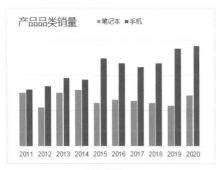

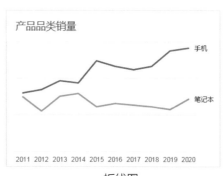

柱形图 　　　　　　　　　　　　折线图

下面3个图表，哪一个阅读起来更轻松，更容易看出排名？

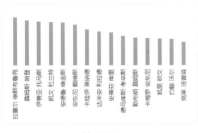

柱形图

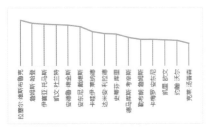

折线图（带误差线）

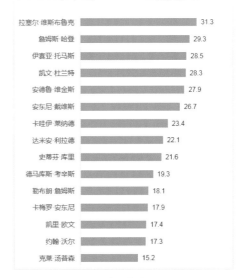

条形图

条形图比折线图和柱形图都更加适合对多个分类进行比较，特别是对于分类名称比较长的数据，条形图的横向阅读、纵向比较方式更符合自然浏览习惯。

右边是一个 NBA 球员得分的箱形图，你能说出其中的含义吗？如果你的朋友不懂什么是箱形图，而你要给他解释这张图的含义，该怎么说呢？

并不是说这个图不好，只能说这张图太有特点，很耐看。给统计专业的阅读者看，他们会一目了然。

可是，给普通读者看，不详细解释一番，他们可能无法从中提取有效的信息，更别说形成结论或观点了。

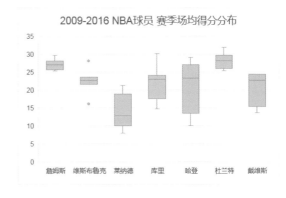

箱形图

那还有必要学这种图吗？当然有！有些场合就是需要抛出一些看起来很专业、很高深莫测的图表，这样才会有看不懂的人来找"专家"解读！

国外专家 Adrew Abela 曾整理过一份图表类型选择指南，将图表展示的关系分成比较、分布、构成、关联4个方面，并梳理出图表选择"路径图"。下面的思维导图是在此"路径图"的基础之上，简化了分支结构，并结合 Excel 图表的类型稍作调整的结果，仅供参考。

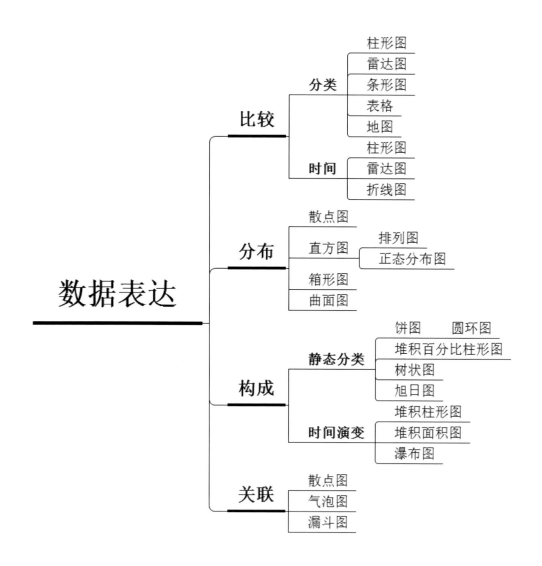

所以，图表到底该选什么类型？其实并没有标准的答案。但是，我们可以根据不同图表的特点，结合所侧重的目的进行权衡，配得上、刚刚好就好。

这些设计的坑，你会掉进去吗？

还有什么可以和"啥图表都想用"的心态相媲美的么？有，那就是"怎么花哨怎么来"！貌似这是一个必经的阶段，"花哨"与否成了一个判断新手是否脱离小白水准的标准。所以，我们有必要充分认识图表设计制作中普遍存在的误区，以后能避则避。

过度设计 ≠ 厉害

很多"表哥表妹"看到插入图表的菜单里有 3D 图表，不用上心里不舒服。殊不知这些所谓的 3D 图表大多华而不实，还不如简单的线条来得直观、清楚。

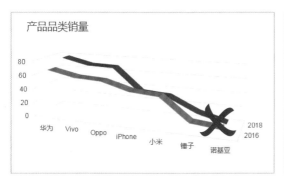
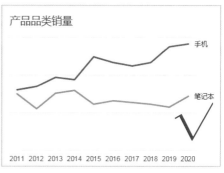

比上图滥用 3D图表效果更糟糕的是，不仅用 3D图表，还自作聪明地把饼图强行掰开。出发点是为了让每一块饼看得更清楚，但效果却适得其反。拍扁了合在一起不是更好看吗？

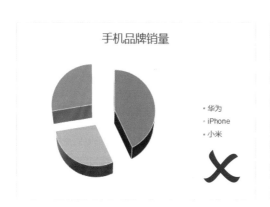
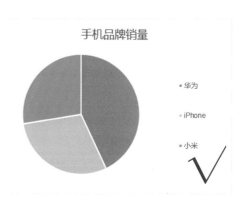

还有没有更糟糕的？有！3D、分解都是小 Case，要是碰到下边这种唯恐天下不乱的，能直接把你气死。3D棱台阴影、五颜六色、各种线条，还带背景图片，生怕别人说他不会作图。

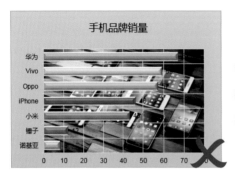
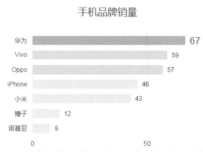

所谓设计，是为了达到目标，有目的地安排各种元素的过程。而过度设计，其实是没有设计。各种特效、繁杂的颜色、凌乱的元素，反而干扰了图表信息的传达，成为"噪声"。

视觉设计大师爱德华·塔夫在其经典著作中率先提出了最大墨水比（Data-ink Ratio）的概念。其含义是，图表中的坐标轴、网格线、数据点、文字标签，甚至阴影等每一个元素如果打印出来，都会用掉一点墨水。我们应该惜墨如金，把珍贵的墨水尽量用在展示数据信息上，越是核心信息，占用的墨水比例应越重。

在此理念指导下，我们应尽可能地突出显示核心数据信息。

尽可能地取消显示如下元素：

- 3D效果；

- 装饰性的不必要的图片；

- 没有意义的颜色变化；

- 不必要的背景填充色；

- 可有可无的网格线；

- 多余的边框和阴影。

尽可能地弱化（淡化、减少）如下元素：

- 无助于比较、识别数据的坐标轴刻度、线形；

- 无助于数据范围识别的网格线；

- 填充颜色的数量；

- 非核心的数据标签；

- 非核心的数据系列。

我最喜欢把次要元素灰度处理了，显得很有格调

你看到的 ≠ 真相

A、B、C、D 四君用同一款产品同一时期的销售数据各自做了数据报告，然后分别提交给了老板。A 君说市场一直在稳步增长，B 君和 D 君说增长势头非常乐观，C 君却说增长势头太过平缓。

老板到底该信谁？他们有谁用了假数据吗?

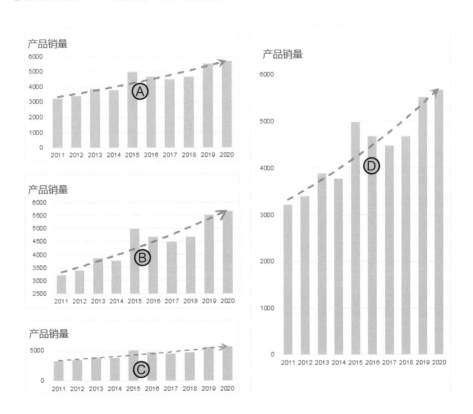

然而并没有谁用假数据，数据都还是同样的数据。问题出在图表的比例和坐标轴刻度上。

A君：图表的横宽比适中，比较符合正常的阅读习惯;

B君：纵坐标刻度不是从 0 开始，而是从 2500 开始，会造成误导;

C君：图表整体高度压缩过度，造成视觉欺骗;

D君：图表整体高度过高，比例失衡，夸大了事实。

以后再看到别人做的图表时，要谨防"老司机"啊!

同样具有欺骗效果的，还有横坐标轴，同样一组数据，如果排除了中间的零值，相邻两个数据之间的升降坡度就会显得更陡。如果放在真实的时间跨度上，效果就不一样呢！

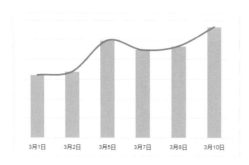 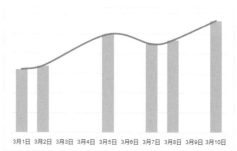

两者并无好坏之分，合理与否完全取决于你准备如何表达数据信息，即是要按照有数据的一天就作为一个分类来比较，还是要看数据在时间推移下的演变趋势。

堆砌图表 ≠ 有效表达

不少"表哥表妹"会绞尽脑汁，试图在同一个图表中塞进很多的系列，甚至是很多种不同类型的组合图表。以为节省了图表所占的空间，就能更加有效地传达信息。这是最大的一种误解。

跟群魔乱舞一样的图表，到底想要表达什么呢？难道就不会看着眼花吗？如果还要打印出来，再碰到黑白打印机或质量不佳、油墨不足的彩色打印机，那就抓瞎啦。更别提数据标签了，全显示出来会是个灾难。

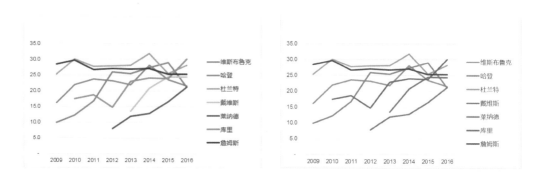

那更好的表达方式是什么？看你的侧重点在哪里。

想要突显库里和其他明星球员得分能力发展趋势的不同，可以用图 1；想要对比库里和另外一个球员的得分能力发展趋势，可用图 2。

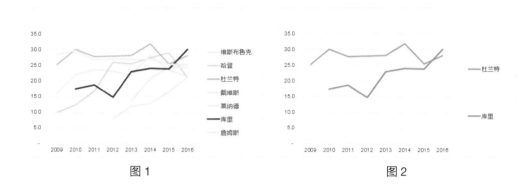

图 1   图 2

如果想对比每一个球员的发展趋势呢？那就拆开，一人一图，摆开阵势嘛！固定住坐标刻度防止每个人的数据范围不同导致自动识别的坐标刻度范围有差异。做一个总图，调整好格式筛选出单个系列，再复制、粘贴出多个图表，调整切换筛选器中的系列不就好了。并不是很麻烦。虽然总体占的空间、墨水多了，但是每一张图都清清楚楚！

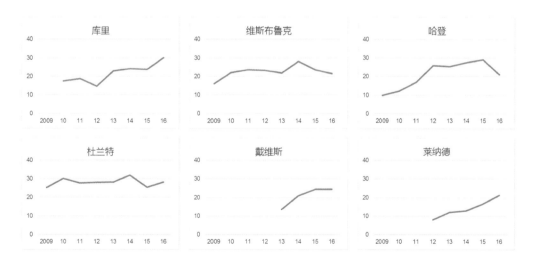

要看到每个人的详细数据，还要重点关注最大值、最小值及整体的大概趋势，怎么办？我们甚至都不需要图表，只要把上一章学习过的可视化手段用起来即可。

综合运用智能表格（隔行填色）、条件格式（最大值、最小值）、迷你折线图，一样可以让数据、趋势一目了然。

球员	2009	2010	2011	2012	2013	2014	2015	2016	得分趋势
维斯布鲁克	16.1	21.9	23.6	23.2	21.8	28.1	23.5	21.5	
哈登	9.9	12.2	16.8	25.9	25.4	27.4	29.0	21.1	
杜兰特	25.3	30.1	27.7	28.0	28.1	31.8	25.4	28.2	
戴维斯					13.5	20.8	24.4	24.3	
莱纳德				7.9	11.9	12.8	16.5	21.2	
库里		17.5	18.6	14.7	22.9	24.0	23.8	30.1	
詹姆斯	28.4	29.7	26.7	27.1	26.8	27.1	25.3	25.3	

做完这张表，记得在表格下方，用文字简要说明如何阅读，例如：①绿色——得分最低的赛季，红色——得分最高的赛季；②曲线中的红点——最高得分赛季。专业就体现在这样的一些小细节上。

把上面经过可视化的智能表格当做数据源，制作成一个图表，并插入切片器，就轻松搞定了一个动态图表。想要看哪些系列，就选择哪些系列，从而降低单次显示的信息量，这正是动态图表的价值所在。

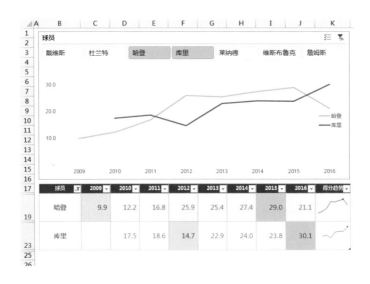

数据不一定要做成图表

别忘了制作图表的目的和初衷，在作图之前先问一问，一定要用图表才能把事情说清楚吗？有的时候，可能我们只需把数据本身放大一点，用一用其他可视化手段就已足够。

收入	净利润	利息	折旧值	营业利润
¥1,427,284	¥558,608	¥28,931	¥46,569	¥688,577
⬆ 6%	⬆ 2%	⬆ 5%	⬆ 3%	⬆ 7%

用图表有效表达数据的诀窍：

1. 选择和目的、场景匹配的类型；

2. 切忌过度设计；

3. 当心数据会说谎；

4. 在大图里堆砌不如拆分成小图；

5. 动态图表可以更高效地浏览；

6. 别迷信图表，你还有数字格式、条件格式、迷你图、配色等可视化手段。

5.7 图表制作常见小问题

在使用图表的过程中，可能会碰到各种各样的小问题。大多数问题，都是因为不熟悉图表的构成元素和格式设置方法所致。其实，当碰到一些小问题时，首先猜测问题可能出在什么元素上，然后再去以下两个地方寻找、调试、验证：

智能选项卡

（1）图表工具栏的智能选项卡；

（2）右键菜单，选中对应的元素后，单击右键，在右键菜单中都能找到格式设置入口。

右键菜单

下面针对一些常见的答疑问题给出相应解答，在碰到问题时以便查阅。

答疑 01 如何将 Excel 图表导入 PPT 进行展示？

秋小叶：建议用选择性粘贴法，粘贴成链接式图片，链接到原文件中。

工作报告时，经常需要将 Excel 中的图表放进 PPT 进行展示，"表哥表妹"们的做法一般都是直接复制、粘贴。这样做会将 Excel 文件直接嵌入 PPT 中，存在 3 个致命问题：

（1）PPT 中的图表和 Excel 中的数据源脱离，一旦数据更新，需要重新粘贴或修改；

（2）嵌入的 Excel 文件会导致 PPT 文件过大，很多图表嵌入时，容易造成 PPT 崩溃；

（3）原始数据和计算逻辑跟随 PPT 文件，容易泄密。

而采用选择性粘贴法，相当于将 Excel 图表区内所有元素放进一个同等大小的显示屏幕，导入 PPT 的不是图表本身，而是这个显示屏幕。

以后需要更新图表，再也不用修改 PPT，只需更改 Excel 表中的源数据就可以了。这其实也是一种动态图表做法。

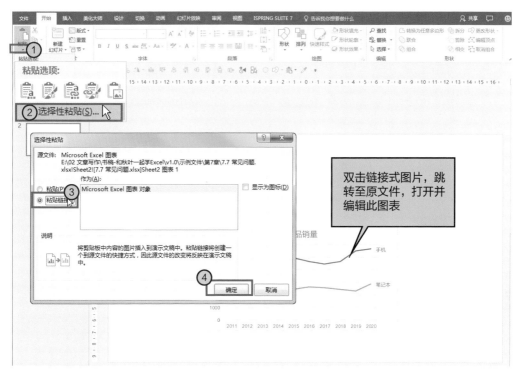

Excel 中复制图表（按 Ctrl+C 组合键）后，选择性粘贴（按 Ctrl+Alt+V 组合键）至 PPT 中的操作方法

答疑 02 多个图表如何快速排列和对齐边缘？

秋小叶：借助表格网格和 Alt 键，还可利用选择对象和排列对齐工具。

用鼠标拖曳图表边缘，正常情况下是无级缩放。但同时按下 Alt 键后，Excel 的行列网格就成了天然的参考线，拖曳的边缘强制对齐参考线。

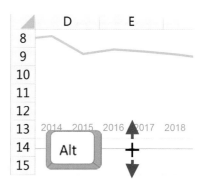

【开始】选项卡中的浮动对象选择工具

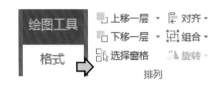

选中多个对象后，批量对齐工具

答疑 03　如何将图表的格式复制给其他图表？

秋小叶：还是用选择性粘贴，仅粘贴格式就可以办到。

利用选择性粘贴，可以将一个图表的元素配置、填充颜色、线条等格式复制到另一张图表中。

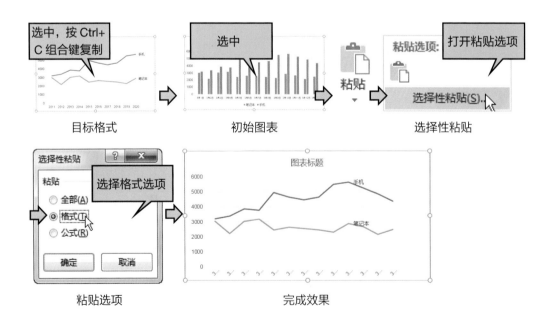

时间刻度太密了怎么办？能变稀疏一点吗？

秋小叶：尽量简化同类坐标轴标签，还可以提高坐标轴标签的间隔。

日期刻度通常都比较长，在图表宽度不足的情况下，经常出现显示不全、斜向显示、旋转90°显示的状况。不管哪一种，阅读起来都会把人逼疯。解决办法有很多，例如：

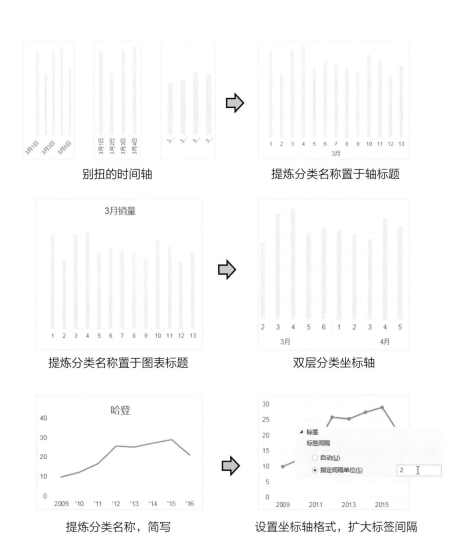

别扭的时间轴　　　　　　　　　　　　提炼分类名称置于轴标题

提炼分类名称置于图表标题　　　　　　双层分类坐标轴

提炼分类名称，简写　　　　　　　　　设置坐标轴格式，扩大标签间隔

答疑 05 多系列的图表，其中一个系列被挡住了怎么办？

秋小叶：调整系列次序、柱形宽度，填充色透明度等。

最直接的方法就是通过【选择数据】窗口，调整系列次序。某些时候，还可以参照面积图和子弹图的做法，调整填充色透明度、不等宽柱形等方式，达到错位显示的效果，这样就不至于完全遮挡。

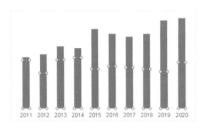  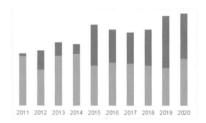

选择数据

答疑 06 数据显示不全怎么办？

秋小叶：调整数据源范围，数据源建议转换成智能表格。

常规制作的图表，所引用的数据范围都是固定的，一旦数据记录超出了原有范围，就会出现显示不全的状况。此时，打开【选择数据】窗口，重新编辑数据源的引用范围。

智能表格是动态数据源的标配。为了避免以后再次出现这类情况，建议将数据源的数据区域转换成智能表格，让其具备自动扩展的能力。

答疑 07　为什么折线图中间会断掉？

秋小叶：要区分空单元格和零值，空单元格为无任何数据，零值也是第一个数据。

　　Excel 生成折线图默认会将空单元格部位留空。

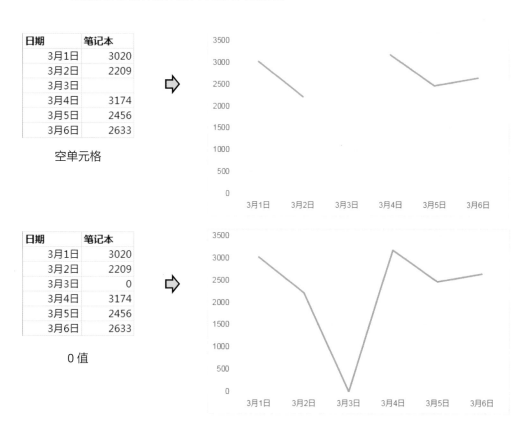

空单元格

0 值

　　要改变折线图的这一默认特性，可以在【选择数据】窗口中，设置【空单元格和隐藏数据】属性。

答疑 08　柱形图中有超大的异常数据怎么办？

秋小叶：巧妙利用外部元素，或者另作一张局部数据的副图表。

调整数据源中的超大值至合适的数值，让其他小数值可以比较明显地显现出来。利用线条和色块，将超大值的柱形截断，并明显地标记出来。

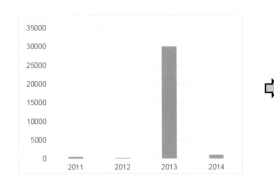

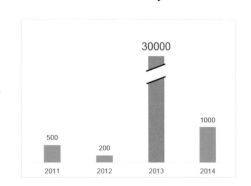

答疑 09　如何为单个数据点添加数据标签？

秋小叶：两次单击可以单独选中一个数据点，从而单独修改被选中的数据标签。

例如，右图中折线右边的系列名称如果用插入文本框的方式制作，数据如果有所变动，文本框的位置固定，就会和折线错位，需要重新调整。如果通过数据标签的形式显示出来，就不会有这个问题。

通过两次单击数据点，可以单独选中该数据点，通过右键菜单添加数据标签。

同样的，两次单击数据标签，可以单独选中该数据标签，为标签设置属性为仅显示【系列名称】。

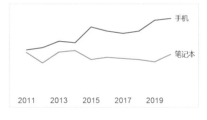

| 第 1 次单击选中整个系列 | 第 2 次单击选中单个数据点 |

同样的，要为控制线图最右侧添加一个跟随控制线自动变化位置的小三角，也可以独立最右边的数据点，然后将小三角形复制、粘贴进数据点。

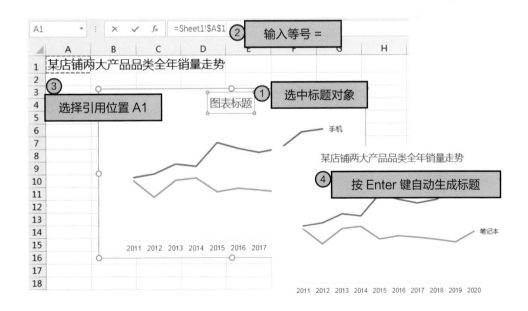

答疑 10 图表标题手工输入太麻烦，能自动生成吗？

秋小叶：浮动对象也可以在编辑栏中输入公式，实现动态引用。

不仅可以在单元格中输入公式，Excel 里的所有文本框、形状、图表元素等对象，都可以在编辑栏中输入公式，实现动态引用。只要修改引用的区域，对象中显示的内容随之更新。

必备的批量化

CHAPTER 6

整理数据妙招

- 一列数据如何快速拆成多列?

- 怎样剔除数据表中的重复项?

- 要批量提取、合并、删除字符?

- 如何将同类项目排在一起?

- 按指定条件排序和筛选怎么弄?

- 怎么把行变成列?

- 二维表怎么转换成一维表?

面对不按套路出牌的数据,
你需要掌握一些"防身绝技"!

6.1 不按套路出牌的数据

通过前面章节的学习，相信你已经感受到，要在 Excel 表格中计算、统计和分析数据并没有多大的难度。我曾经也以为，只要拥有了一招制胜的大杀器——数据透视表，再配合高效的智能表格作为数据源，就能在表格间纵横捭阖、天下无敌。

嘿嘿，理想很丰满，现实很骨感。当你面对糟糕的数据源和复杂的表格结构时，可能寸步难行……

就拿最简单的排列次序来说，要将下方的"琅琊榜"名单，按武力值从大到小排个高手榜出来，原本只需要选中C2单元格，单击一下【降序】就能搞定的事：

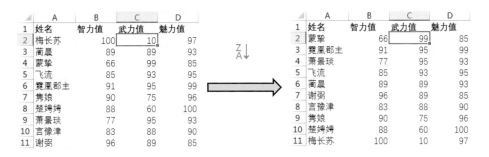

按武力值降序排列

要按照魅力值排序，弄出个公子/美人榜，单击D2单元格，再按一下【降序】结果也出来了：

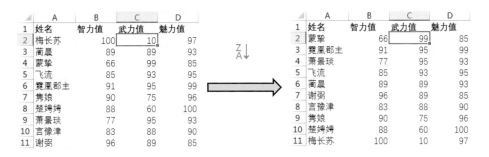

然而，事实上我们拿到手的数据可能是这样子的：

⊿	A
1	姓名,智力值,武力值,魅力值
2	梅长苏,100,10,97
3	蔺晨,89,89,93
4	蒙挚,66,99,85
5	飞流,85,93,95
6	霓凰郡主,91,95,99
7	隽娘,90,75,96
8	楚娉婷,88,60,100
9	萧景琰,77,95,93
10	言豫津,83,88,90
11	谢弼,96,89,85

这可就尴尬了呀……全部数据凑一起了，还怎么分开排序呢？

如果你不懂得怎么把混在一起的数据批量拆开，全靠手工，工作量可不是一般的大！再比如，明明说好的，用数据透视表统计时，日期可以按照年、季度、月，甚至是一周来自动分组：

求和项:支出金额	列标签			
	⊞2016年	⊞2017年	⊞2018年	总计
行标签				
吃饭	361	4211	5032	9604
打车	351	3570	4613	8534
服装	562	4555	5853	10970
健身	304	6261	8487	15052
旅游	1727	24506	24517	50750
买礼物	1559	29410	30027	60996
日常用品	10045	95587	87322	192954
运动装备	1265	18838	19693	39796
红包	1510	18321	18335	38166
总计	17684	205259	203879	426822

可有时候，Excel表格偏偏不听话啊：

我用的一定是假 Excel 吧？

好不容易，把数据收集回来，以为可以很快搞定统计分析，却碰到了各种坑：

多列信息混在一起

日期不正常了

数字前有小绿帽

错字一大堆

多余空格一大片

重复记录比比皆是

次序排出来了，却恢复不了原样

多余的数据记录怎么筛选出来删掉？

……

还能不能准时下班啦？

正如本书前言所述，"表哥表妹们"可能有80%的时间，都是花在了和各种奇葩数据和不按套路出牌的表格斗智斗勇上……所以，为了提升表格使用的畅快感，及处理琐碎工作的幸福感，掌握一套套常用的数据整理基本功，是多么的必要！

本章将要学习的分列、查找、替换、定位、删除重复项、排序、筛选等功能，都是玩Excel的必备基本功。它们看似不起眼，却是在实际工作当中用得最频繁的。灵活地组合运用这些基本功，往往能起到四两拨千斤的效果。

来次够～

接下来，就从一个超级厉害的技能——分列开始吧！

6.2 分列——拆分、提取和转换格式

如何将下表中的一列数据拆分成4列？

	A
1	姓名,智力值,武力值,魅力值
2	梅长苏,100,10,97
3	蔺晨,89,89,93
4	蒙挚,66,99,85
5	飞流,85,93,95
6	霓凰郡主,91,95,99
7	隽娘,90,75,96
8	楚娉婷,88,60,100
9	萧景琰,77,95,93
10	言豫津,83,88,90
11	谢弼,96,89,85

拆分

	A	B	C	D
1	姓名	智力值	武力值	魅力值
2	梅长苏	100	10	97
3	蔺晨	89	89	93
4	蒙挚	66	99	85
5	飞流	85	93	95
6	霓凰郡主	91	95	99
7	隽娘	90	75	96
8	楚娉婷	88	60	100
9	萧景琰	77	95	93
10	言豫津	83	88	90
11	谢弼	96	89	85

琅琊榜名单

在数据选项卡下，有一个【分列】按钮，能够将一列数据按照指定规律拆分成多列。

选中数据列之后，单击该按钮就可以开始拆分。

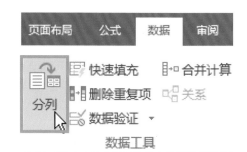

按分隔符拆分

在处理数据之前，首要的任务是对比前后的效果，寻找蛛丝马迹。以上面的琅琊榜名单为例，仔细观察，就会发现一个规律，拆分前的表格，单元格中的数据都是按照逗号"，"分隔开的。只要能够将逗号换成表格分界线，就自然分成了4列。

所以，针对此表可以采用分隔符拆分法。具体操作步骤如下：

姓名,智力值,武力值,魅力值
梅长苏,100,10,97
蔺晨,89,89,93
蒙挚,66,99,85
飞流,85,93,95
霓凰郡主,91,95,99
隽娘,90,75,96

❶ 单击列标选中 A 列

❷ 打开分列向导窗口

❸ 选择【分隔符号】

❹ 单击【下一步】按钮

❺ 单击勾选【逗号】

❻ 单击【完成】按钮

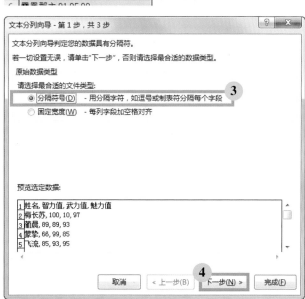

完成拆分的效果可还满意?

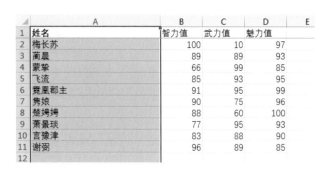

分列向导总共有3步，前两步设置拆分位置，最后一步配置拆分后的数据格式和导出位置。如果对拆分后的数据格式没有特别需求，做到第2步就足够了。

面对不同的数据时，选择不同的分隔选项。需要留意的是，系统默认的分隔符都是英文半角符号。

如果是汉字、中文标点符号等则需要在其他一栏中输入。

例如，下表是以"部"字进行分隔:

按固定宽度拆分

有时候，源数据根本就没有统一的标记，也就无法使用分隔符进行拆分。怎么办？还有一招：按照固定宽度拆分。例如右表，表中的省份全是2个汉字的宽度，要拆分成省份和学历两列只需在第二个字后边的位置分开即可。

具体操作的步骤如下：

省份	学历
广东	本科
江苏	本科
浙江	专科
广东	研究生
北京	本科
上海	研究生

❶ 选中数据区域
❷ 打开【分列】向导
❸ 选择【固定宽度】
❹ 数据预览区内，单击添加数据分割线完成

原始数据类型

请选择最合适的文件类型：

◯ 分隔符号(D)　- 用分隔字符，如逗号或制表符分隔每个字段

❸ ◉ 固定宽度(W)　- 每列字段加空格对齐

数据预览(P)

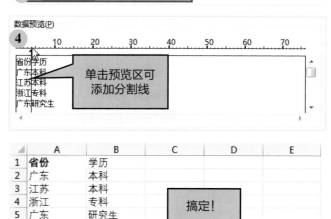

单击预览区可添加分割线

搞定！

按固定宽度拆分，可以添加多条分割线。单击位置有偏差时，也可以按住分割线拖曳，以调节分割位置，向左拖出预览区则取消该分割线。

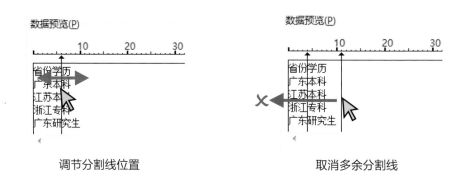

调节分割线位置　　　　　　　　　　　　　　取消多余分割线

提取数据列并导出到指定位置

无论是按宽度拆分，还是按分隔符拆分，在执行分列之前都必须选中一列数据作为拆分对象。而执行分列操作以后，拆分对象会默认保留第一列数据在原位，新生成的数据列则会覆盖旁边的列。

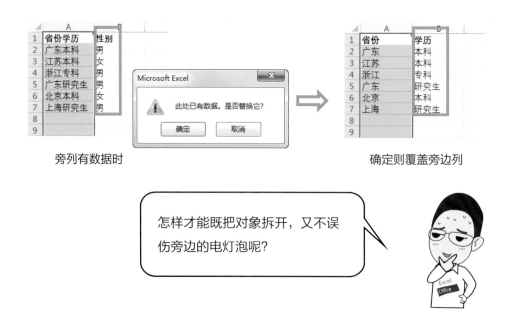

旁列有数据时　　　　　　　　　　　　　　　确定则覆盖旁边列

怎样才能既把对象拆开，又不误伤旁边的电灯泡呢？

要实现该效果，有2种方法：（1）预判会有多少个新列产生，提前插入空列，再执行分列操作；（2）将分列结果输出到其他位置。

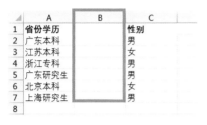

方法一：预先插入空列

方法二：输出到其他位置

方法一很好理解，右键单击或拖曳列标位置就可以选中整列并且弹出右键菜单，选择【插入】就能插入空列，选中多少行就插入多少行空列。

方法二则需要在分列向导的第三步中做如下设置：

❶ 单击【目标区域】引用框
❷ 单击选中一个目标单元格，例如 C1 单元格

利用分列向导第三步图中的在预览区选中特定列并设置是否导入，以及可选择目标区域的特性，分列功能就具备了提取数据并导出到指定位置的能力。

分列向导第三步的属性配置

以身份证中的出生日期提取为例，每个人的身份证中都藏有他的出生年月日信息。

编码规则	户口地址码						出生日期码								顺次和校验码			
身份证号	6	6	9	6	4	7	1	9	9	2	0	1	0	7	6	8	7	3
数位	1	2	3	4	5	6	7	8	9	10	11	12	13	14	15	16	17	18

相信你已猜到，要提取身份证中的出生日期，得按照固定宽度进行分列。

当做到分列向导第三步时，可以在预览区内分别选中户口地址码和顺次校验码两列，并将它们设置为【不导入此列(跳过）】，选定目标区域，例如B1，就能将出生日期导入到B列中。

提取身份证中的日期信息

单击完成按钮后，完美！

可是，选中 B2 单元格中的日期就会发现不对劲。

无论单元格中的显示效果如何，真正的日期数据在编辑栏里看到的，应该是标准日期格式 yyyy/m/d。

B2				f_x	19920107

标准日期的真身应该是 1992/1/7

	身份证号码	号码 B
1	身份证号码	号码
2	669647199201076873	19920107
3	66447119960227039X	19960227
4	650656199302050168	19930205
5	624501199308192651	19930819
6	59245519940508506X	19940508

分列提取的"假"日期

我们费劲心思得到的结果，却是一组不能用公式计算、不能用透视表自动按年月日自动分组的"假"日期，想想就憋屈。其实，思路并没有错，错就错在少了关键的一环：预设数据格式。做好这一步就能将"假"变"真"。

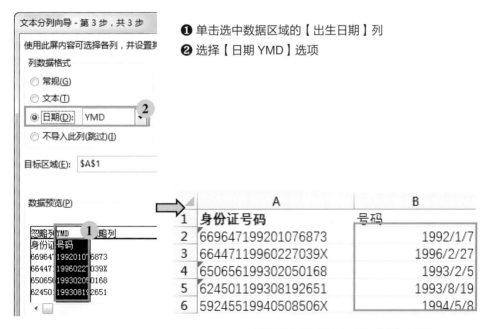

❶ 单击选中数据区域的【出生日期】列
❷ 选择【日期 YMD】选项

预设数据格式使之成为"真"日期

利用分列功能转换数字格式

在分列向导第三步中可以对拆分后的数据列预设数据格式这一特性，还常常作为数值、文本、日期格式互换的工具，被用于转换"假日期"、去除数字前面的"绿帽子"、将文本存储的公式恢复正常计算等。

真假日期格式转换

文本形式存储的"假"日期　　　　　分列配置　　　　　数字形式存储的"真"日期

预设数据格式第一项是【常规】，能自动识别数字格式，操作就更加简单，只需一步。

真假数字格式转换

文本形式存储的"假"数字　　　　　分列配置　　　　　数字形式存储的"真"数字

文本格式转成常规（数值），让公式恢复计算

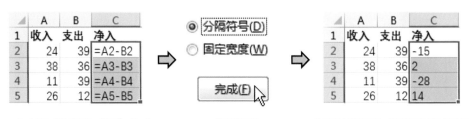

文本形式存储的"假"公式　　　　　分列配置　　　　　恢复计算后公式只显示计算结果

6.3 快速填充 —— 厉害的文本处理工具

分列功能可以对文本进行批量拆分、提取和转换格式。但是它仅能识别两种规律：固定的分隔符、固定的宽度。如果规律再复杂一点，就无法胜任。例如，下面的产品信息表，如何从产品信息一栏中提取价格数据？

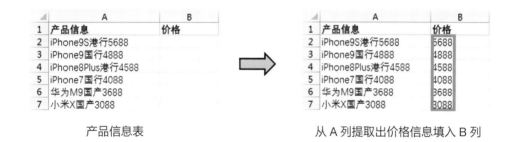

产品信息表 从 A 列提取出价格信息填入 B 列

你可能也发现了，将A列分别按"行"字和"产"字做一次分列，也可以提取出价格信息。如果以后你碰到的数据更加复杂，没有如此明显的规律呢？单单靠分列已经无能为力。

然而，自 2013 版问世之后，Excel就多了一个逆天的文本处理工具 —— 智能填充，用它可以让文本加工变得轻而易举。

自动填充智能标记中 【开始】选项卡下填
的快速填充选项 充功能中的快速填充

快速填充的基本原理就是，提供样本数据，然后让快速填充自动识别样本中的规律，帮你填写所有剩下的数据，样本越多，规律识别就越精确。

在数据结构比较简单的时候，提供一个样本就够了。下面就看一看快速填充在文本处理时的各种应用场景。

提取字符串

以上面的产品信息表为例，提取价格数据到 B 列，具体的操作步骤如下。

❶ 在 B2 单元格中输入一个样本数据 5688
❷ 双击填充柄向下填充到最底行

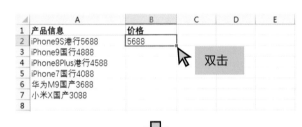

❸ 单击【填充选项】智能标记
❹ 选择【快速填充】

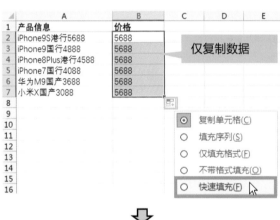

提取完成！

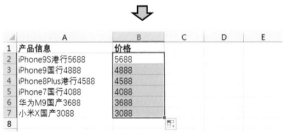

全部价格填写完毕

　　这就是快速填充的魅力，只要提供样本，上万行数据的提取也是秒填。如果自动填写有偏差，只需要提供2个甚至更多样本数据，快速填充就能读懂你的意图，帮你填充剩余数据，是不是很聪明呢？

提供更多样本　　　　　　　　　　　　　　　识别并完成更复杂的文本处理

　　快速填充除了提取字符，还能用于拆分、修改、添加、删除字符，甚至是改变字符顺序，简直无所不能！

一列拆成多列

　　快速填充同样可以将一列数据拆分为多列数据，虽然没有分列的一击必杀那么强大，但胜在它可以自动识别其中的规律，适应更复杂的数据结构。

❶ 选中 B2:B3 单元格区域中的样本，向下填充

❷ 切换成快速填充，完成提取

❸ 继续选中样本 C2 单元格，向下填充

❹ 重复上述步骤，完成 C 列和 D 列的数据填写

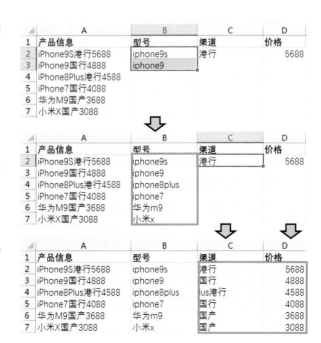

合并文本

将多个文本合并成一串新的文本:

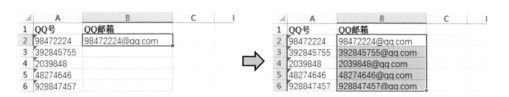

添加字符

将QQ号全部添加上邮箱后缀@qq.com,变成QQ邮箱:

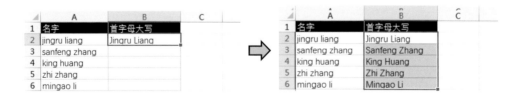

改变字母大小写

全部姓名的拼音首字母变成大写:

	A	B	C
1	名字	首字母大写	
2	jingru liang	Jingru Liang	
3	sanfeng zhang		
4	king huang		
5	zhi zhang		
6	mingao li		

	A	B	C
1	名字	首字母大写	
2	jingru liang	Jingru Liang	
3	sanfeng zhang	Sanfeng Zhang	
4	king huang	King Huang	
5	zhi zhang	Zhi Zhang	
6	mingao li	Mingao Li	

　　快速填充就是文本处理界十项全能型选手,有了它,要完成上述操作,完全没压力!自从我知道 Excel 2013 有这一功能之后,就迫不及待地升级了Office 版本体验一番,爽得不要不要的。

要知道，在没有快速填充的版本里，要完成这些操作，必须组合运用各种文本函数，还不一定能搞定。说不定还要请出VBA代码才能解决。

VBA ⋯⋯我晕代码

6.4　查找和替换

这些问题对于"表哥表妹"来说，真的就是家常便饭。

在茫茫的数据海洋中，有个别数据要修改？
要找到某些包含特定字符的文本进行核对？
有多余的空格、文字、数字要批量删除？
要批量干掉不可描述的字符？

碰到这些问题，首先要想到的，肯定是查找和替换这对双生兄弟。由于使用频率超高，微软工程师把它们放在了**开始**选项卡下。按快捷键 **Ctrl + F** 也可以快速打开。顺便说一句，F是英文单词 Find 的首字母。

【开始】选项卡下

用 Ctrl + F 组合键直接打开

查找和替换，是 Office 系列软件里都有的功能。由于太过平常，以至于很多"表哥表妹"以为它们不过如此。实际上，要用好查找和替换，还有一些小窍门。

它们的工作原理是一样的，只不过替换是在查找的基础上直接用新的字符替代找到的字符。所以接下来，先了解查找的基本原理。

查找并跳至结果所在的位置

以查找群消息记录表里的"红包"消息为例，找到其中一个单元格并修改填充颜色：

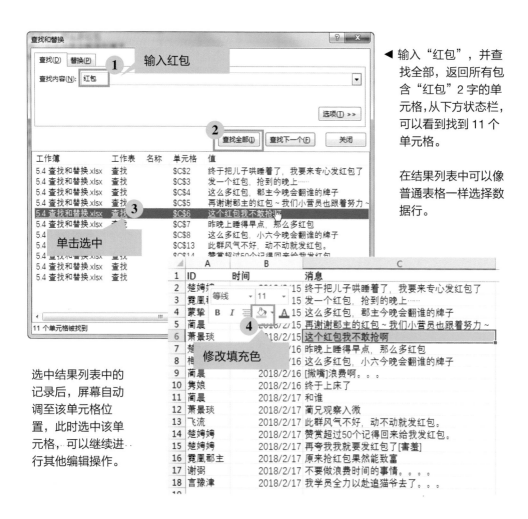

◀ 输入"红包"，并查找全部，返回所有包含"红包"2 字的单元格,从下方状态栏，可以看到找到 11 个单元格。

在结果列表中可以像普通表格一样选择数据行。

选中结果列表中的记录后，屏幕自动调至该单元格位置，此时选中该单元格，可以继续进行其他编辑操作。

跨工作表查找和替换

当你在多张工作表中有数据需要查找和替换时，如果发现结果不全，很可能是漏了一个关键操作。Excel 默认仅仅在当前工作表中查找和替换，当有多张工作表的数据需要查找替换时，则需要展开查找窗口中的【选项】，扩大搜索范围至【工作簿】。

对于常用的功能，多探索界面上的按钮和设置，在需要用到时才能想起来。

接下来，就看看替换在整理数据时的具体用法吧。

批量修改字符

某次活动联系人的邮箱登记出错了，有几个邮箱把后缀写成了163邮箱，如何全部修正过来呢？

批量修改

邮箱
8472224@qq.com
9284575@163.com
0398448@163.com
82746456@qq.com
288474@163.com

邮箱
8472224@qq.com
9284575@qq.com
0398448@qq.com
82746456@qq.com
288474@qq.com

只需打开替换窗口，然后填写如下信息，执行全部替换即可：

查找内容：163

替换为：qq

但是如果恰好有一个邮箱前面数字里包含有163，那它也会被一并替换。显然这不是我们想要的结果。

此时就需要更多的辅助条件限定查找的范围。例如，只希望替换@符号之后的163，那就可以把@也加进去，连成一个整体起到缩小匹配范围的作用，从而更精准地匹配。

32163234@**163**.com
⬇ ⬇
32**qq**234@**qq**.com

查找内容：163
替换为：qq

32163234@**163**.com
⬇
32qq234@**qq**.com

查找内容：@163
替换为：@qq

模糊匹配查找和替换

还是上一个案例，秋小叶决定把邮箱的QQ域名、163域名，全部统一换成qiuyeppt域名。这样还能一次替换就搞定吗？

邮箱
8472224@qq.com
9284575@163.com
0398448@163.com
82746456@qq.com
288474@163.com

替换为

邮箱
8472224@qiuyeppt.com
9284575@qiuyeppt.com
0398448@qiuyeppt.com
82746456@qiuyeppt.com
288474@qiuyeppt.com

能！查找替换均可以使用通配符，只需进行一次模糊匹配就能全部统一：

查找(D)	替换(P)
查找内容(N):	@*.com
替换为(E):	@qiuyeppt.com

神马是通配符 ……

在Office 界甚至是 IT 界都有一条潜规则：一对一精准匹配找不到对象时，就采取"广撒网多捞鱼"的策略，而通配符就是该策略的实施者。

通配符不仅仅在查找替换时可以使用，在筛选、函数公式等功能中，也同样管用。用得最多的通配符，只有问号 (?) 和星号 (*) 两种，它们的具体含义如下，简单了解即可。

通配符	名称	含义	写法	类型	包含结果
?	问号	任何一个字符	K???1	模糊匹配	King1 k是吃货1 k0001 k1231 ……
*	星号	任意数量的任意字符	K*1	模糊匹配	kim1 K歌1 KO1 Kh@1 ……
~	波形符	由于英文的?和*已经作为通配符代码，当要匹配内容中存在这两个符号时，前面要先输入波形符	King~?	问号需要精确匹配	King?

常用通配符及其含义、范例

批量删除空格及多余字符

在使用公式核对数据时，经常会发现，明明看起来一模一样的数据，就是无法匹配。通常都是因为其中一个数据中有看不见的字符存在，比如司空见惯的空格等。

如何利用替换法，将表格中的所有空格全部清除？

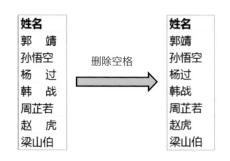

在查找内容一栏中输入一个空格，替换为一栏留空，然后全部替换！

批量删除空格

其他任何数字、符号、文字都可以按照此方法批量删除。如果再结合通配符的用法，就更加灵活了。例如，删除所有的邮箱后缀：

邮箱
8472224@qq.com
9284575@163.com
398448@163.com
82746456@qq.com
288474@163.com

批量删除邮箱后缀

查找内容：@*

邮箱
8472224
9284575
398448
82746456
288474

批量添加字符

看到这里，查找替换的基本用法相信你已通晓，下面就考考你，要在下表中增添"一起"两个字符，用替换法怎么实现呢？

和秋叶学PPT
和秋叶学Excel
和秋叶学Word
和秋叶学职场技能

批量添加"一起"

和秋叶一起学PPT
和秋叶一起学Excel
和秋叶一起学Word
和秋叶一起学职场技能

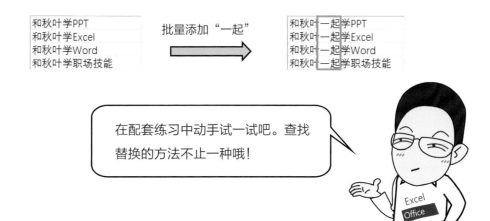

在配套练习中动手试一试吧。查找替换的方法不止一种哦！

在限定区域内批量替换

秋小叶在登记零花钱的时候，一不小心把收入中的100全部漏了一个0，变成了10。现在他想把收入这列的数据全部改成100，用替换法该如何做呢？

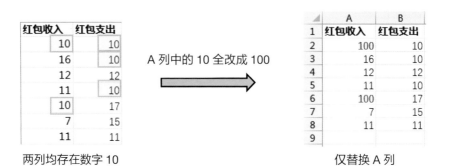

两列均存在数字 10   A 列中的 10 全改成 100   仅替换 A 列

Excel 中要实现限定区域内的查找替换，可以采用两种方法：①限定选区；②指定格式。

方法一：限定选区

先选中 A 列，再执行全部替换操作，就可以在选定的范围内批量替换。

方法二：指定格式

另外一种方法是指定一种格式，自动查找相同格式的所有单元格然后执行替换。例如，要替换图1 A列的所有数字10，可以指定查找 A2 单元格相同的格式；同样地，要替换图2所有橙色区域数字10，也可以指定查找 A2 单元格的格式，再执行替换。

	A	B
1	红包收入	红包支出
2	10	10
3	16	10
4	12	12
5	11	10
6	10	17
7	7	15
8	11	11

图1

	A	B	C	D	E
1	项目1	项目2	项目3	项目4	项目5
2	10	10	10	10	10
3	16	10	16	10	16
4	12	12	12	12	12
5	11	10	11	10	11
6	10	17	10	17	10
7	7	15	7	15	7
8	11	11	11	11	11

图2

此方法特别适合多个连续区域的批量替换。可以利用批量选择的各种方法，先把目标区域都上色，或者更改该字体颜色，然后再指定该格式进行替换。怎么操作呢？

要用到查找替换的更多选项，具体方法如下：

展开替换选项，打开格式，从单元格选择格式　　　　　　鼠标变吸管，吸取目标格式

吸取格式以后，执行全部替换，就能够只对和 A2 单元格格式相同的区域进行替换。

查找(D)	替换(P)

| 查找内容(N): | 10 | ▼ | 预览* | 格式(M)... ▼ |
| 替换为(E): | 100 | ▼ | 未设定格式 | 格式(M)... ▼ |

6.5 定位——批量选中区域

在对单元格和区域进行填色、删除、修改、插入等编辑操作之前，最重要的是什么?

当然是要有对象! 要批量操作就得先批量选对象嘛!

Excel 绝大多数的操作都是以选中目标单元格和区域为前提的。而定位，因其有按条件批量选中对象的好身手，在整理数据时也是人见人爱。与其他功能联手，往往能一招制敌。其中最常用的招数，当属批量填补空白区域的2种用法。

定位空白区域并批量填充

表格中空单元格和数值为0有本质的区别，0也是一个数据值，而空单元格则没有任何数据存在。在用数据透视表进行统计时，没有数据的单元格就无法计数。因此，在实际工作中，可能经常需要对数据源批量打上"补丁"——用数据"0"或短横杠"-"，将空位占满。

以下表为例，如何在黄色标注的空白单元中批量写入"0"?

	A	B	C	D	E
1	工号	姓名	工资	奖金	补贴
2	QY001	黄飞鸿	6581	300	50
3	QY002	梅梅	4926		200
4	QY003	刘冬		700	50
5	QY004	柯南	4229	700	
6	QY005	费玉	6999		50
7	QY006	张小凡	4635	800	
8	QY007	鲁智		800	250

千疮百孔的工资表

步骤一：选择数据区域

❶ 选择区域内任意一个单元格，
例如 B4，按 Ctrl+A 组合键选中
整片区域

步骤二：定位至空值

❷ 在【开始】选项卡中单击【查找和选择】
❸ 选择【定位条件】
❹ 选择【空值】
❺ 确定

选中了所有空单元格！

步骤三：批量填充重复数据 0

❻ 输入一个数据 0，然后按 Ctrl + Enter
组合键，即可批量填充数据 0 至所有
选中的区域

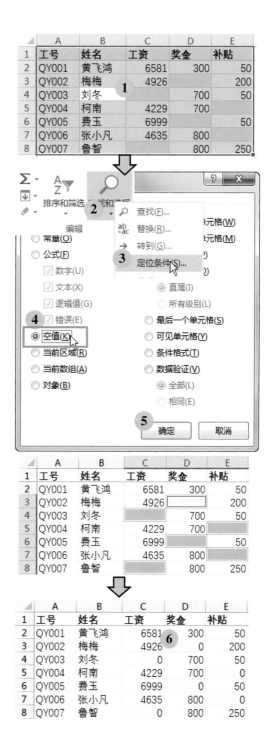

定位空白区域后向下填补同类项

不少"表哥表妹"在制作数据源表时，为了简洁好看，喜欢将同类项合并到一起。然而，当数据源存在合并单元格时，会造成统计错误。

地区列使用合并单元格合并同类项　　　　　　　　无法正确统计各地区的高校数量

这是为什么呢？

只要取消合并单元格，就能够看清 A 列的真实面目。表面上 A 列都填上了地区数据，然而，实际上仅合并单元格中的首个单元格才有数据，其余单元格都是空白。

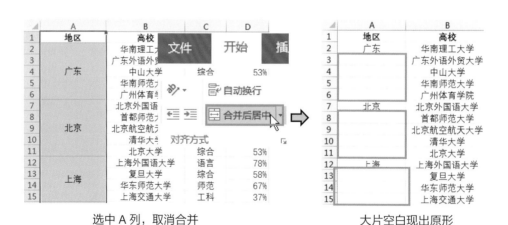

选中 A 列，取消合并　　　　　　　　大片空白现出原形

看起来少填写了数据，貌似偷懒了，可是，叔很好奇，一个个合并起来不累吗？

那么，问题来了：如何将 A 列中的地区名称全部向下填充，以补齐所有空白呢？

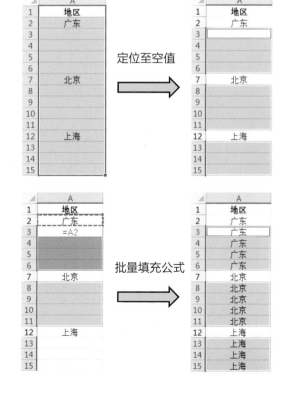

	A
1	地区
2	广东
3	
4	
5	
6	
7	北京
8	
9	
10	
11	
12	上海
13	
14	
15	

向下填补空白

	A	B	C	D
1	地区	高校	院校类型	女生比例
2	广东	华南理工大学	工科	31%
3	广东	广东外语外贸大学	语言	69%
4	广东	中山大学	综合	53%
5	广东	华南师范大学	师范	59%
6	广东	广州体育学院	体育	23%
7	北京	北京外国语大学	语言	69%
8	北京	首都师范大学	师范	68%
9	北京	北京航空航天大学	工科	26%
10	北京	清华大学	工科	38%
11	北京	北京大学	综合	53%
12	上海	上海外国语大学	语言	78%
13	上海	复旦大学	综合	58%
14	上海	华东师范大学	师范	67%
15	上海	上海交通大学	工科	37%

镂空的数据源   规范的清单型数据源

要解决此问题，需要综合运用定位空值、公式、Ctrl + Enter组合键批量填充及复制粘贴技巧。此方法也是数据整理中最常用的招数之一，而且只需要3个步骤就够了。

步骤一：定位至空值

❶ 选中 A 列

❷ 打开定位条件对话窗

❸ 选择空值并确定

至此选中了地区分类名称下的所有空白区域，其中 A3 为当前活动单元格

定位至空值

步骤二：批量输入重复公式

❶ 输入等号 =

❷ 选择活动单元格 A3 上方的 A2 单元格，保持公式输入状态

❸ 按 Ctrl+Enter 组合键完成公式输入并填充至所有选中的区域，即空白区域

批量填充公式

步骤三：将公式转成固定数值

❶ 重新选中 A 列整个数据区域

❷ 按 Ctrl + C 组合键复制

❸ 右键单击复制区域

❹ 从右键菜单粘贴选项中选择【值】

至此，完成同类项向下填补空白区域的所有操作。

	A	B	C	D
1	地区	高校	院校类型	女生比例
2	广东	华南理工大学	工科	31%
3	广东	广东外语外贸大学	语言	69%
4	广东	中山大学	综合	53%
5	广东	华南师范大学	师范	59%
6	广东		体育	23%
7	北京		语言	69%
8	北京	首都师范大学	师范	68%
9	北京	北京航空航天大学	工科	26%
10	北京	清华大学	工科	38%
11	北京	北京大学	综合	53%
12	上海	上海外国语大学	语言	78%
13	上海	复旦大学	综合	58%
14	上海	华东师范大学	师范	67%
15	上海	上海交通大学	工科	37%

可是，为什么一个 =A2 的公式就能把所有空位都补齐呢？

因为，该公式中的A2单元格是相对引用啊。引用的是距离A3单元格上方一格的位置，所以其他所有公式都纷纷等于上方一格的单元格。

	A	B	C	D
1	地区	高校	院校类型	女生比例
2	广东	华南理工大学	工科	31%
3	=A2	广东外语外贸大学	语言	69%
4	=A3	中山大学	综合	53%
5	=A4	华南师范大学	师范	59%
6	=A5	广州体育学院	体育	23%
7	北京	北京外国语大学	语言	69%
8	=A7	首都师范大学	师范	68%
9	=A8	北京航空航天大学	工科	26%
10	=A9	清华大学	工科	38%
11	=A10	北京大学	综合	53%
12	上海	上海外国语大学	语言	78%
13	=A12	复旦大学	综合	58%
14	=A13	华东师范大学	师范	67%
15	=A14	上海交通大学	工科	37%

那……又为什么要选择性粘贴保留成数值呢?

如果不把公式转成固定的数值,重新排列数据,比如按女生比例由高到低排序时,公式引用的相对位置依然不变,但是引用位置中的数据却变了,结果就会错掉一大片啊(橙色的都错乱了)。

	A	B	C	D
1	地区	高校	院校类型	女生比例
2	上海	上海外国语大学	语言	78%
3	上海 =A2	广东外语外贸大学	语言	69%
4	北京	北京外国语大学	语言	69%
5	北京 =A4	首都师范大学	师范	68%
6	北京 =A5	华东师范大学	师范	67%
7	北京 =A6	华南师范大学	师范	59%
8	北京 =A7	复旦大学	综合	58%
9	北京 =A8	中山大学	综合	53%
10	北京 =A9	北京大学	综合	53%
11	北京 =A10	清华大学	工科	38%
12	北京 =A11	上海交通大学	工科	37%
13	广东	华南理工大学	工科	31%
14	广东 =A13	北京航空航天大学	工科	26%
15	广东 =A14	广州体育学院	体育	23%

刚才看大叔的样子,好像不待见在表格中将同类项合并起来,难道不是这样?还是……大叔有更好的方法?

确实,要打印输出的时候,还是合并起来简洁一点好看。但是,不用手工合并啊,用数据透视表的布局选项就可以自动编出来。

按名称定位和名称管理

名称可以被函数公式、数据透视表、图表等功能所引用，从而代表整个目标区域，起到简化引用区域书写和辨认的效果。

透视表数据源引用普通数据区域

用名称代替目标区域

因此特性，在创建智能表格和数据透视表时，Excel 都会自动生成默认的名称：

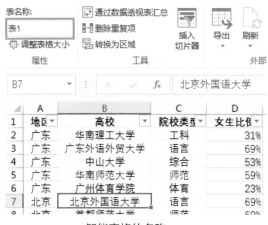

智能表格的名称

透视表名称

而名称框，不仅能够显示当前活动单元格所在的位置，还能通过它快速选中区域：

	A	B
1	地区	高校
2	广东	华南理工大学
3	广东	广东外语外贸大学
4	广东	中山大学
5	广东	华南师范大学

输入 B3 按 Enter 键选中 B3

	A	B	C	D
1	地区	高校	院校类型	女生比例
2	广东	华南理工大学	工科	31%
3	广东	广东外语外贸大学	语言	69%
4	广东	中山大学	综合	53%
5	广东	华南师范大学	师范	59%

输入 表 1 按 Enter 键选中整个智能表格的数据区域

创建自定义名称的2种方法：

除了智能表格、透视表可以自动生成名称以外，我们还可以自己创建自定义的名称，方便后续的选择、引用等操作。以创建A1:C8区域的自定义名称"工资表"为例，可分别采用2种方法，都是选中目标区域以后执行。

方法一：

直接在名称框中输入名称"工资表"并按 Enter键，即完成命名。

方法二：

❶在【公式】选项卡中打开【名称管理器】

❷单击【新建】

❸名称栏中输入"工资表"

❹确定

方法一简单粗暴；方法二中的名称管理器则功能更丰富，方便修改、删除等编辑操作。

条件定位的类型

定位功能提供的按条件选中单元格区域，其类别相当丰富，在碰到某些复杂的数据处理任务时，让你选择单元格事半功倍。不妨了解一下，以备不时之需。

条件类型	选中目标类型	主要用途
常量	包含固定数据的单元格，数据类型包括数字、文本、逻辑值、错误值	固定数据的核对和批量修改；可按数据类型更精准定位
公式	包含公式的单元格，公式计算结果的数据类型与"常量"的一致	确认公式所在位置，核对和修改；可按数据类型更精准定位
空值	空单元格	填补空单元格
对象	插入的矩形、文本框、图片、图表等浮于表格上的对象	批量编辑排列对象
可见单元格	剔除隐藏的行、列，选中区域内的可见单元格	常用于选中筛选后的复制粘贴。由于筛选会隐藏不符合筛选条件的数据，但是直接选中复制又会把隐藏的行一起选中
条件格式	设置了条件格式的单元格	清除多余条件格式
数据验证	设置了数据验证的单元格	清除多余数据验证
行内差异单元格	选中所有和区域内首列数据不一致的单元格	列与列的比较
列内差异单元格	选中所有和区域内首行数据不一致的单元格	行与行的比较

具体哪个类型能够批量选中哪些目标，眼动不如手动！本书配套练习中，准备了不同类型的数据表，动手试一试就知道各个条件类型有什么差别了。

6.6　删除重复项

如果源数据中有重复记录，会导致重复计数汇总，结果就会出错。所以在获取源数据后，进行统计分析前，先清理掉重复记录非常必要。

为了搞定混吃混喝的数据蛀虫，Excel 也真是拼了呀～

Excel 提供的处理重复值的功能特别多：数据透视表、条件格式、函数公式、数据验证、高级筛选，还有删除重复项。

它们各具特色，数据验证是为了预防，透视表和函数公式可以统计数量，条件格式可以让重复项颜色分明。而要说谁的动作最简单敏捷，那必须是【删除重复项】。

秋小叶接手了一份高校信息记录表，为了登记方便并防止输入前后不一致的院校类型，它打算为院校类型（B列）设置一个下拉列表，为此需要从表格已填写的数据中找出可填写的具体类型，并集中提取到 F 列，将之作为下拉列表的数据源（参数）。

▲	A	B	C	D	E	F	G
1	高校	院校类型				类型参数	
2	华南理工大学	工科				工科	
3	广东外语外贸大学	语言				语言	
4	中山大学	综合				综合	
5	华南师范大学	师范				师范	
6	广州体育学院	体育				体育	
7	北京外国语大学	语言					
8	首都师范大学	师范					
9	清华大学	工科					
10	北京大学	综合					
11	复旦大学	综合					
12	上海交通大学	工科					
13							
14							
15							
16							

从 B 列提取数据放到 F 列

从单列数据中提取不重复值

要完成秋小叶的这项任务，只需将 B 列的整列数据复制粘贴出来，然后删除掉重复项就可以了，操作步骤如下：

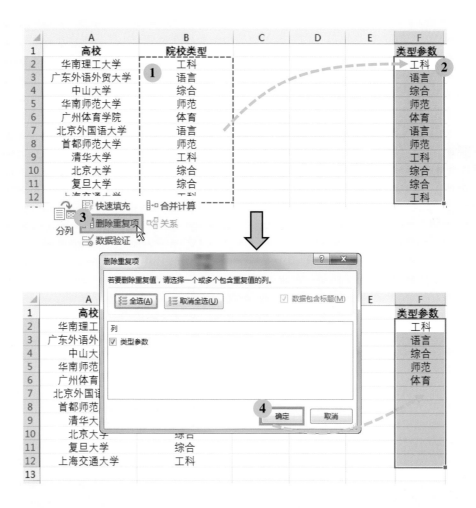

❶ 选中 B 列的数据（B2:B12），按 Ctrl+C 组合键复制

❷ 单击 F2 单元格，按 Ctrl+V 组合键粘贴

❸ 在【数据】选项卡下单击【删除重复项】

❹ 确定

删除符合多个条件的重复项

在右侧表格中，分别将 B 列 和 C 列中的重复数据删除，该怎么操作呢？

	A	B	C
1	日期	姓名	单身补贴
2	2017/11/11	柯南	10
3	2017/11/11	黄飞鸿	20
4	2017/11/11	梅梅	30
5	2017/11/11	柯南	10
6	2017/11/11	黄飞鸿	20
7	2017/11/12	柯南	10
8	2017/11/12	黄飞鸿	20
9	2017/11/12	梅梅	30
10	2017/11/12	费玉	20

原表

❶ 单击数据区域内任意一个单元格
❷ 打开【删除重复项】对话窗
❸ 取消勾选【日期】选项
❹ 确定

	A	B	C
1	日期	姓名	单身补贴
2	2017/11/11	柯南	10
3	2017/11/11	黄飞鸿	20
4	2017/11/11	梅梅	30
5	2017/11/12	费玉	20
6			
7			
8			
9			

完成效果

6.7　选择性粘贴

人人都会复制粘贴，却未必人人都真懂复制粘贴。有些技能，看似平常得不能再平常，但在高手手里却能唤醒沉睡的魔力。复制粘贴就是这样一种技能。

原来，复制对象以后，展开粘贴菜单，里边还有更多粘贴选项。可以根据选择的类型，以特定的形式粘贴内容。

在学习定位功能时，就已经用过其中一个选项——仅保留数值，此类选项是将公式结果转化成固定数值。

选择性粘贴在整理数据时常用到的技能还有转置和运算2种。

粘贴选项

转置——行列互换

我们在 Excel 中记录信息时，更习惯于一行一条记录，第一行作为数据列的标题。这样存储数据，既方便从上往下翻看数据，也便于统计分析。

但是，有时候我们可能会碰到一些行列颠倒的表格，数据记录的标题放在第一列，并且一列一条信息记录地存放数据。数据量少还好，如果还要继续输入100列、1 000列，甚至10 000列呢？那就得一直在表格的右边继续记录，这会给浏览和处理数据都造成相当大的麻烦。

	A	B	C	D	E	F
1	主机	电脑01	电脑02	电脑03	电脑04	电脑05
2	内存	8192	16384	16384	8192	16384
3	CPU	8	16	4	8	4
4	数据盘	1000	900	1000	450	1000
5	系统盘	20	20	40	20	40

行列倒置的表格

那要怎么处理呢？很简单，只需一次复制粘贴就够了。

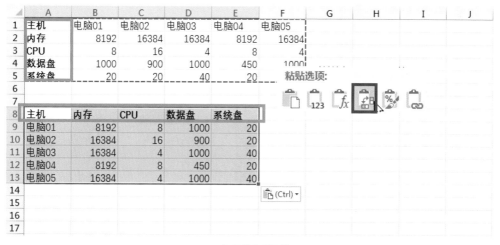

行列倒置操作

❶ 复制 A1:F5 区域

❷ 右键单击 A8 单元格

❸ 从粘贴选项中选择【转置】

运算——批量加减乘除

右图是一份补贴发放表格，老板忽然发话，每个人的补贴金额都增加 200。

用选择性粘贴也能办到。

	A	B	C	D
1	日期	姓名	单身补贴	
2	2017/11/11	柯南	10	
3	2017/11/11	黄飞鸿	20	
4	2017/11/11	梅希	30	
5	2017/11/11	柯南	10	
6	2017/11/11	黄飞鸿	20	
7	2017/11/12	柯南	10	
8	2017/11/12	黄飞鸿	20	
9	2017/11/12	梅希	30	
10	2017/11/12	费玉	20	
11				
12				
13				
14				
15				
16				

补贴发放表格

	A	B	C	D	E	F	G
1	日期	姓名	单身补贴				
2	2017/11/11	柯南	10		200		
3	2017/11/11	黄飞鸿	20				
4	2017/11/11	梅梅	30				
5	2017/11/11	柯南	10		粘贴至		
6	2017/11/11	黄飞鸿	20				
7	2017/11/12	柯南	10				
8	2017/11/12	黄飞鸿	20				
9	2017/11/12	梅梅	30				
10	2017/11/12	费玉	20				
11							

复制拟增加数据

步骤一：复制拟增加的数据

❶ 在旁边空白位置，例如 E2，输入一个数值 200（也可以输入一个公式 =200）

❷ 选中 E2 并复制（按 Ctrl+C 组合键）

步骤二：粘贴到目标区域

❶ 选中粘贴的目标区域 C2:C10

❷ 单击粘贴选项中的【选择性粘贴】，打开更多粘贴选项

❸ 选择运算类的【加】

❹ 确定

* 批量加减乘除操作方法一样，选择不同的粘贴选项即可。

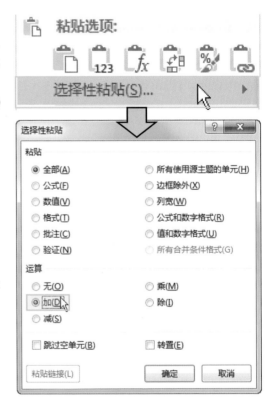

粘贴选项配置

6.8 筛选

按时间区间：把第三季度的数据挑出来。

按颜色种类：把所有标黄色的行挑出来。

按文本字符：把含有"秋叶"字样的数据挑出来。

按数值区间：把6年9班所有90分以上的同学挑出来。

按数值极值：把排名前10的项挑出来。

筛选

为了从数据表中按某个条件挑选出一部分数据，以便进一步分析和处理，需要把暂时不关心的数据过滤掉，这就是筛选 。所以，筛选功能的图标是个过滤器（漏斗）。

作为 Excel 表格中最为高频的操作之一，有必要详细了解其原理和具体用法。

	A	B	C
1	日期 ▼	产品 ▼	销量 ▼
2	2016-06-1	华为	138
3	2016-06-2	日期：等于"2016 年度全部:"	241
4	2016-07-04	小米	241
5	2016-07-31	苹果7	273
6	2016-09-04	苹果	102
7	2016-10-11	小米	201
8	2016-10-19	苹果	100
9	2016-11-05	小米	172

筛选后的特征是行号变蓝

开启和关闭筛选器

在数据选项卡、开始选项卡都可以找到此开关。当活动单元格在数据区域内的任意位置时，单击它就能切换筛选的开、关状态。

默认情况下，开启筛选后，会在数据区域的首行，即列标题行中的每一个单元格中显示筛选器按钮。

如何只为部分列开启筛选呢？

以右图为例，可以先选中B1:C1单元格，然后再单击筛选按钮，如此便能仅开启产品和销量的筛选器。

筛选器功能所在位置

	A	B	C
1	日期	产品 ▼	销量 ▼
2	2016-06-10	华为	176
3	2016-06-22	苹果6	271
4	2016-07-04	小米	131

局部开启筛选器

筛选的类型与基本操作

打开筛选器只是开启筛选模式，并未真正过滤任何数据。只有点开筛选器，并在筛选面板中设置筛选条件之后，才会筛出符合条件的数据。

筛选面板基本构成

不同的数据类型，所支持的筛选条件就有所不同。

例如，筛选标准格式的日期数据时，面板中会自带折叠功能，使得筛选方法更符合日期的特性，方便操作。

这也可以作为一个简易的判断日期列是否属于标准日期格式的方法。

按颜色筛选则是 2007 版Excel才开始提供的功能。可分别按字体颜色、单元格填充颜色进行筛选，通过右键执行此筛选操作会更加简便。

可折叠的日期筛选列表

右键菜单中的筛选操作

文本筛选

等于(E)...
不等于(N)...
开头是(I)...
结尾是(T)...
包含(A)...
不包含(D)...
自定义筛选(F)...

普通数字筛选

等于(E)...
不等于(N)...
大于(G)...
大于或等于(O)...
小于(L)...
小于或等于(Q)...
介于(W)...
前 10 项(T)...
高于平均值(A)
低于平均值(O)
自定义筛选(F)...

日期筛选

等于(E)...
之前(B)...
之后(A)...
介于(W)...
明天(T)
今天(O)
昨天(Y)
下周(K)
本周(H)
上周(L)
下月(M)

上月(N)
下季度(Q)
本季度(U)
上季度(R)
明年(X)
今年(I)
去年(Y)
本年度截止到现在(A)
期间所有日期(P) ▶
自定义筛选(F)...

不同数据类型的筛选条件配置选项

以右侧的产品信息表为例，完成两项筛选任务，借此了解筛选面板的基本操作。

任务要求：

（1）筛选苹果相关的所有产品；
（2）筛选销量最大的 4 条记录。

	A	B	C
1	日期	产品	销量
2	2016-06-10	华为	176
3	2016-06-22	苹果6	271
4	2016-07-04	小米	131
5	2016-07-31	苹果7	220
6	2016-09-04	苹果	119
7	2016-10-11	小米	221
8	2016-10-19	苹果	232
9	2016-11-05	小米	254
10	2017-01-10	华为	277
11	2017-01-13	华为	269

产品信息表

打开【产品】标题上的筛选器，并在面板搜索框输入【苹果】，确定筛选即完成任务（1）。

筛选苹果相关的所有产品

打开【销量】标题上的筛选器，从【数字筛选】中选择前 10 项，然后将 10 调整为 4 即完成任务（2）。

筛选销量最大的 4 条记录

以上便是筛选的类型和常规操作。作为Excel新手，每一项筛选类型都亲自动手体验一下很有必要。

在碰到筛选任务时，首先尝试通过搜索框和内置的筛选条件快速完成。然而有些时候简单的内置条件并不能满足要求，例如，筛选倒数第二个数字是1的项目，同时筛选大于100并且小于200的项目等。此时就需要用到更加高级的筛选技能。

通配符模糊匹配

在查找替换一节中介绍过通配符的用法，筛选同样适用。例如，在产品编号为Q0000结构的表中，要筛选出产品编号倒数第二个字符是1的所有记录，就可以输入：Q??1?。对于文本数据的筛选，这一招尤其有用。

那如果要筛选出同时满足两个条件的数据怎么办呢?

双重条件匹配

仍以产品信息表为例, 同时满足以下两个条件:

(1) 产品: 包含 "苹果";

(2) 销量: 大于100。

分别在【产品】和【销量】的筛选器上设定就够了。

但是如果要在同一列上同时满足两个条件呢? 例如:

(1) 销量: 大于100;

(2) 销量: 小于200。

那就必须进一步设置筛选条件了。

	A	B	C
1	日期	产品	销量
2	2016-06-10	华为	176
3	2016-06-22	苹果6	271
4	2016-07-04	小米	131
5	2016-07-31	苹果7	220
6	2016-09-04	苹果	119
7	2016-10-11	小米	221
8	2016-10-19	苹果	232
9	2016-11-05	小米	254
10	2017-01-10	华为	277
11	2017-01-13	华为	269

产品信息表

单列数据的双重条件匹配

自定义筛选最多也只能满足2个条件, 然而在实际工作中可能面临更加复杂的筛选需求, 如果需要用到3个以上的条件时如何设置呢?

多重条件匹配——高级筛选

高级筛选功能，提供了更加灵活多样的筛选方式。可以实现3个以上条件的复杂筛选，还能够在筛选的同时，设置是否保留重复项。

排序和筛选

高级筛选所在位置

以月饼销售记录表为例，筛选符合以下任意一个条件的所有数据。

筛选条件：

（1）品类="五仁"；

（2）区域="华南"；

（3）区域="华东"并且销量>300。

为了实现以上筛选，必须先在数据区域之外设置一个条件参数区域。

依据筛选条件的描述，逐个将条件记录在表格区域中，其具体含义如下图所示。

	A	B	C	D	E	F
1	日期	品类	区域	销量	单价	金额
2	08-16	莲蓉	华东	392	1	392
3	08-16	莲蓉	华东	392	1	392
4	08-17	豆沙	华南	384	25	9600
5	08-23	五仁	华东	364	25	9100
6	08-23	五仁	华东	364	25	9100
7	08-26	莲蓉	西北	200	18	3600
8	08-26	莲蓉	西北	200	18	3600
9	09-01	五仁	西北	392	16	6272
10	09-03	五仁	华北	380	1	380
11	09-04	冰皮	华南	381	25	9525
12	09-04	莲蓉	华北	201	1	201
13	09-09	冰皮	华北	256	1	256

月饼信息表

品类	区域	销量
五仁		
	华南	
	华东	>300

条件1：品类 = "五仁" ➡

条件2：区域 = "华南" ➡

条件3：区域 = "华东" 并且 销量 >300 ➡

或 满足任意一行

且 同时满足有数据的列

* 如果条件 3 的销量要满足 >300 且 <400，可继续加一个销量列，填写 <400。

条件参数区域及含义

设置好条件参数区域之后，就可以开始执行高级筛选操作了，具体步骤如下。

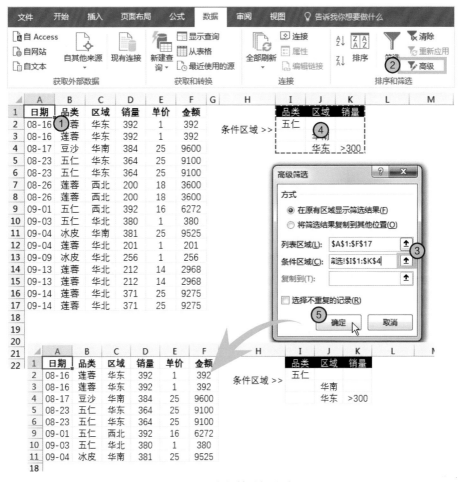

高级筛选操作步骤

❶ 单击数据区域任意位置，例如 A1
❷ 打开【高级】筛选窗口
❸ 单击【条件区域】后选择 I1:K4 的条件区域
❹ 单击确定

使用高级筛选的注意事项：

（1）比较规则中，大于用 >，大于或等于用 > =，不等于用 <>，依此类推；

（2）条件区域中的内容如果是文本，则只要包含该文本即符合条件，如"华"，可筛选出华南、华北、华东等；

（3）支持通配符，如 "K*g"，可筛选出包含K开头、G结尾的任意字符串，OKNG就符合这一条件；

（4）勾选"选择不重复的记录"即不显示重复项；

（5）使用高级筛选会自动关闭筛选器，需特别留意。

筛选不重复记录时需勾选

利用筛选快速统一不规范数据

以上便是筛选相关的基本操作。但是筛选通常都是为了进行下一步的动作，要么复制粘贴提取到别处，要么是统一调整格式，如填充颜色，让符合该类条件的数据可以更直观地显示，还有就是统一不规范的数据。

实例：

右侧的人员信息表中，一位粗心大意的"表妹"把人力资源部的名称登记成了五花八门的名字。如何将它们批量修改成一致的部门名称呢？

	A	B	C
1	部门	姓名	年龄
2	人事部	郭靖	28
3	HR部	孙悟空	28
4	项目部	杨郭	30
5	产品部	韩战	28
6	HR	周芷若	30
7	产品部	张三丰	24
8	人力资源部	郭芙	32
9	销售部	白子画	29
10	产品部	花千骨	31
11	人力	韩梅梅	27
12	项目部	李磊	32
13	产品部	白浅	30
14	销售部	夜华	28

人员信息表

只要会筛选，而且还记得批量填充相同内容的操作方法，修改起来就没有任何难度。

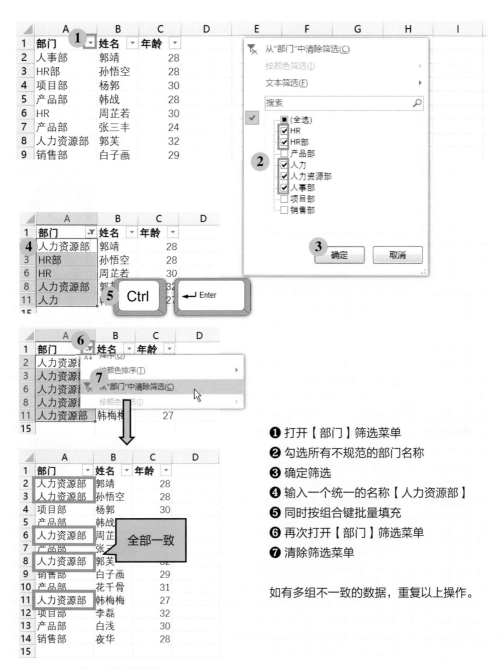

❶ 打开【部门】筛选菜单

❷ 勾选所有不规范的部门名称

❸ 确定筛选

❹ 输入一个统一的名称【人力资源部】

❺ 同时按组合键批量填充

❻ 再次打开【部门】筛选菜单

❼ 清除筛选菜单

如有多组不一致的数据，重复以上操作。

统一不规范数据

6.9　排序

排序，是指按照指定的顺序将数据重新排列组织，是数据整理的一种重要手段。它和筛选一样，也是 Excel 中最为高频的操作之一。同样地，在统计分析章节透视表用法中，对它已有过简单的了解。

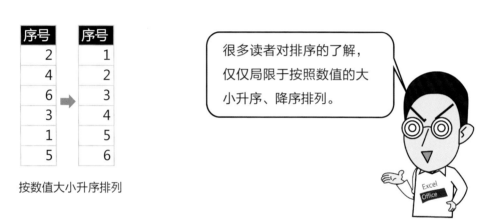

按数值大小升序排列

很多读者对排序的了解，仅仅局限于按照数值的大小升序、降序排列。

对核心的基本功能一知半解往往会限制我们的思维，在实际运用中无法根据具体的数据情况作出应变，从而影响问题解决的效率。实际上，排序的本质就是比较和归位。

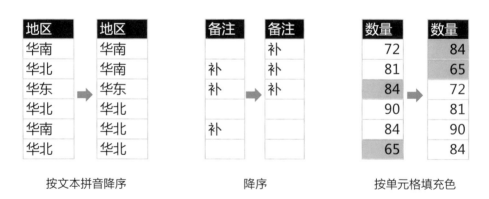

按文本拼音降序　　　　　　　降序　　　　　　　按单元格填充色

上面3个图就可以看出：排序可以将相同类型的数据汇集到一起。利用此原理，在重新排列组织数据时，往往可以起到意想不到的效果。接下来，就从排序的原理和基本操作方法开始，逐步揭开排序的面纱。

原理和基本操作方法

我们知道在 Excel 中，数据可以分为文本和数字两种类型。数据类型不同，默认的排序方式就不一样。

数字的顺次关系（包括常规数值和日期时间）是按数值的整体大小进行比较。例如，下面3组数据均是按升序排序后的结果。

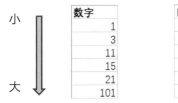

数字	日期	时间
1	2016/1/1	3:22:19
3	2016/2/14	7:08:40
11	2016/6/1	17:48:21
15	2016/10/30	18:53:43
21	2016/11/11	20:36:52
101	2016/12/12	21:54:20

按【升序】排列的各种数值

文本的顺次关系则是按英文字母、中文拼音字母的前后关系比较。如果有多个字符，则从第一个字符开始比较和排序，第一个字符相同时，再按第二个字符继续比较和排序，以此类推。同样是升序，文本排序后的效果如下：

中文	英文	文本数字混合型	逻辑型文本
哆啦A梦	a	项目1	二
金田一	about	项目10	六
卡卡西	ball	项目12	三
柯南	boy	项目2	四
小叮当	body	项目202	五
小丸子	cartoon	项目3	一

按【升序】排列的各种文本

卡卡西为什么排在柯南前边？想想查词典时，词典里是怎么排序的就知道了。

正因为文本的顺序关系是按照逐字符比较而不是整体比较的，当数字和日期是文本型的假数字、假日期时，就无法按照正常的数值大小进行排序了。

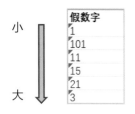

戴了帽子的数字，果然就是不一样啊。

按【升序】排列的文本型数字和日期

所以，在发现统计计算结果不对时，通常首先要检查数据源干不干净、正不正确。这就是为什么我们要反复强调源数据的规范性。千万要警惕数字格式对数据计算特性的影响，掉进此坑爬不出来熬夜熬出黑眼圈的人真不是少数啊。

搞清楚原理了，再做排序的操作，那就相当简单了。以下表为例，将整个数据区域按照【地区】进行降序排列。

排序的 2 步基本操作

❶ 单击地区列的任一个数据，如 B2
❷ 单击【数据】选项卡的【降序】按钮

2步搞定！排序就是这么简单，可又没那么简单……只想对地区列排序，其他所有的列顺序不变要怎么做？

同时满足多个条件怎么排序？

如何按特定的次序排列？如领导级别、部门顺次等？

为什么有些数据排序时会弹出警报？

对局部区域进行排序

要对局部区域的数据进行排序，则必须先选中要排序的区域。例如，仅对下表的B:D列区域进行排序，需执行以下操作。

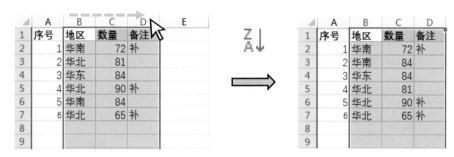

限定区域后排序

❶ 鼠标拖选 B:D 列

❷ 单击【数据】选项卡的【降序】按钮

* 选中区域后，默认按当前活动单元格 (高亮的单元格，图中为 B1) 所在列进行排序。

* 按【Tab】键可以在选区内移动活动单元格位置。

对局部区域进行排序，有时会弹出排序提醒窗口，以防止误操作。需要看清楚提示，选择需要的排序类型。

排序提醒窗口

多条件排序

在选中排序区域以后，单击排序按钮，打开排序窗口，就能实现更复杂
的排序需求。

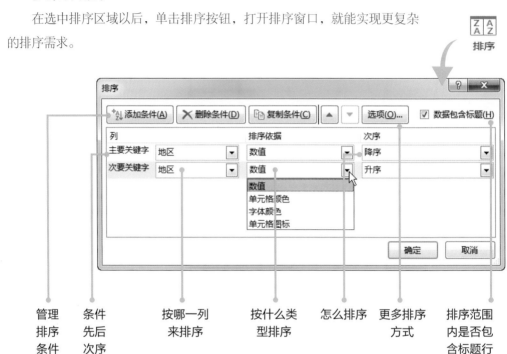

排序窗口各选项功能

管理排序条件	条件先后次序	按哪一列来排序	按什么类型排序	怎么排序	更多排序方式	排序范围内是否包含标题行

自定义排序

有时候，对某些有固定顺序的文本进行排序时，Excel内置的排序方式根本无能为力。例
如，中文序列、固定次序的部门、领导的级别等，这些属于自带逻辑关系的数据，需要用自
定义序列排序的方法。

中文序号	中文序号
二	一
三	二
四	三
一	四

默认排序　　　期望排序

部门次序	部门次序
HR	产品部
财务部	HR
产品部	财务部
宣传部	宣传部

默认排序　　　期望排序

　　排序功能除了默认的数据类型排序方式以外，还内置了自定义序列，并且支持添加自定义序列，以满足定制化的排序需求。

按内置的自定义序列排序

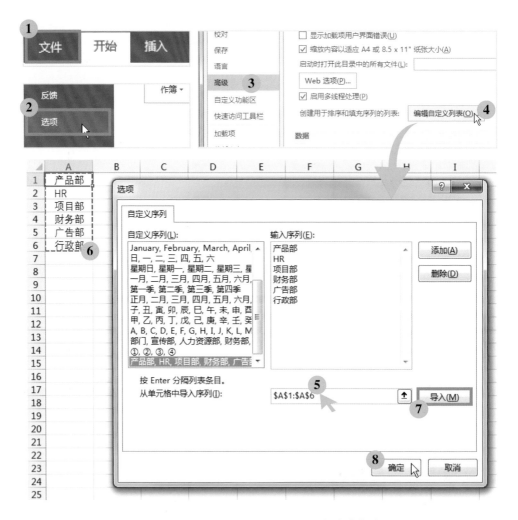

添加自定义序列

❶~❸【文件】-【选项】-【高级】

❹ 选择【编辑自定义列表】，打开自定义序列设置窗口

❺ 单击引用框

❻ 从数据表中选择自定义序列数据源

❼~❽【导入】-【确定】

* 导入之后，就能够在自定义排序选项中找到该序列。

自定义序列不仅用于自定义排序顺序，还能像生成数字序列一样，通过自动填充批量自动生成完整的序列数据。对于经常要用到的一系列固定数据，可以先导入自定义序列备用，如英文字母顺序 A、B、C……

弹出警告怎么办?

在执行排序操作时，如果出现下面的警告窗口，说明排序区域中包含了合并单元格。要完成排序，必须先将合并单元格排除：要么调整排序的数据范围，要么取消合并单元格。

警告窗口

忍不住又要啰唆一下，数据源还是别用合并单元格了。用格式查找法、空值定位法都能够快速找到合并单元格。

为什么排序的时候有数据遗漏？

如下图所示，单击 A2 后执行降序排序，只有前三行数据变成降序，后三行则一动不动。

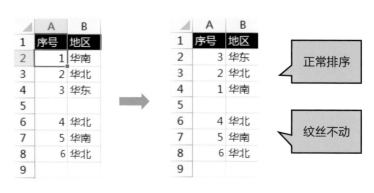

排序有数据遗漏

需要特别留意的是，Excel中很多基础功能都会自动识别把连续的数据区域当作一个整体。如果数据中间出现空行、空列，就会将数据区域腰斩，破坏其一体性，在排序、筛选、自动填充、数据透视表等操作时，都无法自动延续下去。

有空行的排序方法

这也是为什么在本书开篇我们就一再强调数据的规范性，基础数据要尽量避免出现空行、空列甚至是空格。

在此情况下，要将空行后的数据纳入范围，就必须先选中整个排序区域，如选中整列后再进行排序，空行会被排挤到最后。这也是整理数据时，在不删除空行的情况下，排除空行的一个常用技巧。

如何快速调整个别单元格、行或列的次序?

在选中任何单元格、行、列或区域之后，可以结合Shift键拖曳鼠标指针选取边缘，就能快速调整选取区域的位置。此方法常用于个别数据、行或列的次序调整。

鼠标指针悬停在选区边缘　　　　　按住 Shift 键拖曳　　　　　在目标位置放开
　　　　　　　　　　　　　　　鼠标指针　　　　　　　　　　鼠标

以上就是关于排序的全部要义，你都 Get 到了吗?

6.10　透视表

在第5章中，详细介绍了数据透视表在统计分析时的全能身手。利用它，用鼠标单击拖曳指针就能完成更全面的汇总统计和分析，效率奇高。

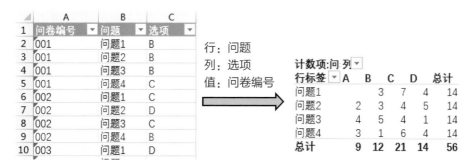

问卷调查结果明细表（一维表）　　　　　统计各个问题选择 ABCD 的人数（二维表）

如果用交叉表来记录问卷结果会怎样？对比下面两张图，就能明显感受到，记录同样的信息，用交叉表（二维）明显比清单表（一维）更简单明了。

问卷编号	问题1	问题2	问题3	问题4
001	B	B	B	C
002	C	D	C	B
003	D	A	A	C
004	C	D	C	C
005	D	B	B	A
006	D	B	A	D
007	D	D	D	D
008	B	D	A	A
009	C	C	C	D
010	C	C	C	D
011	C	D	B	A
012	B	C	B	C
013	C	C	B	C
014	C	A	A	C

二维的交叉表

好……好长……
难怪大家都不太喜欢这种数据记录方式。

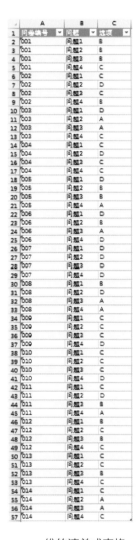

一维的清单式表格

然而，用交叉表记录信息虽然简单明了，但是弊端也很致命，数据透视表施展不了拳脚。要充分发挥数据透视表的威力，要满足1个条件：数据源必须是清单式表格（一维表）。

要是有什么办法可以快速地将二维表转换成一维表，那就太好了，既能够利用交叉表的便利性，又不耽误统计分析。

没错，数据透视表本身就可以实现！除了统计分析，透视表在整理数据方面也是一绝。本节内容将会介绍其中3种最为常用的小技巧。

逆透视：二维表转一维表

从详尽的明细数据到汇总结果，就像是看透了数据的本质，这也许就是数据透视表名称的由来。那反过来从交叉汇总的结果逆推得出清单式的明细表，也就可以称为逆透视了。

接下来就以右侧的问卷登记表为例，揭开数据透视表即将失传的一个隐藏技能：二维表转换成一维表，即逆透视。

	A	B	C	D	E
1	问卷编号	问题1	问题2	问题3	问题4
2	001	B	B	B	C
3	002	C	D	C	B
4	003	D	A	A	C
5	004	C	D	C	C
6	005	D	B	B	A
7	006	D	B	A	D
8	007	D	D	D	D
9	008	B	D	A	A
10	009	C	C	C	D
11	010	C	C	C	D
12	011	C	D	B	A
13	012	B	C	D	D
14	013	C	C	B	C
15	014	C	A	A	C

问卷结果汇总登记表

逆透视的操作步骤如下。

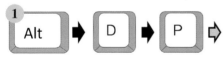

步骤一：创建多重合并计算区域

❶ 依次按3个按键打开旧版的【数据透视表和数据透视向导】窗口
❷ 选择【多重合并计算数据区域】
❸ 单击【下一步】

❹【创建单页字段】-【下一步】
❺ 单击【选定区域选框】选择交叉表区
域 A1:E15
❻【添加】-【下一步】
❼【完成】

创建多重合并计算区域

步骤二：生成并编辑数据明细

❶ 鼠标双击行列的全部【总计值】，在新工作表中查看所有数据明细

❷【右键】单击列标 D，选中 D 列

❸ 选择【删除】，将多余的页字段所在列删除

❹ 修改各列标题名称

完成逆透视转换！

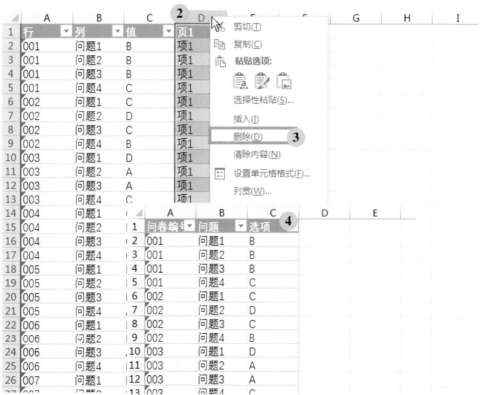

生成并编辑数据明细

该技巧核心原理有2个：

（1）多重合并计算，将1个引用的数据区域变成了数据透视表的1个筛选页结果；

（2）双击数据透视表中的数据可以查看背后的明细。

利用多重合并计算区域，添加几个不同工作表的数据源，还可以合并多张工作表的数据，在此不再详述。事实上，本节之所以介绍数据透视表的逆透视用法，纯粹是为了照顾Excel旧版本的用户。因为，在 Excel 2016 中，还有更强大的工具可以完成合并、拆分、查询、逆透视等数据转换工作，它就是查询编辑器（2013版中的PowerQuery插件）。在本书的第9章还会介绍相关的使用技巧。

还是 Excel 2016 用着爽啊

合并同类项

本书强烈建议不要在数据源中使用合并单元格。但是有时候，确实需要将同一类别的名称合并到一起怎么办？毕竟这样看起来会更加简洁一些，特别是打印出来时。其实，在数据透视表章节已经介绍过该用法。配置透视表布局选项，合并同名标签就可以了。

品类	产品名称	市场价	折扣价	采购数量	金额
家电	空气净化器	3984	3267	1	3267
家电	扫地机器人	1022	818	1	818
家电	双开门冰箱	2898	2464	1	2464
家电	高清智能电视	5988	5330	1	5330
服鞋	保暖内衣	189	154	3	462
服鞋	女士秋衣	210	168	2	336
服鞋	休闲慢跑鞋	429	369	1	369
手机	iPhone	5483	4387	4	17548
手机	Huawei	3596	2949	1	2949
手机	Oppo	1309	1257	1	1257
手机	Vivo	1498	1409	1	1409
手机	小米	1798	1673	2	3346
用品	纸巾	39	36	5	180
用品	杜蕾斯	69	58	3	174
用品	清洁套装	111	106	1	106
用品	消毒液	78	65	1	65

产品信息源数据表

品类	产品名称	市场价	折扣价	采购数量	金额
服鞋	保暖内衣	189	154	3	462
	女士秋衣	210	168	2	336
	休闲慢跑鞋	429	369	1	369
家电	高清智能电视	5988	5330	1	5330
	空气净化器	3984	3267	1	3267
	扫地机器人	1022	818	1	818
	双开门冰箱	2898	2464	1	2464
手机	Huawei	3596	2949	1	2949
	iPhone	5483	4387	4	17548
	Oppo	1309	1257	1	1257
	Vivo	1498	1409	1	1409
	小米	1798	1673	2	3346
用品	杜蕾斯	69	58	3	174
	清洁套装	111	106	1	106
	消毒液	78	65	1	65
	纸巾	39	36	5	180

品类相同合并

按类别批量拆分工作表

将一份总表，按照类别拆分成一系列子表，你会怎么做？不会一个一个新建工作表，然后一点一点地复制粘贴吧？很多"表哥表妹"也确实是这么做的。

品类	产品名称	市场价	折扣价	采购数量	金额
	保暖内衣	189	154	3	462
服鞋	女士秋衣	210	168	2	336
	休闲慢跑鞋	429	369	1	369
	高清智能电视	5988	5330	1	5330
	空气净化器	3984	3267	1	3267
家电	扫地机器人	1022	818	1	818
	双开门冰箱	2898	2464	1	2464
	Huawei	3596	2949	1	2949
	iPhone	5483	4387	4	17548
手机	Oppo	1309	1257	1	1257
	Vivo	1498	1409	1	1409
	小米	1798	1673	2	3346
	杜蕾斯	69	58	3	174
用品	清洁套装	111	106	1	106
	消毒液	78	65	1	65
	纸巾	39	36	5	180

总表

一个品类一张子工作表

用数据透视表的查看明细数据原理，就能够一键拆分，并且会按照品类名称自动命名生成的一系列子工作表。

合并同类项操作步骤如下。

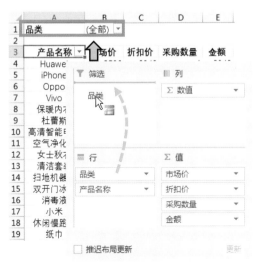

添加筛选页字段

步骤一：添加筛选页字段

将拆分依据【品类】字段放入筛选区域，在透视表中生成筛选页

步骤二：按筛选页生成明细数据

❶ 数据透视表【布局】选项卡下单击【选项】菜单的
下拉列表
❷ 选择【显示报表筛选页】
❸ 单击【确定】
即刻生成一系列子工作表。

按筛选页生成明细数据

答疑 01　分类名称在拆分后不在数据区域里了，能保留吗？

秋小叶：当然可以，在数据源中多复制一列，作为筛选字段就行。

拆分后的子表和总表的样式是一模一样的。由于同一个字段在透视表分类区域中只能存在1个，所以当品类被放入筛选字段后，在行区域就不存在了。而在多复制一列作为辅助字段后，就像多了一个分身。

辅助列，是 Excel 中解决问题时最常用的一种思维方法。

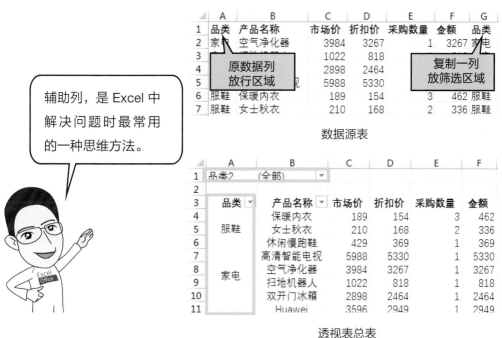

数据源表

透视表总表

答疑 02　数据源更新后，拆分的子表需要重新做吗？

秋小叶：不需要，子表仍然和数据源保持链接状态。

拆分以后子表仍然是数据透视表，只要按照数据透视表更新数据的方法刷新一下，就能更新结果。如果不想保留数据透视表结构，只需复制透视表并选择性粘贴，保留数值。

6.11 解决问题之道

快速填充 定位 查找和替换
分列 排序
数据透视表 筛选
删除重复项
选择性粘贴

本章介绍的 9 项核心功能，每一项功能，都有各自的特性及其擅长的技能，而个别功能在作用上甚至还有部分重叠。在整理数据时，它们都是个顶个的高手。

> 我都知道这些功能了，可为什么在碰到表格问题时，还是一脑子浆糊，不知道该如何下手呢？

这也是大多数新手普遍存在的困惑。究其原因，无非以下 2 点。

（1）对功能特性认识不够深。

无法将实际应用场景和具体的功能结合到一起，也就不知道遇到具体问题时该用什么功能解决。要突破这个瓶颈，只有通过看更多的实战应用，加深对不同功能的认知。

（2）对问题的描述方法不对。

无法准确地描述问题或在描述问题时，陷入固有的思维模式，将自己习惯性想到的方法当作问题本身，根本就无法跳出思维陷阱，找到更多可能的解决方法。

来看看实际应用的场景。

场景一 配对排班

我们单位组织了一个活动，每天早上由 2 位管理人员在公司门口微笑迎接大家上班。男领导 10 位，女领导 8 位，怎样给各位领导一男一女配对排班，并且保证不重复？如果要随机抽取 20 对又该如何？

如果是你，你会怎么做？

很多懂点函数公式的表哥表妹看到该场景问题，马上就会想到，要一一查找匹配？哦，有很多查找匹配的函数，那用函数公式将每个人都配一遍，然后用删除重复项功能剔除重复的配对不就可以了？

这个思路没有毛病，肯定可以解决问题。那 ……用哪一个函数呢？函数怎么写呢？

我更懵了~

其实，只要仔细分析一下，不用函数公式也能解决，并没有那么难。交叉表不就是横、竖一一匹配结果么？只要男的放一列，女的放一行，问题就迎刃而解了。

	A	B	C	D	E	F	G	H	I
1		女01	女02	女03	女04	女05	女06	女07	女08
2	男01	1	1	1	1	1	1	1	1
3	男02	1	1	1	1	1	1	1	1
4	男03	1	1	1	1	1	1	1	1
5	男04	1	1	1	1	1	1	1	1
6	男05	1	1	1	1	1	1	1	1
7	男06	1	1	1	1	1	1	1	1
8	男07	1	1	1	1	1	1	1	1
9	男08	1	1	1	1	1	1	1	1
10	男09	1	1	1	1	1	1	1	1
11	男10	1	1	1	1	1	1	1	1

	A	B
1	行	列
2	男01	女01
3	男01	女02
4	男01	女03
5	男01	女04
6	男01	女05
7	男01	女06
8	男01	女07
9	男01	女08
10	男02	女01
11	男02	女02
12	男02	女03
13	男02	女04
14	男02	女05
15	男02	女06
16	男02	女07
17	男02	女08
18	男03	女01
19	男03	女02
20	男03	女03
21	男03	女04
22	男03	女05
23	男03	女06
24	男03	女07
25	男03	女08
26	男04	女01
27	男04	女02
28	男04	女03
29	男04	女04
30	男04	女05
31	男04	女06

❶ 男女领导的名字分别放在首列和首行

❷ 交叉区域批量填充数字 1 （跳过也可以）

❸ 逆透视，将二维的交叉表转成一维表

❹ 利用自动填充，生成工作日序列

配对排班参考解决方案

如此便快速生成了一套配对排班的表格。用函数公式不好吗？当然不是，如果还要从中随机抽取一部分配对结果作为最终排班，那就只能依靠随机函数了。

我们在实际工作中，面临的具体场景和需求千变万化，每一个环节的细微差别，都可能需要采用不同的方法来应对。而作为专业的表哥表妹，必须认识到，任何问题，在 Excel 中的答案都不是唯一的。能否熟练地找到最省事省力的那种方法才是能力的真正体现。

这就需要我们对关键的核心技能有足够的了解和认识。否则，就会陷入一味追求高深技术的陷阱。

场景二 工资表制作

如何将工资明细制作成工资条，打印出来可以切开、分发给每个人那种？

	A	B	C	D	E	F
1	工号	姓名	工资	奖金	补贴	合计
2	QY001	郭靖	5071	800	100	5971
3	QY002	孙悟空	4221	100	100	4421
4	QY003	杨过	5573	100	200	5873
5	QY004	韩战	7107	200	200	7507
6	QY005	周芷若	7719	700	200	8619
7	QY006	白浅	5600	100	200	5900

	A	B	C	D	E	F
1	工号	姓名	工资	奖金	补贴	合计
2	QY001	郭靖	5071	800	100	5971
3						
4	工号	姓名	工资	奖金	补贴	合计
5	QY002	孙悟空	4221	100	100	4421
6						
7	工号	姓名	工资	奖金	补贴	合计
8	QY003	杨过	5573	100	200	5873

按照习惯性思维，首先想到的问题可能是：

（1）如何将标题行复制到每一行数据前面？

（2）如何在每一行数据后面插入空行？

以上两个问题要批量解决可就相当困难了。但是，如果换一个角度考虑就会轻松得多。在排序一节中就提到过，排序的本质是比较和归位，标题行批量复制是简单的，空行在数据表下边有大把现成的，那怎样将标题行一一对应地排在每一行数据上边？空行则排在下边？不卖关子，直接看解决方法。

批量制作工资条参考解决方案

步骤一：准备数据

先用复制粘贴法得到足够多数量的标题行：

❶ 选中标题行 A1:F1，复制

❷ 选中空白区域 A8:F12，粘贴

	A	B	C	D	E	F
1	工号	姓名	工资	奖金	补贴	合计
2	QY001	郭靖	5071	800	100	5971
3	QY002	孙悟空	4221	100	100	4421
4	QY003	杨过	5573	100	200	5873
5	QY004	韩战	7107	200	200	7507
6	QY005	周芷若	7719	700	200	8619
7	QY006	白浅	5600	100	200	5900
8	工号	姓名	工资	奖金	补贴	合计
9	工号	姓名	工资	奖金	补贴	合计
10	工号	姓名	工资	奖金	补贴	合计
11	工号	姓名	工资	奖金	补贴	合计
12	工号	姓名	工资	奖金	补贴	合计

再将新生成的标题行整行剪切
到明细数据前：

❸ 选中 8:12 行，复制

❹ 右键单击行号 2，选中该行

❺【插入复制的单元格】

❻ 用自动填充生成 1~6 的序数

❼ 将上一步生成的序数复制到
A7:A18 区域

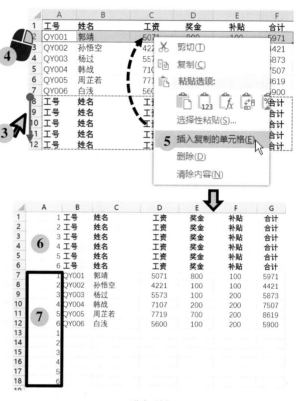

准备数据

步骤二：排列次序

单击 A1 按升序排序，即得到工资表的
雏形。

至此，就只剩下两项工作没有完成：
（1）对空行以外数据区域添加边框；
（2）删掉辅助排序的序数。

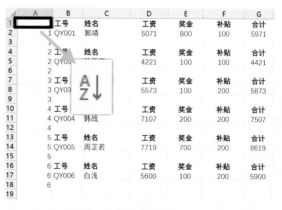

工资表雏形

步骤三：后期处理

❶ 按【工号】筛选，取消【空白】项，将所有空行隐藏起来
❷ 选中所有工资表数据，添加全边框
❸ 删除 A 列的辅助序数
❹ 取消筛选，展开工资条

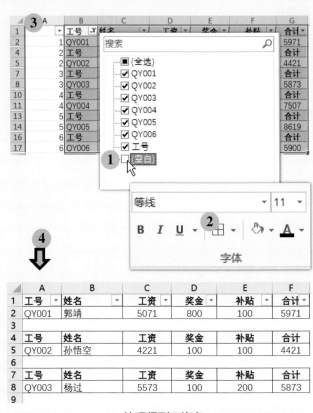

A	B	C	D	E	F
工号	姓名	工资	奖金	补贴	合计
QY001	郭靖	5071	800	100	5971
工号	姓名	工资	奖金	补贴	合计
QY002	孙悟空	4221	100	100	4421
工号	姓名	工资	奖金	补贴	合计
QY003	杨过	5573	100	200	5873

处理得到工资条

你也许用不着制作工资条，但是通过这个案例，却可以看到，各种技巧是如何联合操纵摆弄数据的。事实上，制作工资条还可以用 Word 邮件合并制作，也很高效。不管哪一种方法，核心的思想都是，将重复的操作尽可能地批量化、自动化完成。

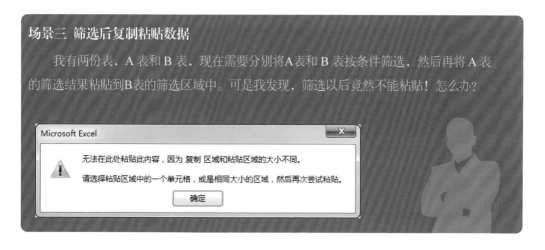

场景三　筛选后复制粘贴数据

　　我有两份表，A 表和 B 表，现在需要分别将A表和 B 表按条件筛选，然后再将 A 表的筛选结果粘贴到B表的筛选区域中。可是我发现，筛选以后竟然不能粘贴！怎么办？

什么啊？这个问题
看得我好晕啊～

　　我并不知道有多少人会碰到这样的问题。但是这位同学描述问题的方式，却是很多新手都需要格外警惕的：

~~把具体的操作方法当作目的来描述！~~

　　他的真正目的其实是，如何将A表中相同条件下的数据，填写到B表中。而筛选、复制、粘贴，这些统统都不是他的目的，只不过是达成目的的手段而已。我们都知道，要填写数据可以手工输入，可以复制粘贴，甚至可以用函数公式生成。而要按条件填写，可以筛选，也可以用函数公式查找匹配自动生成，甚至用 IF 函数判断各种条件后选择性地输出。

　　但是，当我们把操作方法当作目的的时候，就丧失了对数据结构、特点、功能特性的全局认识。而把眼光局限在某一个具体操作方法上，很容易就钻进死胡同。要玩转 Excel，我们需要探索精神，围绕目的，大胆假设，小规模验证，从而大批量实施。

　　筛选的本质是什么？是将符合特定条件的数据集中展示。而隐藏不符合条件的数据只不过是筛选的副作用而已。上面这位同学的目的很简单，就是能不能将符合条件的数据集中复制，集中粘贴，一次性批量化完成。那排序也可以按条件集合数据啊，在不用函数公式的情况下，是不是也可以先排序，把统一条件的数据都凑到一起，按同样的顺序排列，不就可以直接复制粘贴了？只要复制粘贴完成以后，再恢复原有的顺序就OK。

　　可是，好些"表哥表妹"知道怎么排序，却不知道……

场景四 排序以后如何恢复原来的顺序

我都忘记了是按照什么排序了，想要恢复到以前的顺序，却怎么都回不去了……

	A	B	C	D	E
1	产品名称	市场价	折扣价	采购数量	金额
2	消毒液	78	65	1	65
3	休闲慢跑鞋	429	369	1	369
4	小米	1798	1673	2	3346
5	女士秋衣	210	168	2	336
6	Vivo	1498	1409	1	1409
7	清洁套装	111	106	1	106
8	双开门冰箱	2898	2464	1	2464
9	高清智能电视	5988	5330	1	5330
10	Huawei	3596	2949	1	2949
11	保暖内衣	189	154	3	462
12	扫地机器人	1022	818	1	818
13	iPhone	5483	4387	4	17548
14	Oppo	1309	1257	1	1257
15	空气净化器	3984	3267	1	3267
16	纸巾	39	36	5	180
17	杜蕾斯	69	58	3	174

源数据

这份表缺了固定次序的序列。源数据中有一个不重复的序列很重要啊。

正常情况下，系统中的任何数据都是在特定时间下产生的，第一列通常都是时间记录，不存在此问题。

而其他数据表，则需要订单号、编号、工号、序号等作为每一行数据的唯一标记，就像每个人都有一个身份证一样。

解决方法其实很简单，再插入一个空列，生成一列序号作为排序辅助列，就再也不用担心排列顺序回不去了。

关键问题在于：

为什么按某个关键词排序就会操作，反过来恢复成原样就蒙圈了呢？

碰到实战问题之所以一筹莫展，前面已经说了主要的两大原因：

（1）对功能特性认识不够深；

（2）对问题的描述方法不对。

果然还是太嫩～
按方抓药总该会吧。

其中第一点原因再深入探究，无非3种情形：

（1）压根就没见识过 Excel 的厉害之处；

（2）对核心功能浅尝辄止，只知其一，不知其二；

（3）缺少针对应用场景的总结，不会围绕目的打组合拳。

　　下一页的整理数据思维导图，总结归纳了数据整理时的应用场景，以及各种核心功能在不同场景下的主要作用。它并非尽善尽美，但基本囊括了常见的情境。

　　黑色字部分是前面章节已经介绍过的，不知你掌握了几成功力。灵活组合运用这些基本功能，再结合生成数据、统计计算的方法，基本能解决表格使用中60%以上的问题。

　　谨记，数据结构越简单，处理效率就越高。我们费劲心思去整理数据，就是为了让数据准确、完整、结构清晰。

我也想简简单单，可是别人给的表格就
超复杂，臣妾办不到啊，肿么办……

　　确实，实际工作中总会碰到各种奇葩的、千奇百怪的、骨骼惊奇的表格，不是说改就能改的。如果是这样，用上述所学过的核心技能都搞不定，少年，你需要进修函数公式了。

　　绿色字部分是补充的技巧，可以看出，函数公式几乎无所不在。还有更多常用的函数公式用法马上为你揭晓。

整理数据

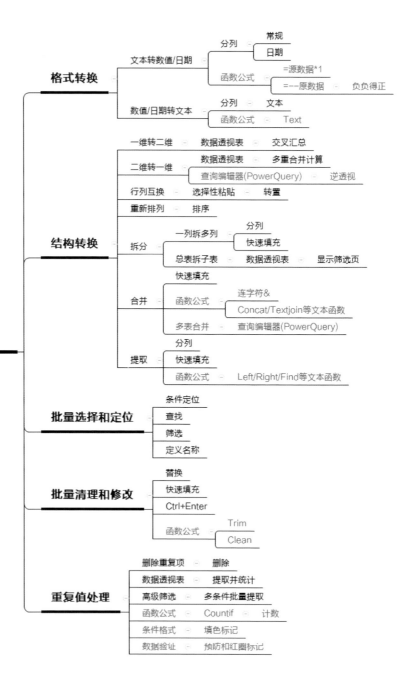

格式转换
- 文本转数值/日期
  - 分列
    - 常规
    - 日期
  - 函数公式
    - =源数据*1
    - =--原数据 — 负负得正
- 数值/日期转文本
  - 分列 — 文本
  - 函数公式 — Text

结构转换
- 一维转二维 — 数据透视表 — 交叉汇总
- 二维转一维
  - 数据透视表 — 多重合并计算
  - 查询编辑器(PowerQuery) — 逆透视
- 行列互换 — 选择性粘贴 — 转置
- 重新排列 — 排序
- 拆分
  - 一列拆多列
    - 分列
    - 快速填充
  - 总表拆子表 — 数据透视表 — 显示筛选页
- 合并
  - 快速填充
  - 函数公式
    - 连字符&
    - Concat/Textjoin等文本函数
  - 多表合并 — 查询编辑器(PowerQuery)
- 提取
  - 分列
  - 快速填充
  - 函数公式 — Left/Right/Find等文本函数

批量选择和定位
- 条件定位
- 查找
- 筛选
- 定义名称

批量清理和修改
- 替换
- 快速填充
- Ctrl+Enter
- 函数公式
  - Trim
  - Clean

重复值处理
- 删除重复项 — 删除
- 数据透视表 — 提取并统计
- 高级筛选 — 多条件批量提取
- 函数公式 — Countif — 计数
- 条件格式 — 填色标记
- 数据验证 — 预防和红圈标记

效率百倍的

CHAPTER 7

函数公式

学会函数公式能够更加高效率完成：

- 文本提取和数值格式转
- 复杂条件下的表格计算
- 高效核对、比较和检查表格
- 日期和年龄计算
- 查找和匹配数据

7.1 函数公式是 Excel 的灵魂

依靠智能表格、数据透视表、条件格式和图表，要在数据源的基础上进行计算分析和呈现输出，已经游刃有余。

▲ 数据源

▲ 计算分析

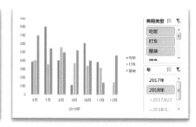
▲ 呈现输出

那为什么还要把函数公式单独拎出来花一个章节来介绍？我们知道，数据越规范，表格结构越简单，处理效率就越高。理想很丰满，但是现实很骨感，工作中总会碰到千奇百怪的表格和各种各样的复杂需求。所以，上一章我们就介绍了不少整理数据的相关技能。这些技能可以让我们面对复杂的数据和表格时，处理起来更加高效。

可是，巧妇难为无米之炊，如果我们有一份数据表：

（1）只有出生日期的数据，却没有年龄时，怎么按照年龄段进行分析？

（2）只有工资收入数据和税收标准时，怎么对每个人缴税情况进行分析？

（3）只有工号和姓名，却要按部门进行统计，该怎么完成任务？

函数公式，可以依据已有的数据，按照特定的规则计算生成新的数据。超强的计算能力，使它成为 Excel 中各种功能的左臂右膀。相信你已见识过，函数公式可以贯穿数据处理流程中的每一个环节。在函数公式的计算功力加成之下，录入数据、计算分析、快速可视化、图表呈现等技能的战斗力都能上升一个层次。

大神们都说："函数公式就是 Excel 的灵魂。"想要效率百倍，熟练掌握函数就对了！

可是……数学不好，总感觉函数公式好难啊！

当我得知 Excel 中包含 400 多个函数的时候，也被吓了一跳。"天啊，400多个，怎么学啊？"。幸运的是，我们并不需要学会每一个函数，只要能解决问题就行。如此一来，我们真正要学会的函数也就常用的10来个，都不算难。相反，掌握好它们，能够帮我们把工作变得简单，少加点班。接下来就从函数公式的基本操作开始，带你抽丝剥茧地解析函数公式的理念和实战应用。

7.2　函数公式极速入门

什么是公式？

公式就是能够自动计算结果的算式。等号（＝）是它的标记。例如，右图中 A1 单元格输入公式后按 Enter 键，会自动得到结果2。但是A2单元格的1+1前面没有等号，就只是文本，并不会计算出结果。

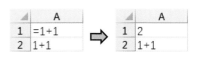

和我们所认识的加减乘除数学公式一样，Excel 中的函数公式也有加减乘除等运算规则。按照目的和规则书写公式，就能自动得到我们想要的结果。

Excel 公式和数学算式有什么区别？

两者大同小异，Excel 的个别运算符号，在写法上与数学算式有细微差别。例如：

计算方法	符号	公式写法示例	计算结果
乘以	*	=10*2	20
除以	/	=10/2	5
次方	^	=10^2	100
大于或等于	>=	=2>=1	True
小于或等于	<=	=2<=1	False
不等于	<>	=2<>1	True

除上面表格以外的加、减、等于、小于、大于、百分号等写法都和数学算式一模一样。

Excel 公式最主要的运算方式有 3 种：算数运算、比较运算和文本运算。算数运算的结果就是数值，比较运算的结果是 True（成立）或 False（不成立）。文本运算又是怎么一回事呢？

文本连接符 & 可以将 2 个以上的字符拼合成一串文本。

例如，右图中 A1 单元格的公式，运算符号是 &，结果就不是 2，而是11，而且这个结果也不是真数字，而是文本型的假数字。

▲ &的计算规则

当被连接的是文本、符号或日期时，都需要加上英文的双引号，就如上图 A2、A3单元格中的写法。日期如果没有加英文双引号，也能正常计算，但其中的斜杠会被当作除号处理。

Excel 公式中的运算也有优先级，例如，=3-2>1，返回的结果会是 False。因为首先计算 3-2=1，而 1>1 显然不成立。在 Excel 中各种运算方式的优先次序如下：

百分比 > 幂 > 乘和除 > 加和减 > 文本连接符 & > 比较运算符

如果要改变以上运算顺序，就必须用小括号（）包含起来。例如，下面两个公式：

=3-2*2　　　　　　结果为 -1
=(3-2)*2　　　　　　结果为 2

什么是相对引用和绝对引用？

引用是 Excel 公式最大的特色，只有灵活掌握公式的相对引用和绝对引用，才能四两拨千斤，真正发挥公式的最大功效。那到底什么是引用？

引用

如右图，A3 单元格中的公式使用了 A1 单元格的值作为计算参数，就称为引用了 A1单元格的值，该公式的计算结果就是 A1单元格的值。

▲ 引用的计算过程

引用的最大好处是，在公式输入以后，被引用的单元格内容一旦发生变更，公式计算结果会自动更新，不用修改公式结构。

相对引用

将包含相对引用的公式复制到其他地方时，引用位置会发生相对的位移，这就是相对引用。

例如，右图中 A3 的公式计算结果是"秋叶"，但是当选中 A3 并复制，然后粘贴到右方的 C3 时，公式计算结果变成了 0，因为它的引用位置同样横向移动2格，变成了 C1，而C1 是空单元格，计算结果为 0。

同样的，再粘贴到下方的 C7 单元格时，公式引用位置相对地向下移动 4 个单元格变成了 C5，结果也为 0。

利用相对引用的特性，我们就可以写一个公式，通过复制或填充，得到一批公式的计算结果，而不用手工修改。

例如，下图中在 B1 单元格输入公式 =A1，按 Enter 键完成输入后，双击该单元格右下角的填充柄向下自动填充，得到的结果就是相对应的A列内容，因为公式的引用位置全都自动发生了位移。

	A	B	C
1	秋叶		
2			
3	=A1		=C1
4			
5			
6			
7			=C5
8			
9			

▲ 复制 A3 种的公式到别处

	A	B	C
1	秋叶		
2			
3	秋叶		0
4			
5			
6			
7			0
8			
9			

▲ 计算结果不再是"秋叶"

	A	B
1	Word	=A1
2	Excel	
3	PPT	
4	职场技能	
5	69	
6		
7		

▲ 输入公式

	A	B
1	Word	Word
2	Excel	Excel
3	PPT	PPT
4	职场技能	职场技能
5	69	69
6		
7		

▲ 向下填充，公式结果自动变化

	A	B
1	Word	=A1
2	Excel	=A2
3	PPT	=A3
4	职场技能	=A4
5	69	=A5
6		
7		

▲ 因为公式会自动变化

绝对引用

和相对引用不同，采用绝对引用的公式，不管填充复制到哪里，引用位置都不会发生任何变化，始终锁定在原来的位置。

	A	B
1	Word	Word
2	Excel	Word
3	PPT	Word
4	职场技能	Word
5	69	Word

▲ 向下填充公式，结果不变

	A	B
1	Word	=$A$1
2	Excel	=$A$1
3	PPT	=$A$1
4	职场技能	=$A$1
5	69	=$A$1

▲ 第一个公式锁定

你应该也看出来了，绝对引用比相对引用多了两个美元符号 $，从而把引用位置锁定在了A1单元格，再向下填充公式时，引用位置就纹丝不动了。

A1 就是被钱 ($) 收买了呗~

切换引用方式

输入公式时，单击选择引用位置，默认的都是相对引用的方式添加到公式中。如果想要从相对引用变成绝对引用，怎么做呢？

如果习惯手工输入，你可以直接通过键盘输入美元符号 $。

不过，更简单的方法是，按F4键（部分电脑需要同时按Fn键）。

单元格的引用方式，总共有4种，在复制粘贴时，脾性不同：

引用方式	书写	含义
相对引用	B2	行列均改变
绝对引用	$B$2	行列均不变
混合引用	$B2	列标不变，行号会变
	B$2	列标会变，行号不变

不同的引用方式具体在什么场合下使用呢？

=A1

F4

=$A$1

F4

=A$1

F4

= $A1

▲ F4 键切换引用方式

不同引用方式的使用场景

以计算右表中的产品金额为例。数学公式的算法是：金额=单价×数量。

	A	B	C	D
1	产品	单价	数量	金额
2	纸巾	2	20	40
3	移动硬盘	500	1	500
4	Durex	10	10	100
5	口红	200	2	400
6	香水	600	1	600

只需要在 D2 单元格中输入一个公式：

=B2*C2

再把公式向下填充，就能得到全部产品的金额。

	A	B	C	D
1	产品	单价	数量	金额
2	纸巾	2	20	=B2*C2
3	移动硬盘	500	1	
4	Durex	10	10	
5	口红	200	2	
6	香水	600	1	

▲ 引用公式计算产品金额

如果表格变成了右图中的形式，每个月都共用一个固定单价，该如何计算每个月的费用？C5 中应该怎样输入公式？

▲	A	B	C
1	单价(元/度)		
2		2	
3			
4	月份	电量(度)	费用(元)
5	1	34	
6	2	50	
7	3	30	
8	4	40	
9	5	35	
10	6	35	

▲ 计算C列中的费用

如果 C5 输入的公式为：

=B5*A2

第一个单元格的结果肯定是正确的，但是当公式向下填充到其他行时，公式就会依次变为：

=B6*A3
=B7*A4
……

其他行的结果就会全部出错。

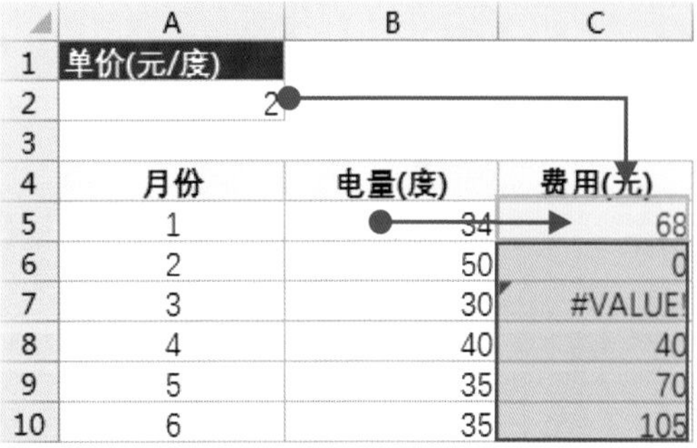

▲	A	B	C
1	单价(元/度)		
2		2	
3			
4	月份	电量(度)	费用(元)
5	1	34	68
6	2	50	0
7	3	30	#VALUE!
8	4	40	40
9	5	35	70
10	6	35	105

▲ 相对应用 A2 时，计算出错

所以，只有将 A2 的行锁定，变成绝对引用，才能得到全部正确结果：

=B5*$A$2

向下填充后，单价所引用的位置不会再变，公式依次为：

=B6*$A$2
=B7*$A$2
……

此案例中，由于仅仅是向下移动公式，而没有横向移动，所以使用 A$2 和 $A$2 的效果相同。

▲	A	B	C
1	单价(元/度)		
2		2	
3			
4	月份	电量(度)	费用(元)
5	1	34	68
6	2	50	100
7	3	30	60
8	4	40	80
9	5	35	70
10	6	35	70

▲ 绝对应用 A2 时，计算正确

相对引用和绝对引用在实际工作中的具体应用还有很多不同的场景，在第4章的条件格式整行变色中，就有详细的解析。

搞清楚引用方式的基本原理和区别，以后在书写公式时才能得心应手。当公式计算出现莫名其妙的结果时，引用方式也是需要重点检查的盲点。

什么是函数？

函数，就是 Excel 内置的一种计算规则。例如，要在 D7 单元格中计算购买所有产品的总金额。

如果按照普通公式的输入方法，完整的公式为：

=D2+D3+D4+D5+D6

	A	B	C	D
1	产品	单价	数量	金额
2	纸巾	2	20	40
3	移动硬盘	500	1	500
4	Durex	10	10	100
5	口红	200	2	400
6	香水	600	1	600
7	总计			1640

▲ 计算总金额

公式中的所有引用单元格可以直接单击选择，不用手工输入。即便如此，要完成公式，还是得输入4个加号，单击选择5次才能搞定。如果参与计算的单元格有上万个，怎么写得完？

所以，为了解决公式输入的效率问题，Excel 将一些固定的算法设定成函数，让函数按照指定的规则，自动将各个单元格组织计算，得到最终结果。上面的公式，可以换成函数公式：

=SUM(D2:D6)

得到的结果是一样的。但是即便求和的区域扩展到第10000行，也只需要修改引用的区域：

=SUM(D2:D10000)

你能想象出来，用普通公式的写法输入 9999 个加号，会是什么后果吗？

什么是函数？说白了，就是简化公式写法的一种"套路"。SUM函数就是内置了自动求和的套路，而参与该函数计算的区域 D2:D6 和 D2:D10000 就是它的参数。

不同的函数有不同的计算套路，例如，将 SUM 函数换成 MAX 函数，计算结果就变成了区域内的最大值，换成 AVERAGE 函数，计算结果就变成了区域内的平均值。而函数内定的算法，以及必须用到的参数类型、数量、顺序等计算规则，就是该函数的语法。

以下便是 SUM 函数的语法和含义。

= SUM(number1,[number2],...)
▲ 函数名称 ▲ 参数1 ▲ 参数2 ▲ 更多参数

记个英语语法就已经够晕的了，再来个函数语法……

含义：计算参数所代表数字区域的总和，至少需要1个参数，有多个参数时用英文逗号隔开，中括号中的为可选参数。

事实上，我们只要看得懂语法规则就行，完全不用去死记。即使忘记了某个函数的语法，在 Excel 中或百度上搜索函数名称，也能马上找到对应的语法和范例解析。

语法和参数，在解决实际问题过程中用多了，就自然熟悉了。况且，在输入函数过程中，还有很多贴心的自动补齐、提示等功能，可以帮助我们减少死记硬背的烦恼。

▲ Excel 2016 搜索框
（低版本可按 F1键后再搜索）

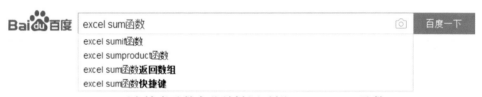

▲ 百度搜索函数名称关键词示例：Excel sum 函数

函数的正确输入方法

输入等号以后，继续输入函数名称开头的字母，Excel 就会自动匹配函数列表。输入越多字母匹配结果越精确，不记得后面的写法也没有关系，可以直接从列表中选择。

双击就可以选中该函数名称并自动完成。也可以通过按上下键上下移动，然后按Tab键自动补齐。

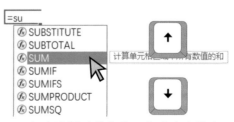

▲ 双击选择函数名称，自动完成输入

名称再长的函数，都可以通过这个方法完成，只输入前面几个字母，就自动补齐完整的函数名称及其后面的小括号

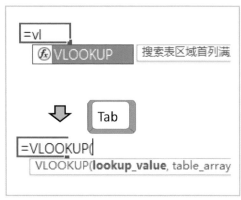

▲ 按Tab键自动补齐函数名称

以SUM函数计算总金额为例，完整的函数输入方法如下：

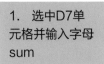
1. 选中D7单元格并输入字母 sum

	A	B	C	D	E	F
1	产品	单价	数量	金额		
2	纸巾	2	20	40		
3	移动硬盘	500	1	500		
4	Durex	10	10	100		
5	口红	200	2	400		
6	香水	600	1	600		
7	总计					
8						

▲ 在D7单元格计算总金额

2. 补全函数

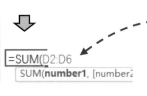
3. 选择区域，作为计算参数添加

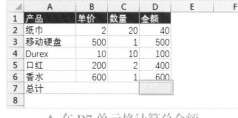

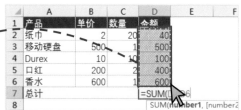

▲ 选择求和区域作为第一个参数

4. 完成输入，得到计算结果

7	总计			1640	
8					

▲ 用SUM函数计算总金额

参数中的运算符号

　　函数参数中，所有的运算符号都必须是英文半角符号，否则会出现计算错误。各个符号的含义如下。

　　逗号：隔开多个参数

=SUM(A1,B5)　　　'单元格 A1 和 A5中的数值之和

　　冒号：引用区域"到"

=SUM(A1:B5)　　　'从 A1 到 B5 之间的区域之和

　　叹号：引用其他工作表中的区域，表示"的"

=SUM(Sheet2!A1:B5)　　　'Sheet2 工作表的 A1:B5 区域之和

　　注意以下两种引用方式的区别

=SUM(**成绩**!A1:A5)　　　'成绩工作表的 A1:B5 区域之和
=SUM(**成绩**)　　　'名称为"成绩"的区域之和

　　放心，跨工作表引用时，工作表名称和叹号不用手工输入，你选择了别的工作表区域，名称和叹号就会自动显示出来。

函数的类别

函数有财务、逻辑、文本、日期和时间、查找和引用、数学和三角函数等类别，总共400多个函数。打开各类函数的列表，可以看到密密麻麻的英文名称，如果一个个去摸索学习就太艰难了。

▲ 按类别选择插入相应的函数

我们没有必要学会全部函数，只要熟练掌握少数几个核心的系列，就能够胜任 80% 以上的工作。下面就从 Excel 的两大核心派系和一系列常用函数出发，来掌握函数的用法：

（1）逻辑判断；

（2）查找匹配；

（3）常用函数。

7.3 聪明的 IF 和逻辑判断家族

利用条件格式的行可视化的规则，其实就是一种逻辑判断，根据条件判断结果是否成立，选择性输出不同的格式。它会让表格看起来更加"聪明"。而 IF 也一样，它可以根据条件是否成立，来选择性地输出结果，从而让函数计算变得更加灵活。

IF 函数和单个条件判断

上图便是 IF 函数的基本语法。举个简单的例子 =IF(唐僧=孙悟空的师傅，"是"，"否")，条件成立，所以这个公式的结果为文字"是"。

例如，下方的成绩表，要根据成绩自动填写证书一列。此时我们就需要根据成绩的高低来判断，什么时候填"有"，什么时候填"木有"。在写函数公式之前，务必先搞清楚判断条件和结果之间的逻辑关系。

	A	B	C
1	姓名	成绩	证书
2	张三丰	53	木有
3	孙悟空	86	有
4	小新	98	有
5	姜子牙	66	有
6	白子画	77	有
7	杨过	59	木有

▲ 用 IF 填写证书一列

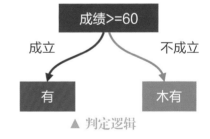

▲ 判定逻辑

按照上面的判定逻辑图，明确在 C2 中应该输入的公式为：

=IF(B2>=60,"有","木有")

C2 公式输入完成以后，向下填充，一个公式就得到了全部证书数据。

多条件逻辑函数 AND 和 OR

当判断的条件不止一个时，就需要联合 AND 或 OR 函数。从字面上就很好理解，AND 是"和""且"的意思，表示多个条件必须同时满足才能成立；OR 是"或"的意思，只要满足多个条件中的任意一个即成立。AND 和 OR 的语法结构一模一样，如下图所示：

$$=AND(logical1,logical2,...)$$

条件1　　　　条件2　　　　条件x

例如，还是填写下方的成绩表，这一次，如果要笔试和口语都及格才能有证书。该怎么输入公式，才能自动填写证书一列？

▲	A	B	C	D
1	姓名	笔试	口语	证书
2	张三丰	53	57	木有
3	孙悟空	86	45	木有
4	小新	98	68	有
5	姜子牙	66	87	有
6	白子画	77	34	木有
7	杨过	59	78	木有

▲ 红色标记为不及格成绩

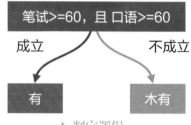

▲ 判定逻辑

按照上面的判定逻辑图，我们需要以 AND 函数的计算结果为判定条件，将 IF 中的判定条件由单一条件换成多条件判断，C2 单元格输入如下公式即可：

=IF(AND(B2>=60,C2>=60),"有","木有")

如果校长大发慈悲，只要笔试、口语任何一列的成绩及格就发证书呢？只需要将 AND 函数换成 OR 函数就可以了：

=IF(OR(B2>=60,C2>=60),"有","木有")

以上两个公式，都是函数里边嵌套函数的用法。这意味，任何函数中的所有参数，都可以是其他函数，只要嵌套的函数的计算结果符合参数类型要求即可。有了嵌套用法，函数公式就有了无限可能。

嵌套 IF 函数自动划分等级

有一位学生愤愤不平地向校领导反映，"60分发一个合格证书，100分也是发一个合格证书，怎么显示出我很厉害呢？不行，学校得分个等级，至少分出个优秀证书和一般证书嘛"。校长觉得很有道理，于是立下新规，以笔试和口试的平均分作为证书发放条件：

平均分≥80，发优秀证书

60≤平均分<80，发合格证书

平均分<60分，没有证书

这个函数公式又该怎么写呢？

不慌，既然是以平均分作为证书发放条件，那就先算出平均分，然后再拿平均分去做判定，新增一个平均分辅助列，在 D2 输入如下公式，计算平均分：

```
=AVERAGE(B2:C2)
```

	A	B	C	D
1	姓名	笔试	口语	平均分
2	张三丰	53	57	55
3	孙悟空	86	45	65.5
4	小新	98	68	83
5	姜子牙	66	87	76.5
6	白子画	77	34	55.5
7	杨过	59	78	68.5

▲ 先计算出平均分

向下填充公式算出全部平均分后，我们再来看看，如何按照平均分来划分等级：

	A	B	C	D	E
1	姓名	笔试	口语	平均分	证书
2	张三丰	53	57	55	木有
3	孙悟空	86	45	65.5	合格
4	小新	98	68	83	优秀
5	姜子牙	66	87	76.5	合格
6	白子画	77	34	55.5	木有
7	杨过	59	78	68.5	合格

▲ 红色标记为不及格成绩

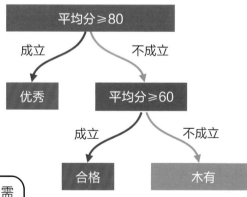

▲ 两层判定逻辑

判定逻辑越是复杂，越是需要手画分支图，捋清楚逻辑再动手才不会乱！

按照逻辑分支图，一层分支写一个 IF 函数。以 E2 单元格的公式为例，第一层 IF 函数是：

=IF(D2>=80,"优秀", 待判定)

由于只判定了大于等于80分的情况，小于80分还有两种情况：合格证书、没有证书。证书怎么发下去呢？所以，还要再继续用 IF 判断一次，第二层的判定公式为：

待判定=IF(D2>=60,"合格","木有")

将第二层的待判定公式代入第一层，合到一起，得到最终完整的公式：

=IF(D2>=80,"优秀", IF(D2>=60,"合格","木有")

到这一步，其实问题已经解决。 D2 的平均分也是由公式计算得来：

D2=AVERAGE(B2:C2)

将平均分计算公式代入，就可以在不做辅助列的情况下，直接得到等级划分结果：

=IF(AVERAGE(B2:C2)>=80,"优秀", IF(AVERAGE(B2:C2)>=60,"合格","木有")

	A	B	C	D	E
1	姓名	笔试	口语	平均分	证书
2	张三丰	53	57	55	木有
3	孙悟空	86	45	65.5	合格
4	小新	98	68	83	优秀
5	姜子牙	66	87	76.5	合格
6	白子画	77	34	55.5	木有
7	杨过	59	78	68.5	合格

▲ 输入公式后 D 列可以删除

很多函数高手不屑于使用辅助列，甚至鄙视使用辅助列的新手。可是，对于新手来说，辅助列更符合我们实际解决问题的思路，而且事后也可以清晰地看到解决问题的脉络，是更好的实践方法。毕竟，谁也不能保证，接收表格的人就一定是个高手啊！

辅助列至少有三好：
（1）问题易推导；
（2）修改少烦恼；
（3）交接更明了。

轻松使用 IF 函数的窍门

使用 IF 函数进行逻辑判断，有几个需要注意的细节，如果不留意，很可能就会出现错误。

强制换行，让公式更容易看懂

在输入 IF 多层嵌套公式时，如果按照常规的输入方法，全部连在一起，很容易出现嵌套关系混乱、括号放错位置、漏掉分隔逗号等错误，出错了还不好排查问题点。

| × | ✓ | *fx* | =IF(D3>=80,"优秀",IF(D3>=60,"合格","木有")) | ∨ |

有一个小技巧，可以让 IF 嵌套公式变得更加清晰明了，单击编辑栏右侧的下三角，展开完整的编辑栏。然后分别单击 IF函数名称前，按组合键 Alt+Enter强制换行。如此一来，就能够清清楚楚看到每一层公式的判定逻辑。

单个方向梳理逻辑，分支更清楚

要么从最高的等级开始分叉，要么从最小的等级开始逐级递推。让"树枝"沿一个方向生长，如此才能立马终结其中一个分支，避免出现两边兼顾时的混乱情况。

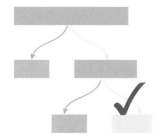
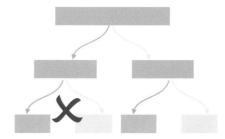

嵌套无限制，但头脑要清醒

还是前面的成绩表，如果要按平均分划分更多等级，如ABCDEF，你会怎么做？

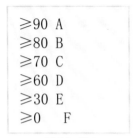

▲ 等级对照

▲ IF 函数嵌套公式

只要列好逻辑关系，用 IF 嵌套公式分行写法，写好一行多复制几行，然后再逐个修改，也很快就能够完成了。

但是公式嵌套太多层，修改维护不方便，也没那么好理解。如果先将各个等级的截点和对应的名称罗列出来，作一个参数区域，就能让公式变得更加简单。

	A	B	C	D	E	F	G	H
1	姓名	笔试	口语	平均分	证书		等级下限	等级名称
2	张三丰	53	57	55	E		0	F
3	孙悟空	86	45	65.5	D		30	E
4	小新	98	68	83	B		60	D
5	姜子牙	66	87	76.5	C		70	C
6	白子画	77	34	55.5	E		80	B
7	杨过	59	78	68.5	D		90	A

▲ 辅助用的等级对照参数

在 E2 中输入如下公式，再向下填充，也能得到全部对应的等级结果。

E2	=VLOOKUP(D2, G:H, 2, TRUE)

暂时不理解 VLOOKUP 函数的语法没有关系，后面还会详细解析。但是我们应该意识到：

（1）Excel 中解决同一个问题通常不止有一种方法；

（2）当我们用一种方法非常麻烦的时候，就应该意识到，可能存在最简单高效的方案。

怀有不断追求"偷懒"的信念，学习更省时省力的方法，是值得的。

　　逻辑类函数远不止这些，但是重点掌握 IF、AND、OR 3个就够了。除此以外，比较常用的逻辑函数还有 IFERROR、NOT、IFS（2016版新增）等，语法大同小异，后面再结合实际场景介绍具体用法。本书最后一章也会附上这些函数的功能和用法简介，暂且不必纠结。

7.4　VLOOKUP 和查找匹配家族

　　VLOOKUP 是表界出镜率最高的函数，没有之一，因为：

> 按工号从另一张表查找对应的姓名性别等信息—— VLOOKUP
> 按照等级对照表，将绩效评分和等级 一一匹配—— VLOOKUP
> 核对两张表中重复的记录—— 还是 VLOOKUP
> ······

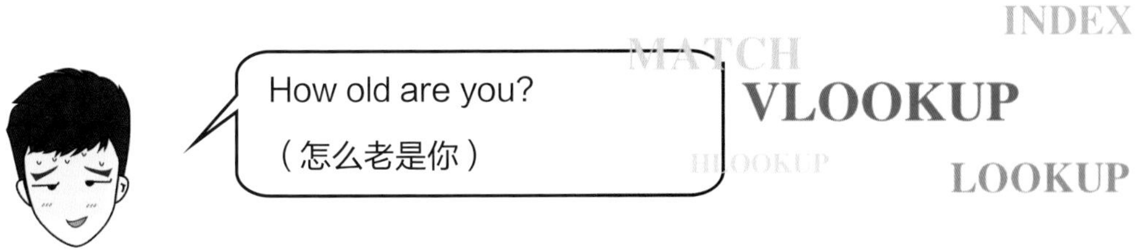

How old are you?

（怎么老是你）

MATCH
INDEX
VLOOKUP
HLOOKUP
LOOKUP

　　Excel 中查找匹配数据的情形实在太常见，以 VLOOKUP 为核心的查找匹配家族自然频频露脸。VLOOKUP 和 IF 两大派是 Excel 函数中当之无愧的效率之王。

　　接下来，就从 VLOOKUP 开始重点学习查找匹配数据的各种基本用法。然后再看，碰到公式出错、异常时如何处理。

查询首选 VlOOKUP 函数

只要碰到从一张表中查询并列出匹配信息的情形，首先要考虑的就是"VLOOKUP 能不能做到？"VLOOKUP 函数的语法和功能如下。

=VLOOKUP(lookup_value,table_array,col_index_num,range_lookup)

| 用谁去找 | 匹配对象的范围 | 返回第几列的值 | 匹配方式 |

VLOOKUP 函数总共有 4 个参数。只看参数和语法，我们很难读懂一个函数的具体功能和用法，只有结合实例，才更好地理解。以下面的表格为例，想要在 H2 单元格自动得出工号为 FL005 的员工的姓名，应如何输入VLOOKUP函数呢？

	A	B	C	D	E	F	G	H	I	J
1	工号	姓名	性别	部门	奖金		工号	姓名		
2	FL001	黑寡妇	女	复联	100		FL005	万磁王		
3	FL002	美国队长	男	复联	300					
4	FL003	钢铁侠	男	复联	100					
5	FL004	绿巨人	男	复联	300					
6	FL005	万磁王	男	X战警	100					
7	FL006	魔形女	女	X战警	100					
8	FL007	凤凰女	女	X战警	300					
9	FL008	金刚狼	男	X战警	500					
10										
11										
12										

▲ 在 H2 单元格计算得出和工号相匹配的姓名

在H2中输入如下公式就能自动得到结果，其中False代表精确匹配，查找一模一样的数据。

```
=VLOOKUP(G2,A:E,2,False)
```

公式含义为：用 G2 单元格的值（FL005），去查找范围（A:E）中匹配第一列（A列）中的数据，找到一模一样的数据（工号）之后，返回查找区域内第2列中同一行的数据，也就是姓名。

如果要返回的是性别呢？把返回列改成 3。

如果要返回的是部门呢？把返回列改成4。

……

依次类推。

使用 VLOOKUP 函数，写一个公式，就能自动实现批量查找匹配对应的信息。例如，将公式向下填充后，只要 G 列中有工号，并且这个工号在 A 列到 E 列中存在，就能找到它对应的姓名，修改查找的对象，结果也会自动更新。例如，将 G2 修改成 FL001，姓名自动变成【黑寡妇】。

▲	A	B	C	D	E	F	G	H	I	J
1	工号	姓名	性别	部门	奖金		工号	姓名		
2	FL001	黑寡妇	女	复联	100		FL001	黑寡妇		
3	FL002	美国队长	男	复联			FL003	钢铁侠		
4	FL003	钢铁侠	男	复联			FL007	凤凰女		
5	FL004	绿巨人	男	复联	300		FL010	#N/A		
6	FL005	万磁王	男	X战警	100			#N/A		
7	FL006	魔形女	女	X战警	100					
8	FL007	凤凰女	女	X战警						
9	FL008	金刚狼	男	X战警						
10										

A 列中不存在

未填写工号

▲ 填充公式实现批量查询

由于 G5 的工号 FL010 在 A 列中不存在，找不到一模一样的结果，所以返回错误值 #N/A，G6 单元格中没有填写工号，自然也找不到匹配的姓名，所以结果同样是错误值。

上面的案例，公式生成的数据和查找匹配的数据在同一个工作表中。而实际工作中，这两类数据通常分居两张不同的表。只要清楚 VLOOKUP 的计算规则，输入方法都是一样的，只不过在选择查找匹配的范围时，要去另外一张工作表中选择而已。

▲	A	B
1	工号	姓名
2	FL001	黑寡妇
3	FL003	钢铁侠
4	FL007	凤凰女
5	FL010	#N/A
6		
7		
8		
9		

▲ 数据表

▲	A	B	C	D	E
1	工号	姓名	性别	部门	奖金
2	FL001	黑寡妇	女	复联	100
3	FL002	美国队长	男	复联	300
4	FL003	钢铁侠	男	复联	100
5	FL004	绿巨人	男	复联	300
6	FL005	万磁王	男	X战警	100
7	FL006	魔形女	女	X战警	100
8	FL007	凤凰女	女	X战警	300
9	FL008	金刚狼	男	X战警	500

▲ 基础信息表

B2	=VLOOKUP(A2,基础信息表!A:E,2,False)

查找并返回多列结果：MATCH 函数

查找一个对象，返回一个匹配的结果，这种单挑式的查询，我们把它称为1对1查询。有时候，我们可能需要查找一个对象，返回多列匹配的结果，就是1对多查询。例如，查找下表中黄色区域的工号，返回红色区域3个匹配的数据。

	A	B	C	D	E	F	G	H	I	J
1	工号	姓名	性别	部门	奖金		工号	姓名	部门	奖金
2	FL001	黑寡妇	女	复联	100		FL005			
3	FL002	美国队长	男	复联	300					
4	FL003	钢铁侠	男	复联	100					
5	FL004	绿巨人	男	复联	300					
6	FL005	万磁王	男	X战警	100					
7	FL006	魔形女	女	X战警	100					
8	FL007	凤凰女	女	X战警	300					
9	FL008	金刚狼	男	X战警	500					
10										
11										

我们当然可以在红色区域的每个单元格里分别输入公式，从而自动算出匹配的姓名、部门和奖金。但是这样复制粘贴再修改的效率还是太低。

H2	=VLOOKUP(G2, A:E, 2, FALSE)

I2	=VLOOKUP(G2, A:E, 4, FALSE)

J2	=VLOOKUP(G2, A:E, 5, FALSE)

仔细观察3个公式的结构不难发现，除了第3个参数【返回第几列】的数值不一样以外，其他所有的结构和参数都一模一样。那如果这个红色的数值能够根据当前单元格的位置，自动算出来，是不是用一个公式就能够搞定呢？

H2:J2	=VLOOKUP(G2, A:E, **自动计算**, FALSE)

为了实现一个公式就能自动计算得出匹配的姓名、部门、奖金，我们还得学习另外一个查找匹配函数：MATCH 函数。

MATCH 函数用于查找对象在一组数据中的具体位置，返回一个数值结果。它的参数和语法与 VLOOKUP 极为相似，但是比 VLOOKUP 还要简单。因为，它比 VLOOKUP 少了一个参数。

=MATCH(lookup_value,lookup_array,match_type)

用谁去找	匹配一组数据	匹配方式

MATCH 用法示例 1

	A	B	C	D
1	黑寡妇		姓名	第几个
2	美国队长		绿巨人	4
3	钢铁侠			
4	绿巨人			
5	万磁王			

▲ 表格

输入函数公式，查找【绿巨人】在A列中的位置是第几个，返回结果。

▲ 任务要求

在 D2 单元格中输入如下公式就能算出结果是 4。

D2	=MATCH(C2,A:A,0)

公式含义：在 A 列中查找 C2 单元格的值（绿巨人），返回所在位置第【 4 】行。

MATCH 用法示例 2

横向的一行数据，同样可以用Match查找匹配，返回对应的位置。例如，H2中输入公式 =MATCH(H1,A1:E1)，"姓名"在A1:E1中处在第2个，所以公式计算结果返回的是2。依此类推，部门是第4个，结果返回4；奖金是第5个，结果就返回5。2、4、5刚好对应了A1:E1范围内的第2、4、5列。

	A	B	C	D	E	F	G	H	I	J
1	工号	姓名	性别	部门	奖金			姓名	部门	奖金
2								2	4	5
3										

H2	=MATCH(H1,$A$1:$E$1,0)

VLOOKUP + MATCH 用法示例：

用 MATCH 函数自动计算得到的动态结果第【N】列，就可以作为 VLOOKUP 函数中的第3个参数，从而实现查找一个对象，返回多个结果的一对多查询。

	A	B	C	D	E	F	G	H	I	J
1	工号	姓名	性别	部门	奖金		工号	姓名	部门	奖金
2	FL001	黑寡妇	女	复联	100		FL005	万磁王	X战警	100
3	FL002	美国队长	男	复联	300					
4	FL003	钢铁侠	男	复联	100					
5	FL004	绿巨人	男	复联	300					
6	FL005	万磁王	男	X战警	100					
7	FL006	魔形女	女	X战警	100					
8	FL007	凤凰女	女	X战警	300					
9	FL008	金刚狼	男	X战警	500					
10										
11										

在 H2 单元格中输入如下公式后，向右填充公式，就能自动算出姓名、部门和奖金。

H2:J2	=VLOOKUP($G2, $A:$E, MATCH(H$1, $A$1:$E$1, 0), FALSE)

其中 MATCH 函数的含义详见上一页的示例 2。特别留意公式中需要 $ 锁定的位置，如果没有锁定，结果就可能会出错。用此公式，书写一次，就能搞定下表中的全部查询结果。

	A	B	C	D	E	F	G	H	I	J
1	工号	姓名	性别	部门	奖金		工号	姓名	部门	奖金
2	FL001	黑寡妇	女	复联	100		FL005	万磁王	X战警	100
3	FL002	美国队长	男	复联	300		FL003	钢铁侠	复联	100
4	FL003	钢铁侠	男	复联	100		FL004	绿巨人	复联	100
5	FL004	绿巨人	男	复联	300		FL008	金刚狼	X战警	100
6	FL005	万磁王	男	X战警	100					
7	FL006	魔形女	女	X战警	100					
8	FL007	凤凰女	女	X战警	300					
9	FL008	金刚狼	男	X战警	500					
10										

选中H2:J2，向下填充公式

该用法看起来有点复杂，但并没有要求你一次性写对啊。只要掌握了相对引用、绝对引用的区别，发现错误了，就重新调试，多试几次，总能写出来的。学函数公式，最紧要的就是动手，边做边观察、调试。

从右向左逆向查找：INDEX 函数

使用 VLOOKUP 查找匹配有一个必备的前提条件，那就是查找对象必须在匹配范围内的首列，否则无法找到结果。例如，下表中的公式还是原来的 VLOOKUP 公式，但是由于查找范围中，工号在第2列，结果返回了错误值#N/A。

	A	B	C	D	E	F	G	H	I	J
1	姓名	工号	性别	部门	奖金		工号	姓名		
2	黑寡妇	FL001	女	复联	100		FL005	#N/A		
3	美国队长	FL002	男	复联	300					
4	钢铁侠	FL003	男	复联	100					
5	绿巨人	FL004	男	复联	300			发生错误		
6	万磁王	FL005	男	X战警	100					
7	魔形女	FL006	女	X战警	100					
8	凤凰女	FL007	女	X战警	300					
9	金刚狼	FL008	男	X战警	500					
10										
11										

▲ 工号不在匹配范围内第 1 列

H2	=VLOOKUP(G2,A:E,2,False)

怎么办？最简单的方法当然是，将【工号】列移动到【姓名】列前面去，以满足 VLOOKUP 只能从左向右查询的特性啊。所以，我们在记录数据时，一般都是将标示该行记录独一无二的关键索引放在数据源的首列，如日期时间、序号、工号、编号、流水号等。这样我们要查找匹配数据就变得非常简单。

但是，有的数据表行列都是固定的，不允许更改次序，又该怎么办？VLOOKUP已经无法办到了，就只能请出另外一个查找引用的函数 INDEX 来帮忙。

=INDEX(array,row_num,column_num)

一个区域	行序	列序

公式含义为：在给定的区域内，返回第几行第几列的值。例如，=INDEX(B2:E7,4,3)，意思是返回B2:E7区域内第4行第3列的值，也就是 D5 单元格中的值，详细图示如下所示。

▲ 公式=INDEX(B2:E7,4,3)的计算结果为行序列序交叉处的【返回值】

INDEX 和 MATCH 函数刚好能够互补，用 MATCH 查找匹配可以得到位置信息作为行/列序。INDEX 函数就可以将其纳为数，返回区域中交叉点的值。详细公式和计算结果如下。

▲ INDEX 函数匹配结果

H2 单元格的公式和具体含义如下。

H2	=INDEX(A:A,MATCH(G2,B:B,0))

公式含义：先用 MATCH 函数查找工号 FL005，返回该工号在 B 列中的位置（第 6 行），MATCH 所得的位置为 6，然后 INDEX 函数将 MATCH 所得的结果作为【行序】参数，返回 A 列中第 6 行的值（万磁王）。由于 INDEX 区域参数只有一列，列序省略不填。

按区间查找和匹配等级

VLOOKUP 函数有两种匹配模式：TRUE-模糊匹配，FALSE-精确匹配。英文单词和匹配模式的对应关系，我们也不用去记，在输入该参数前面的逗号分隔符以后，就会自动浮窗提示，按需要选择就可以了。在前面几种查找匹配用法中，都是查找一模一样的数据，称为【精确匹配】。那【模糊匹配】会是什么结果，有什么用呢？

=VLOOKUP(lookup_value,table_array,col_index_num,range_lookup)

用谁去找	匹配对象的范围	返回第几列的值	匹配方式

TRUE - 近似匹配
FALSE - 精确匹配

在下表的 E2 单元格中输入相同的 **VLOOKUP** 函数公式，分别采用两种匹配模式。将公式向下填充后，查找匹配的结果有所差异。

=VLOOKUP(D2,A:B,2,False)

	A	B	C	D	E
1	得分	姓名		得分	姓名
2	0	黑寡妇		60	钢铁侠
3	30	美国队长		69	#N/A
4	60	钢铁侠			
5	70	绿巨人			
6	80	万磁王			
7	90	魔形女			
8					

▲ 精确匹配
在A列中找不到69这个分数时，
返回错误值

=VLOOKUP(D2,A:B,2,TRUE)

	A	B	C	D	E
1	得分	姓名		得分	姓名
2	0	黑寡妇		60	钢铁侠
3	30	美国队长		69	钢铁侠
4	60	钢铁侠			
5	70	绿巨人			
6	80	万磁王			
7	90	魔形女			
8					

▲ 模糊匹配
当找不到69这个分数时，自动匹配
比69小且靠69最近的数据

这一招常用来按区间、等级查找和匹配。现在回看 7.3 节最后的 VLOOKUP 公式，能读懂怎么回事吗？

注意：
用 VLOOKUP 模糊匹配模式，必须先将匹配范围内的数据，按照从小到大升序排序。

查找匹配函数家族

VLOOKUP 精确匹配查找，VLOOKUP+MATCH匹配返回多列数据，INDEX+MATCH实现从右向左的逆向查找，VLOOKUP模糊匹配区间和等级，这些都是查找匹配数据中非常经典的应用。

查找匹配函数家族及其用法远远不止这些。由于篇幅所限，无法一一展开详细解析。但它们的功能、语法都大同小异，没有必要一一深究。

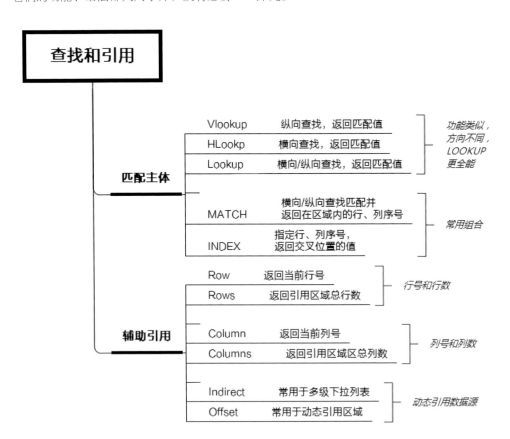

经过 30 多年的挖掘，函数高手们早已经将这些常用函数的各种用法研究透彻，并将教程分享到了网络上。所以，在你需要用到时，学会结合百度搜索和 Excel 帮助文件解决问题，要比一一记住它们更加关键。

巧用搜索解决具体问题

正因为数据表千变万化，我们面对的表格，可能和书本、课程所教的套路不一样。如果不会利用搜索引擎解决问题，那就白白浪费了一个巨大的资源库。

百度搜索

当我们明确知道某个函数可以解决问题，想要了解其用法和原理时，可以这样搜索关键词：Excel 函数名称 [用法] [大全]，例如：

▲ 百度搜索函数用法

如此便能找到该函数相关的教程、经典案例，集中学习，然后去解决问题，在解决问题的过程中就能加深并巩固对该函数的理解和认识。

当我们在使用某个函数时碰到错误，还可以搜索关键词：Excel 函数 [函数名称] 错误。就可以找到常见的问题，甚至可以加上更加详细的错误类型关键词。

▲ 百度搜索函数错误

当我们不清楚或者不记得该用什么函数可以解决问题时，可以从问题中抽取关键词去搜索，搜索关键词组合：Excel 问题关键词1 [关键词2]。

▲ 百度搜索函数

同一个问题可能用不同的函数、不同的功能都可以实现，利用问题关键词去搜索，有时候反而能够找到更多解决方法。例如，行列互换，既可以用选择性粘贴（转置），又可以用 TRANSPOSE 函数。

搜索官方帮助文件（按 F1键 或打开网址https://support.office.com/）

Excel 自带的帮助文件也是学习函数用法的好资源。由于官方帮助文档是机器翻译的，它的语法描述比较生涩难以理解，所以很多表哥表妹都对它不屑一顾。然而，帮助文件中最有价值的地方，是每一个函数说明后面的示例部分。

可以按照示例提示将其中的表格复制粘贴到 Excel 表格中，然后对照各种不同的情形，进行调试，能很直观地看到常规用法，甚至是各种意外情况，不同数据类型下的计算差异等。再对比前面的参数限制要求说明，就能对该函数的功能和具体用法理解得更加透彻。

示例

复制下表中的示例数据，然后将其粘贴进新的 Excel 工作表的 A1 单元格中。要使公式显示结果，请选中它们，按 F2，然后按 Enter。如果需要，可调整列宽以查看所有数据。

公式	说明	结果
=OFFSET(D3,3,-2,1,1)	显示单元格 B6 中的值 (4)	4
=SUM(OFFSET(D3:F5,3,-2, 3, 3))	对数据区域 B6:C8 求和	34
=OFFSET(D3, -3, -3)	返回错误值，因为引用的是工作表中不存在的区域。	#REF!
	数据	数据
	4	10

▲ OFFSET 函数的帮助文件 示例部分

VLOOKUP 和查找匹配注意事项

表格规范、结构简单的情况下，用 VLOOKUP 非常轻松。偏偏在实际工作中会碰到各种意外，导致出现错误。别慌，下面教你排查错误的方法。

	A	B	C	D	E	F	G	H
1	工号	姓名	性别	部门	奖金		工号	姓名
2	FL001	黑寡妇	女	复联	100		FL001	#NAME?
3	FL002	美国队长	男	复联	300			
4	FL003	钢铁侠	男	复联	100			
5	FL004	绿巨人	男	复联	300			
6	FL005	万磁王	男	X战警	100			
7	FL006	魔形女	女	X战警	100			
8	FL007	凤凰女	女	X战警	300			
9	FL008	金刚狼	男	X战警	500			

#NAME?
#REF！
#VALUE!
#N/A

▲ VLOOKUP 函数常见错误类型

碰到错误时，一般都会有线索可循。依据线索去探查问题根源所在，效率会更高。接下来就从简单、容易解决的错误开始，逐一排查。

函数名称错误

出现该错误，通常是函数名称中的字符错了、漏了、多了、顺序弄错了，或者函数参数中多了不该有的标点符号。

#NAME?

=VLOKUP(G2,A:E,2,0)　　=VLOOOKUP(G2,A:E,2,0)　　=VLOOKUP("G2,A:E,2,0)

　▲ 少了字母" O"　　　　▲ 多了字母" O"　　　　▲ 多了双引号

以上范例仅供参考，实际情况可能不完全一致。出现这类问题，通常是太自信，采用手工输入完整函数公式造成。采用 Tab 键自动补齐，严格按照函数即时提示输入，可以减少此类错误。

=VLO
(fx) VLOOKUP　　搜索表区　　　➡　　=VLOOKUP(
　　　　　　　　　　　　　　　　　VLOOKUP(lookup_value, table_ar

▲ 按提示输入函数

值错误

VLOOKUP中缺少返回值的参数时，就会出现该错误。

#VALUE!

=VLOOKUP(G2,A:E,0)

▲ 缺少返回第几列参数，无法返回结果

引用错误

当函数中所引用的位置不存在时，会导致该错误。使用VLOOKUP函数，容易出现以下两种情况。

#REF！

=VLOOKUP(#REF!,A:E,2,0)　　　　=VLOOKUP(J18,A:E,8,)

▲ 引用的单元格、区域被删除时　　▲ 匹配范围A:E总共只有5列，返回第8列超出范围

找不到数据

虽然完成公式后，显示错误值#N/A，不一定是公式本身出错。此错误值表示在匹配范围内找不到和查找对象匹配的数据，很可能是正常情况。还可以利用这一特性，核对A表数据是否存在于B表中。

#N/A

工号	姓名
FL010	#N/A

如果非常确定，在目标表格中有该数据，却还是匹配不出来时，就要检查以下3种情况：

（1）查找对象在查找范围内是否处于第1列（必须是，否则就会出错）；

（2）匹配范围有没有包含完整的数据区域（必须包含，否则找不到）；

（3）数据是否规范、一致（看编辑栏中的真实内容，必须一模一样）。

	A	B
1	姓名	工号
2	黑寡妇	FL001
3	美国队长	FL002
4	钢铁侠	FL003

▲ 1. 工号必须排在前面，并且匹配范围从工号所在列开始

	A	B	C
1	姓名	工号	性别
2	黑寡妇	FL001	女
3	美国队长	FL002	男
4	钢铁侠	FL003	男

	G	H
	工号	姓名
	FL003	#N/A

=VLOOKUP(G2,A1:C3,2,0)

▲ 2. 引用红框内的区域作为匹配范围，要查找的对象 FL003 却在区域外

FL001		FL001		工号		FL001		1
FL001		FL01		FL001				

▲ 3-1 查找对象和匹配对象，其中之一有多余的空格　　▲ 3-2 字符错漏，对不上　　▲ 3-3 因数字格式影响，显示效果相同，但编辑栏中看到的真实内容却不一样

不就是做个查找匹配吗？怎么那么麻烦啊~

都说 VLOOKUP 是最娇气的函数，参数多，每一个参数的类型还不一样，一不小心就会出错。可是，数据规范性是任何时候都要特别留意的，函数名称的拼写、符号的书写都有规律，只要熟练了就好。总结来说，当 VLOOKUP 函数出错时，无非做这 4 件事：

（1）检查函数拼写和符号是否完全正确；

（2）检查每一个参数是否按要求填写；

（3）检查引用区域是否包含查找对象（特别是批量填充公式时，引用范围是否需要锁定）；

（4）数据源是否规范一致。

要享受函数公式带来的便利，确实需要多点细心和耐心！

7.5 常用函数及应用实例

掌握逻辑判断和查找匹配两大函数家族，就能够解决 60% 以上的函数公式应用问题。有一些特殊的计算需求，需要综合运用更多函数才能搞定。

就像学英语要有词汇量积累一样，要达到灵活运用，积累一些常见的经典函数公式用法也很有必要。

数值取整和四舍五入

带小数的数据非常常见，如金额、成绩、指数、比率等。四舍五入保留小数点的位数，通过数字格式可以轻松搞定。

但是只保留整数、只保留小数、保留小数但不四舍五入……怎么办？

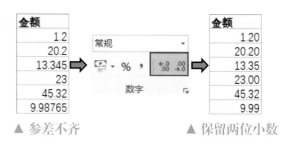

▲ 参差不齐　　　　　▲ 保留两位小数

Excel 中有一系列用来对数值进行取舍的函数，学几个常用的就够了。

四舍五入（ROUND）

=ROUND(number,num_digits)

原数字　　　　保留位数　　位数可以是正数、0、负数

ROUND 强制保留设定的小数位数，四舍五入（这是什么意思就不用解释了吧？）。以下是同一个数字在保留不同位数时的计算结果。

	A
1	68.938

公式	计算结果
=ROUND(A1,2)	68.94
=ROUND(A1,1)	68.9
=ROUND(A1,0)	69
=ROUND(A1,−1)	70

全舍和全入（ROUNDUP 和 ROUNDDOWN）

ROUND 还有两个同胞兄弟，语法参数都一模一样，但是运算方法不同。用ROUND函数保留 2 位小数时，如果第 3 位的数字 ≥ 5，第 2 位小数要 + 1。

UP 就是向上舍入。例如，保留 2 位小数，那就不管第 3 位是否大于 5，只要不是 0，第2位小数都 + 1。DOWN 是向下舍弃。例如，保留 2 位小数时，第 3 位后的数字全部不要，第 2位也不+1。示例如下。

ROUND 函数组都对原数字保留 1 位小数的计算结果

原数字	ROUND	' UP	' DOWN
0.74	0.7	0.8	0.7
0.75	0.8	0.8	0.7
0.79	0.8	0.8	0.7

函数计算和数字格式有本质区别，函数是真的把数字给砍了，更改数字格式还是可以显示成两位小数的，只不过不足的位数会被 0 占位，不信你可以试试看。

分别截取整数和小数部分（INT）

单独提取一个数字的整数部分，可以用取整函数 INT，而用原数字减去整数部分，得到的结果就是小数部分啦。INT 特别简单，只有一个参数。

=INT(number)　　　　　　原数字

利用函数公式提取整数和小数部分的效果如下图所示。

原数字	取整 INT(原数字)	小数=原数字-INT(原数字)
1.1	1	0.1
20.015	20	0.015

原数字是负数的小数时，INT 会向下取整，保留比原数字小的最近整数，所有负数直接取整通常还可以用另外一个函数 TRUNC。此特殊情况，了解即可，碰到时可调试解决。

文本合并和提取处理

数据的类型除了数值，就是文本。文本处理也是"表哥表妹"的高频需求。

怎么将多个单元格合并呢？

如何截取其中的个别字符？

接下来介绍几种最常用到的文本函数和处理技巧。

拼接单元格和字符（&）

如何设置下表 A1 单元格中的标题，才能让标题跟随橙色单元格的值自动变化？

	A	B	C	D	E
1	2018年英语成绩表				
2	姓名	成绩	证书		年份
3	张三丰		53	木有	2018
4	孙悟空		86	有	
5	小新		98	有	
6	姜子牙		66	有	
7	白子画		77	有	
8	杨过		59	木有	

	A	B	C	D	E
1	2019年英语成绩表				
2	姓名	成绩	证书		年份
3	张三丰		53	木有	2019
4	孙悟空		86	有	
5	小新		98	有	
6	姜子牙		66	有	
7	白子画		77	有	
8	杨过		59	木有	

我们可能经常需要重复用到某些图表、表格，如果能够让这些标题自动更新，就会减少很多修改的麻烦。利用连字符 & 就能够将多个数据拼接到一起。要实现上表中的动态标题，只需在 A1 输入如下公式：

```
=E3& "年英语成绩表"
```

用连字符 &，将 QQ 号变 QQ 邮箱也很简单：

493847848   → 493847848@qq.com

知道怎么做了吗？

合并多个文本（CONCAT）

高效率的 Excel 技法，最核心的思想就是分离！将数据拆分成最小单元，就能够利用自动填充、函数公式等功能，批量化地处理重复的、有规律的内容。

例如，下表A、B、C、D4列中，只有黄色区域是完全不一样需要单独输入的，其他相同的内容就可以利用各种学过的技巧快速生成。而利用函数公式，又可以快速地将它们合并，批量生成 E 列中完整的课程名称。

	A	B	C	D	E
1	和	秋叶	一起学	WORD	和秋叶一起学WORD
2	和	秋叶	一起学	Excel	和秋叶一起学Excel
3	和	秋叶	一起学	PPT	和秋叶一起学PPT
4	和	秋叶	一起学	职场技能	和秋叶一起学职场技能
5	和	阿文	一起学	信息图表	和阿文一起学信息图表
6	轻松	笔记：职场精英都在学的手账术			轻松笔记：职场精英都在学的手账术
7	轻松	手绘：用简笔画提升你的竞争力			轻松手绘：用简笔画提升你的竞争力

那么问题来了，如何合并前面几列文本生成 E 列中的数据呢？

在 E1 输入如下公式，向下填充就能得到整列合并结果。

```
=A1&B1&C1&D1
```

但是这也太麻烦了，用合并文本函数CONCT，如果要得到同样的合并结果，可以一次性选择整个待合并的区域。它的输入方法明显简单得多！

=CONCAT(text1,...) | 文本/区域1 | 文本/区域2 | ... |

```
=CONCAT(A1:D1)
```

CONCAT 函数是 2016 版新增福利，2013 版 CONCATENATE 功能也与之相同，但是更早的版本，就享受不到啦~

带分隔符合并多个文本（TEXTJOIN）

用A:E区域中的数据合并生成F列中的地址信息，怎么做？

	A	B	C	D	E	F
1	国家	省	市/区	详细地址	邮编	快递地址
2	中国	广东省	广州市	小蛮腰	510000	中国，广东省，广州市，小蛮腰，510000
3	中国	北京市	东城区	故宫	100000	中国，北京市，东城区，故宫，100000
4	中国	湖北省	武汉市	汉秀	430000	中国，湖北省，武汉市，汉秀，430000
5	中国	四川省	成都市	九寨沟	623400	中国，四川省，成都市，九寨沟，623400
6	中国	福建省	厦门市	鼓浪屿	361000	中国，福建省，厦门市，鼓浪屿，361000

没错，用连接符&同样可以做到，但是还有更简单的函数公式可以用，那就是 TEXTJOIN。

=TEXTJOIN(delimiter,ignore_empty,text1,...)

分隔符	是否忽略空格	合并区域/文本

在F2 单元格中输入如下公式并向下填充，就能得到全部地址数据。

```
=TEXTJOIN(", ", TRUE, A2:E2)
```

TEXTJOIN 和 CONCAT 函数都可以对任何区域进行合并，包括不连续区域、多行、多列、手工输入的文本等。例如，将下面表格 A2:A7 区域中的所有姓名合并成一行文本并用逗号隔开，只需要一个公式：

```
=TEXTJOIN("，", TRUE, A2:A7)
```

公式结果：张三丰，孙悟空，小新，姜子牙，白子画，杨过

	A
1	姓名
2	张三丰
3	孙悟空
4	小新
5	姜子牙
6	白子画
7	杨过

TEXTJOIN 函数同样是 2016 版用户才享有的福利。

提取文本（LEFT、RIGHT、MID、LEN）

如何将右表中的英文代码单独提取出来？

自从学会了快速填充，我都感觉没有必要学那么多文本处理函数了。

	A	B
1	编号	提取代码
2	QY313	QY
3	AB777	AB
4	QY666	QY
5	AB512	AB
6	HOT109	HOT
7	HOT101	HOT

确实如此，使用 2013 以上版本的用户，完全不用写函数公式，用快速填充就能轻松搞定。可是，函数公式的优势有 2 点：

（1）公式写好以后，有新的数据，也能实时得到结果；

（2）面对更复杂的数据情境时，可以更加灵活地批量处理。

毕竟未来你会碰到怎样的数据，谁也说不准。所以简单了解一些利用函数公式提取文本的技巧还是很有必要的。

用于提取文本的函数，用得最多的就是 LEFT、RGIHT、MID、LEN，它们的语法极为相近，浏览下表先了解个大概。

函数名称	参数语法	含义
LEFT	=LEFT(文本,字符数)	从左侧开始，提取指定数量的字符
RIGHT	=RIGHT(文本,字符数)	从右侧开始，提取指定数量的字符
MID	=MID(文本,起始位置,字符数)	从指定位置开始，提取指定数量的字符
LEN	=LEN(文本)	计算字符数

假如A1单元格有一个数据AB169，用以上函数对该数据进行提取，公式和结果对比如下。

	A
1	AB169

所用函数	公式	计算结果	说明
LEFT	=LEFT(A1,2)	AB	
RIGHT	=RIGHT(A1,2)	69	
MID	=MID(A1,2,2)	B1	从第二个字符B开始，提取2个字符
LEN	=LEN(A1)	5	

这几个函数都很简单，语法含义应该都很好懂。问题是，用 LEN 计算字符数有什么用？

有时，我们用单一的函数无法达到目的。例如，右侧的表格，单纯用 LEFT 函数无法从 A列中提取出所有英文代码，因为黄色的两个代码是3个字符的。

在此情况下，我们就需要额外的条件进行辅助，对符合条件的数据提取 2 个字母，不符合条件的数据提取 3 个字母。

B2单元格需要输入下面的提取公式，再将公式向下填充。

	A	B
1	编号	提取代码
2	QY313	QY
3	AB777	AB
4	HOT109	HOT
5	QY666	QY
6	AB512	AB
7	HOT101	HOT

▲ 提取英文字母

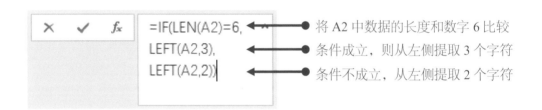

=IF(LEN(A2)=6,   将 A2 中数据的长度和数字 6 比较
LEFT(A2,3),   条件成立，则从左侧提取 3 个字符
LEFT(A2,2))   条件不成立，从左侧提取 2 个字符

沿用上一页的案例，如果要继续从编号列中提取出数字填写到 C 列中，又该怎么写公式呢?

有两种思路都可以解决。

	A	B	C
1	编号	提取代码	提取数字
2	QY313	QY	313
3	AB777	AB	777
4	HOT109	HOT	109
5	QY666	QY	666
6	AB512	AB	512
7	HOT101	HOT	101

▲ 提取数字

公式1： =RIGHT(A2,LEN(A2)-LEN(B2))

思路含义：数字部分长度=总长度-字母长度，从右侧提取字符，提取数量为数字的长度。

公式2： =SUBSTITUTE(A2,B2, "")

思路含义：在编号中查找匹配英文字母，并将匹配的字母替换为空，即删除，于是就剩下数字部分了。

上一页的案例中，反复利用 LEN 实现条件判断，从而分别提取不同数量的字符，纯属巧合。原始数据一旦变更，可能情况又不一样了。所以死记硬背这些套路用处不大，分清楚不同函数所起到的主要作用更为关键。提取文本所用到的函数，其作用无非 3 类：提取、定位和替换字符。

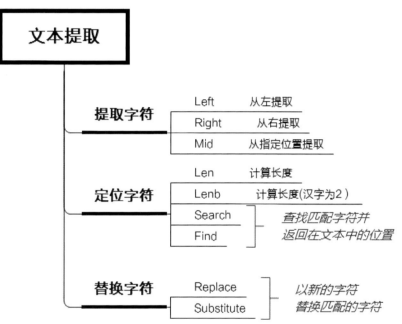

▲ 在秋叶PPT 微信订阅号中回复关键词 文本函数，可以获得文本函数秘籍一份

没有对比就没有伤害。利用函数公式提取文本，需要经过各种逻辑推理，甚至反复试错；而使用快速填充，只需给1个或几个样本，让 Excel 自己去识别规律并完成剩下的数据填写，易用和便捷程度简直天差地别。所以提取文本，首先想到的都是，分列、快速填充等能不能解决问题，需不需要满足自动计算需求？做不到，才会想到用函数公式。

> 函数公式可以锻炼逻辑思维；快速填充用着会上瘾。

清洗数据中的多余字符（TRIM、CLEAN）

从软件系统导出数据时，常常会有一些莫名其妙不可描述的字符。有时候从外观上甚至看不出来，但查找匹配、公式计算时却怎么都不对。这个时候，我们可以对系统导出的数据先进行清洗。TRIM 和 CLEAN 用法一样，但是功能有细微差别。

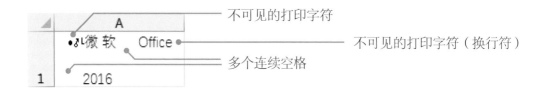

公式	计算结果	备注
=TRIM(A1)	微软 Office 2016	单词间保留 1 个空格，清除其余空格，不可见的打印字符清不掉（造成前面多一个空行）
=CLEAN(A1)	微软 Office 2016	清除所有多余的不可见的打印字符，包括换行符
=TRIM(CLEAN(A1))	微软 Office 2016	剩下汉字间的空格去不掉

以后碰到系统导出的数据，就分列、替换、TRIM、CLEAN 依次来一遍，压压惊！

文本强制转数值、日期（Text、*1、- -）

郁闷的银行经理：

我从银行系统中导出了一份入账流水，想要统计 2017 年 12 月以后的入账金额。可是我发现，入账日期的数据不太正常，不能分组，也不能和标准日期"2017/12/1"正常比较大小。结果统计出来的总金额不对，是什么原因呢？

	A	B	C	D	E		F
1	卡号	入账日期	入账金额	入账货币	商户名		借贷类型
2	1	2017/12/8	500	CNY	网银跨行汇款	/ /CHN	CRED
3	2	2017/12/19	387,000	CNY	长沙专向分期	/ /CHN	NMON
4	3	2017/12/20	0	CNY	存款利息		CRED
5	4	2017/12/20	64	CNY	武汉市福来生活超市	/ /CHN	DEBT
6	5	2017/12/23	79.90	CNY	武汉市爱无限贸易有限公	/ /CHN	DEBT
7	6	2017/12/27	1.00	CNY	网银跨行汇款	/ /CHN	CRED
8	7	2017/12/31	43	CNY	武汉市华商百货超市	/ /CHN	DEBT
9	8	2018/1/1	35	CNY	武汉市华商百货超市	/ /CHN	DEBT
10	9	2018/1/2	95	CNY	武汉市和富百货有限公	/ /CHN	DEBT
11	10	2018/1/6	46	CNY	武汉市盛隆实业有限公	/ /CHN	DEBT

观察数据表会发现，表格中入账日期都是左对齐的，正常的标准日期属于特殊的数字，默认应该是右对齐。问题很可能就出现在日期的格式上。更改它的数字格式为长日期也没有反应，果然就是文本形式存储的日期。

将文本型的"假日期"转换成数字型的"真"日期，应该怎么做？

别忘了，我们学过分列转换法！更简单高效。

碰到此类情况，通常都会想到用分列转换法，对数据格式进行转换。不过，实际工作中，有的时候就是需要对其他函数公式得到的结果转换格式，以实现从数据源到统计分析的自动计算，而不用每次都执行分列转换。此时，我们就可以采用函数公式转换法。

函数公式转换格式的常用方法有 2 种：数学运算法和 TEXT 函数法。

	A
1	入账日期
2	2017/12/8

数学运算转换法，可以用源数据*1，或者在源数据前加上两个减号-，两个减号的意思是：负负得正。强制计算后，原来的文本型数字，就会变成真实的数值。

公式	计算结果	更改成日期格式(数值型真日期)
=A2*1	43077	2017/12/8
=--A2	43077	2017/12/8

由于日期的真实内容也是数值，在运算过后，结果会变成从1900年1月1日开始以天为单位算起的数字，要显示成标准日期，还要修改数字格式为短日期。

数学运算法也有失灵的时候。例如，MID函数可以从身份证中提取出出生日期。

B2	=MID(A2,7,8)

	A	B	C
1	身份证	出生日期	转换成标准日期
2	440000199805207777	19980520	1998/5/20

但是提取出来的日期，是年月日之间没有分隔符的文本，就不能用数学运算法将其转成真日期。此时，就要再加一个转换器，TEXT函数。

C2	=--TEXT(B2,"0000-00-00")	数字	显示格式

TEXT函数转换法的原理，是将文本型数字1998520，强制显示成带分隔符的文本1998-05-20，然后再用数学运算法，将1998-05-20转成真正的数值。设置成短日期格式以后，就能够以标准日期格式显示了。

TEXT函数相当于数字格式功能，区别在于，数字格式只能改变显示形式却不会改变内容本身，而TEXT函数是从里到外都一起改成格式参数的样子。

> 我还是更喜欢分列转换法，除非处理前后还需要做其他函数公式计算。

日期和时间计算

日期和时间是数据表中必不可少的数据，而且它们都是特殊的数字，在计算方法上有其特殊之处，那……

如何计算两个日期的间隔？

两个日期之间的工作日有多少天？

倒计时还剩多少天？

如何从一个日期中分别提取年、月、日？

如何根据年、月、日的数字生成日期？

怎么求某个月最后一天的日期？

……

和日期打交道的情况还真不少啊~

接下来学习几种常见的日期和时间函数及处理技巧。

计算两个日期和时间的间隔（相减、DATEDIF）

由于日期和时间的本质是数字，所以可以直接相减，得到两者之间的间隔。下表所示为计算起始时间和结束之间的公式和计算结果。

	A	B	C	D	E
1	类型	起始时间	结束时间	公式	计算结果
2	日期	2017/10/1	2017/10/11	=B2-A2	10
3	时间	10:20	23:50	=B3-A3	0.5625
4	日期和时间	2017/10/1 10:20	2017/10/11 23:50	=B4-A4	10.5625

日期、时间加减运算时需要特别留意两点。

（1）公式中直接输入日期、时间时，需要用英文的双引号括起来，否则会出错。

D2	= "2017/10/11"-B2	'计算结果(天)：10

（2）因为是以天为单位，24小时=1天，所以时间相减的结果是个小数。如果要得到小时数的间隔，则需要乘以24。

D3	=(B3-A3)*24	'计算结果(小时)：13.5

那要如何计算两个日期相隔多少个月，或者相隔多少年呢？按常理，用下面两个公式就可以折算了。

$$月数 = \frac{日期2 - 日期1}{30} \qquad 年数 = \frac{日期2 - 日期1}{365}$$

例如，要算一个人的年龄，就可以用公式：

$$年龄 = \frac{今天日期 - 出生日期}{365}$$

这种算法可以，但有一个问题：并不是每一个月都等于30天，也并不是每一年都是365天。在要求精确数据的场合，如计算周岁，该公式就不适用了。此时，可以运用一个隐藏的函数（无提示、无帮助文件）——DATEDIF 函数。

▲	A	B	C	D	E
1	日期1	日期2	公式	计算结果	说明
2	2017/10/1	2017/10/31	=DATEDIF(A2,B2,"m")	0	差1天满1个月
3	2017/10/1	2017/11/1	=DATEDIF(A3,B3,"m")	1	刚好满1个月
4	2017/10/1	2018/9/30	=DATEDIF(A4,B4,"m")	11	差1天满1年
5	2017/10/1	2018/9/30	=DATEDIF(A5,B5,"y")	0	差1天满1年
6	2017/10/1	2018/10/1	=DATEDIF(A6,B6,"y")	1	刚好满1年

▲ DATEDIF函数

DATEDIF 函数有 3 个参数，分别是两个日期，以及日期的间隔类型，间隔类型中比较常用的有：y代表年差，m代表月差，d代表日差。

=DATEDIF(start_date,end_date,unit)

| 起始日期 | 结束日期 | 间隔类型 |

除此以外，还有 3 种不常用的间隔类型，忽略年月日中的一部分计算日期之差，了解即可。

	A	B	C	D	E
1	日期1	日期2	公式	计算结果	说明
2	2017/10/1	2018/12/9	=DATEDIF(A2,B2,"md")	8	日差:9日-1日
3	2017/10/1	2018/12/9	=DATEDIF(A3,B3,"ym")	2	月差:12月-10月
4	2017/10/1	2018/12/9	=DATEDIF(A4,B4,"yd")	69	日月差(忽略年份):12月9日-10月1日

▲ 3种不常用的间隔类型

倒计时（TODAY）

对于一些有重要任务的表格，挂个倒计时也是极好的。

要计算倒计时需要具备两个要素：

（1）截止日期；

（2）当天日期。

当天日期可以用 TODAY 函数自动获取系统日期，从而保证每天打开的时候都是最新的倒数结果，于是就有倒计时公式：

倒计时= 截止日期–TODAY()

要得到上图 A2 单元格中的效果，还需要用文本函数对计算结果打扮打扮，完整公式如下：

A2	=TEXT（C2-TODAY（），"000"）&"天"	'计算结果(天)：095 天

假定当天日期为 2017年3月5日

TODAY 是 Excel 中非常特别的函数，因为它不需要参数。常用函数中与此类相似的还有：

NOW() —— 自动获取当前时间；

ROW() —— 自动获取当前行号；

COLLUMN() ——自动获取当前列号；

RAND() —— 自动生成随机小数。

计算两个日期间相隔的工作日（NETWORKDAYS）

除去休息日需要上班工作的日子还有多少？利用 NETWORKDAYS 函数可以计算两个日期时间的工作日间隔天数。

=NETWORKDAYS(start_date,end_date,holidays)

| 起始日期 | 结束日期 | 指定休息日 |

	A	B	C	D
1	起始日期	结束日期	计算公式	计算结果
2	2018/9/20	2018/9/25	=NETWORKDAYS(A2,B2)	4

在不指定休息日类型的情况下，默认将星期六、星期日作为休息日，所以上表中公式的计算结果为 4。但是，除了周末以外，还有法定节假日不用上班，如端午节、中秋节、国庆节等。

▲ 剔除周六、日是 4 天　　▲ 再剔除中秋节剩 3 天

此时，就需要增加一个参数，用来指定休息日。

	A	B	C	D
1	起始日期	结束日期	计算公式	计算结果
2	2018/9/20	2018/9/25	=NETWORKDAYS(A2,B2,B6:B9)	3
3				
4	日期	节日		
5	2018/9/24	中秋节		
6	2018/10/1	国庆节		
7	2018/10/2	国庆节		
8	2018/10/3	国庆节		

还有一个函数可以自定义周末，可自行了解：NETWORKDAYS.INTL

▲ 指定休息日后的公式计算

提取日期和时间中的信息（YEAR、MONTH、DAY）

如果需要单独获取日期中的年份、月份、日，可分别用 YEAR、MONTH、DAY 函数，获取时分秒是什么函数，不用说你也应该猜到。

	A
1	2018/5/20 14:55:00

公式	计算结果
=YEAR(A1)	2018
=MONTH(A1)	5
=DAY(A1)	20

公式	计算结果
=HOUR(A1)	11
=MINUTE(A1)	55
=SECOND(A1)	23

你知道吗？用函数公式计算年龄的方法起码有 10 种，常见的就有以下3种方法。

方法一：日期相减/365。

方法二：DATEDIF 函数计算两个日期的年差。

方法三：提取两个日期的年份再相减。

	A	B
1	出生日期	截止日期
2	1998/5/20	2018/5/19

公式	计算结果
=(B2-A2)/365	20.0109589
=DATEDIF(A2,B2,'y')	19
=YEAR(B2)-YEAR(A2)	20

▲ 函数公式计算年龄

只有方法二，DATEDIF 函数计算所得的年龄是周岁。

生成指定日期（DATE）

可以从日期中提取年月日信息，当然也可以将年月日合成一个标准日期。

	A	B	C	D	E
1	年份	月份	日	公式	计算结果
2	2019	11	11	=DATE(A2,B2,C2)	2019/11/11

▲ 合成标准日期

好简单，有了一个日期，要生成几天后、几个月后的日期怎么做呢？

求指定天数、月数以后的日期

求给定日期指定间隔天数以后的日期，例如，2017年10月1日顺延7天后的日期，可以直接相加得到。

	A	B	C	D
1	起始日期	间隔天数	公式	计算结果
2	2017/10/1	7	=A2+B2	2017/10/8

如果要求指定间隔月份以后的日期，可以采用以下3种方法，但是结果会有差异。

方法一：按30天一个月算相隔天数，再相加。

方法二：分别提取原日期的年月日，在月数上增加间隔，再用DATE函数合成新的日期。

方法三：直接使用EDATE函数。

	A	B	C	D
1	起始日期	间隔月份	公式	计算结果
2	2017/10/1	3	=A2+B2*30	2017/12/30
3			=DATE(YEAR(A2),MONTH(A2)+B2,DAY(A2))	2018/1/1
4			=EDATE(A2,B2)	2018/1/1

求指定年数后的日期，没有特别的函数，可以直接采用方法二的思路。

求指定月份的最后一天

实际应用中，有时候需要得到指定月份的月末日期。可以直接使用EOMONTH函数实现。

	A	B	C	D
1	日期	公式	计算结果	说明
2	2017/3/5	=EOMONTH(A2,0)	2017/3/31	当月最后一天
3		=EOMONTH(A2,1)	2017/4/30	下一个月最后一天
4		=EOMONTH(A2,-1)	2017/2/28	上一个月最后一天

EOMONTH函数的语法如下：

=EOMONTH(start_date,months)

起始日期　　　　间隔月数

数学运算和统计

最常用的计算统计相关函数，Excel 已经收集进【自动求和】分类，放在公式选项卡下最容易够得着的位置。它们的用法，在计算分析章节已经介绍过。

在实际工作中，可能还会涉及更加复杂一点的计算需求，例如，按照指定条件、指定区域进行统计计算。

要达到解决问题的目的，需要动用条件型统计函数，甚至是和其他类型的函数配合使用。

▲ 最常用计算统计函数

获取最后一行的数据（MAX、COUNTA）

下方的交易记录表还会不断增加新的记录，如何动态获取当前所有数据中的最后一笔交易日期和交易金额呢？

	A	B	C	D	E	F	G	H
1	日期	交易金额		最后一笔交易日期	金额			
2	2018/3/5	50		2018/3/23	59			
3	2018/3/11	80						
4	2018/3/16	95						
5	2018/3/17	69						
6	2018/3/19	77						
7	2018/3/23	59						
8								
9								

▲ 交易记录表

利用常规数学运算函数自动忽略文本数据的特性，一个 MAX 函数就能计算出最大的日期。一般交易记录中的日期都是从小到大排序的，最大的日期，也就是最后一个。

D2	=MAX(A:A)

再利用 VLOOKUP 函数查找匹配该日期，就能得到相应的金额。

E2	=VLOOKUP(D2,A:B,2,FALSE)

但是这种方法有一个限制条件，那就是日期不能有重复，否则 MAX 函数虽然可以计算最大的日期，但如果有两个以上最大日期，就无法通过该日期查找匹配出相应的金额。例如下表中，2018/3/23 有3条记录：

▲	A	B	C	D	E	F	G	H
1	日期	产品	交易金额		最后一笔交易日期	金额		
2	2018/3/5	香蕉	50		2018/3/23	10		
3	2018/3/11	苹果	80					
4	2018/3/16	香蕉	95					
5	2018/3/17	苹果	69					
6	2018/3/19	香蕉	77					
7	2018/3/23	雪梨	59					
8	2018/3/23	香蕉	100					
9	2018/3/23	苹果	10					
10								
11								

▲ 无法查找匹配金额

E2 单元格依然可以通过 MAX 函数求得最后一笔交易日期。但是 F2 单元格就必须换一种思路了（限制条件：数据区域的 C 列下方再无其他表格数据）。

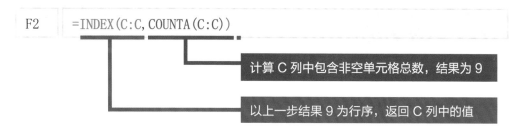

F2　=INDEX(C:C,COUNTA(C:C))

计算 C 列中包含非空单元格总数，结果为 9

以上一步结果 9 为行序，返回 C 列中的值

COUNTA 和 COUNT 都是计算单元格数量的函数，但是 COUNT 会忽略内容为文本的单元格，而 COUNTA 不会。上述公式，换成 COUNT 函数也可以，就是需要调整计算结果。

F2　=INDEX(C:C,COUNT(C:C)+1)

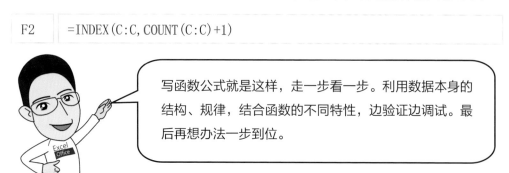

写函数公式就是这样，走一步看一步。利用数据本身的结构、规律，结合函数的不同特性，边验证边调试。最后再想办法一步到位。

统计重复次数（COUNTIF）

如何通过函数公式计算 2018/3/23 共有几条记录？

	A	B	C	D	E	F	G	H
1	日期	产品	交易金额		日期	记录数		
2	2018/3/5	香蕉	50		2018/3/23	3		
3	2018/3/11	苹果	80					
4	2018/3/16	香蕉	95					
5	2018/3/17	苹果	69					
6	2018/3/19	香蕉	77					
7	2018/3/23	雪梨	59					
8	2018/3/23	香蕉	100					
9	2018/3/23	苹果	10					
10								
11								

▲ 交易记录表

条件型统计计算函数COUNTIF可以实现按照指定条件统计单元格数量。其参数语法如下：

=COUNTIF(range,criteria)

匹配条件的数据区域　　　逻辑条件

在 F2 单元格输入如下公式，就能得出 A 列整列中，内容等于 E2 中条件的单元格数量。

F2	=COUNTIF(A:A,E2)

调整 COUNTIF 中的逻辑条件，就能实现各种各样的统计需求。

条件类型	含义
"<>E2"	不等于E2中的数据
">=60"	大于等于60
"苹果"	等于苹果
"*果*"	包含"果"字

以上都是按照单个条件统计次数，如果要按多个条件怎么办？用 COUNTIFS 函数，它是 COUNTIF 的复数形式，语法类似。后面多条件统计函数小节再继续练习。

单条件计算总和、均值等（带IF的函数）

计算日期为 2018/3/23 的交易金额总和。

	A	B	C	D	E	F	G	H
1	日期	产品	交易金额		日期	总金额		
2	2018/3/5	香蕉	50		2018/3/23	169		
3	2018/3/11	苹果	80					
4	2018/3/16	香蕉	95					
5	2018/3/17	苹果	69					
6	2018/3/19	香蕉	77					
7	2018/3/23	雪梨	59					
8	2018/3/23	香蕉	100					
9	2018/3/23	苹果	10					
10								

▲ 交易金额记录表

条件型计算函数 SUMIF 可以实现按照指定条件计算总和。其参数语法如下：

=SUMIF(range,criteria,[sum_range])

匹配条件的数据区域　　逻辑条件　　求和区域

在 F2 单元格输入如下公式，可以在A列中找出等于E2的日期，然后求出这些日期的交易金额之和。

F2	=SUMIF(A:A, E2, C:C)

使用该函数的 3 个注意事项：

（1）匹配区域和求和区域的行数必须相等才能一一对应；

（2）当匹配条件区域和求和区域重叠时，可以省略求和区域参数；

（3）逻辑条件的更多写法参照上一页中 COUNTIF 函数的逻辑条件写法。

按条件求平均值的函数为AVERAGEIF，其语法和参数与 SUMIF一模一样，仅仅是换一个函数名称而已。至此可知，单条件统计的函数家族有：

SUMIF　　AVERAGEIF　　COUNTIF
▲ 单条件求和　　　　▲ 单条件求均值　　　　▲ 单条件计数

多条件统计函数（带IFS的函数）

计算下表中同时满足两个条件的总交易金额：

（1）日期是 2018/3/23；

（2）金额 ≥ 50。

	A	B	C	D	E	F	G	H
1	日期	产品	交易金额		日期	最小金额	总金额	
2	2018/3/5	香蕉	50		2018/3/23	50	159	
3	2018/3/11	苹果	80					
4	2018/3/16	香蕉	95					
5	2018/3/17	苹果	69					
6	2018/3/19	香蕉	77					
7	2018/3/23	雪梨	59					
8	2018/3/23	香蕉	100					
9	2018/3/23	苹果	10					
10								

▲ 交易金额记录

多条件求和可以使用SUMIFS函数，其语法和上一页介绍的SUMIF类似，不过求和区域参数换到了第一个，以便于后面添加多个条件挨在一起。

=SUMIFS(sum_range,criteria_range1,criteria1, criteria_range2,criteria2...)

求和区域　　条件匹配区域1　　条件1　　区域2　　条件2

在 G2 单元格输入如下公式，就能计算出符合上述两个条件的总金额。

G2	=SUMIFS(C:C, A:A, E2, C:C, ">="&F2)

同样的，多条件函数也是一个家族，语法和参数基本一致，其中下面3个都是 Excel 2016 新增的函数。

SUMIFS　　　　　**AVERAGEIFS**　　　　　**COUNTIFS**
▲ 多条件求和　　　　▲ 多条件求均值　　　　▲ 多条件计数

MAXIFS　　　　　**MINIFS**　　　　　**IFS**
▲ 多条件求最大值　　▲ 多条件求最小值　　▲ 多条件判断

统计重复项，按条件统计，我还是会优先考虑：是否可以整理好数据源，然后用数据透视表

排名计算（RANK、IF）

打分、排名、公布排行榜可以说无处不在。如果要给右表中各个职业的幸福指数计算名次，你会怎么做？

好吧，其实我想说，首先想到的应该是数据透视表，要简单得多。

那还有必要学RANK函数吗？我也不确定你会不会用到，多学一个总没坏处，这个函数又不难。

	A	B	C
1	职业	幸福指数	Rank排名
2	飞行员	9.5	4
3	公务员	9.9	1
4	教师	9.7	2
5	律师	9.5	4
6	演员	9.4	6
7	自由职业	9.6	3

▲ 职业幸福指数排名

况且，更有意思的是，用函数计算排名涉及一个有趣的思维方法，有序的思维方法往往能够起到四两拨千斤的作用。先来看看常规的解法：RANK 函数法。

=RANK(number,ref,[order])

| 数据 | 数据所在区域 | [升/降序] |

RANK 函数的语法很简单，就是计算一个数据在其所在的数据区域内的排名，默认是从大到小降序排序，越大的数据，排名就越靠前。

在 C2 单元格输入如下公式，向下填充就能得到所有排名结果，需要特别留意的是，如果数据区域采用的是 B2:B7 形式，需要绝对引用该范围才能向下填充。本案例中可以将区域参数简写成 B:B。

C2	=RANK(B2,$B$2:$B$7)

原本这种方法很简单就把排名问题解决了。可问题是，当参与排名的数据中有相等的数值时，就会出现名次重叠的情况。

名次重叠很常见，所以不要紧，可关键是一旦某个名次重叠以后，下一个名次就会自动跳过，重叠多少个数就跳过多少个名次。

	A	B	C
1	职业	幸福指数	Rank排名
2	飞行员	9.5	4
3	公务员	9.9	1
4	教师	9.7	2
5	律师	9.5	4
6	演员	9.4	6
7	自由职业	9.6	3
8			
9			

▲ 第 4 名重叠，造成第 5 名空缺

那么问题来了，能不能按照自然序号顺延下去，不要跳跃呢？

中国式排名: 1、2、2、3、4

美国式排名: 1、2、2、4、5

这是 Excel 界的一个经典论题，总是要被反复拿出来热炒一番。百度上搜索【中国式排名】，不少教程都会教你用超级复杂的函数公式去解决：

```
=SUMPRODUCT(($B$2:$B$8>=B2)*(MATCH($B$2:$B$8,$B$2:$B$8,0)=ROW($1:$7)))
```

这个公式既复杂又难理解，估计转身就忘。可是，只要熟练掌握数据透视表，轻轻松松地单击拖曳就搞定了。也完全不用担心透视表粗陋的默认外观，简单打扮打扮也一样漂漂亮亮的。

行标签	求和项:幸福指数	求和项:幸福指数2
公务员	9.9	1
教师	9.7	2
自由职业	9.6	3
飞行员	9.5	4
律师	9.5	4
演员	9.4	5
总计	57.6	

▲ 透视表值显示方式【升序排列】

职业	幸福指数	中国式排名
公务员	9.9	1
教师	9.7	2
自由职业	9.6	3
飞行员	9.5	4
律师	9.5	4
演员	9.4	5

▲ 美化后的透视表

即使真要用函数公式解决，也有不那么复杂的函数公式。借用辅助列，再结合常用的排序功能和 IF 函数，也能够顺利解决。

	A	B	C	D
1	职业	幸福指数	Rank排名	中国式排名
2	公务员	9.9	1	1
3	教师	9.7	2	2
4	自由职业	9.6	3	3
5	飞行员	9.5	4	4
6	律师	9.5	4	4
7	演员	9.4	6	5
8				

▲ 辅助列解决中国式排名

具体操作步骤如下：

（1）用 RANK 函数，在 C 列计算出美国式排名的名次；

（2）按照 RANK排名结果升序排列；

（3）在 D2 单元格输入如下公式：

```
=IF(C2=1,1,
IF(C2=C1,C1,
C1+1))
```

此公式的含义逻辑结构和具体意义如下。

判断C列结果是否第 1 名。

是则保留为 1，如果不是第 1 名，就和上一行的名次比较，是否相等。

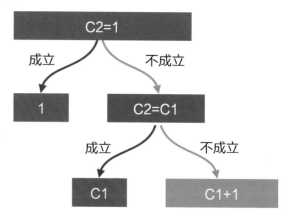

和上一行的名次相等，计算结果就等于上一行的数据，否则就+1。

再次印证了 Excel 中，条条大路通罗马。打好基础功能的组合拳，以免陷入高深技术控的深坑吧。

生成随机数据

如何生成指定范围内的小数、整数？

如何随机打乱数据的顺序？

如何从一组数据中抽取指定数量的样本数据？

如何随机生成一系列指定范围内的日期？

如何生成一系列模拟数据，用于调试Excel功能，查验效果？

Excel 中有两个随机函数特别好用：RAND 和 RANDBETWEEN。两个函数的语法和相应功能都非常简单。

=RAND()

功能：随机生成0到1之间的无限不循环小数（几乎不可能出现重复）。

=RANDBETWEEN(start_num,end_num)　　最小整数　　最大整数

功能：指定起点和终点，随机生成两者之间的整数（可能出现重复）。

结合数学运算，RANDBEWTWEEN 同样可以生成指定位数的小数。

例如：

RANDBETWEEN(-10,10)，会生成从 -10 到 10 之间的随机整数；

RANDBETWEEN(10,100)/10，会生成从 1.0 到 10.0 之间带1位小数的随机数据；

RANDBETWEEN(1,100)*100，则生成 10 到 100 之间整10位的随机数据。

所以，在 Excel 中，越是看起来简单的功能，越是灵活百变，关键还得看怎么去用。

随机排序

随机安排值班人员的排班顺序，随机安排学生的座位号……用 RAND() 生成随机小数作为辅助列，然后对辅助列进行排序就可以打乱原有次序了。

	A	B
1	姓名	随机数
2	张三丰	0.757426
3	孙悟空	0.658546
4	小新	0.653671
5	姜子牙	0.41375
6	白子画	0.816177
7	杨过	0.671099
8		
9		
10		

	A	B
1	姓名	随机数
2	白子画	0.360498
3	张三丰	0.921949
4	杨过	0.38986
5	孙悟空	0.03278
6	小新	0.50272
7	姜子牙	0.70161
8		
9		
10		

▲ 随机打乱次序

随机函数有一个重要特性：每次编辑数据、改变数据结构时都会让随机函数重新计算，生成新的数据并实时刷新。借此特性，继续单击排序按钮，可以让顺序再次打乱。

如何让随机打乱顺序的数据恢复到原有的顺序呢？不管怎么重新排序，都想让每一行都有一列保持不变又该怎么办？

A2　　　　ƒx　　1

	A	B	C	D
1	序号	姓名	随机数	
2	1	张三丰	0.729019	
3	2	孙悟空	0.924952	
4	3	小新	0.933232	
5	4	姜子牙	0.151465	
6	5	白子画	0.642254	
7	6	杨过	0.969926	
8				
9				
10				
11				

A2　　　　ƒx　　=ROW()-1

	A	B	C	D
1	序号	姓名	随机数	
2	1	张三丰	0.308083	
3	2	孙悟空	0.858885	
4	3	小新	0.022625	
5	4	姜子牙	0.573363	
6	5	白子画	0.141428	
7	6	杨过	0.808352	
8				
9				
10				
11				

▲ 恢复原有顺序，需有固定数值的数字序号　　▲ 始终不变的序号需要用 ROW 函数生成

随机抽取

调查数据要随机抽取指定数量的样本数据？随机抽选人员组成小组？要抽奖？将随机函数和查找匹配函数结合，就能实现。

	A	B	C	D	E	F	G	H
1	编号	姓名	随机数	排名		序号	编号	姓名
2	QY001	李杰	0.544682	3		1	QY004	王强
3	QY002	张杰	0.209047	6		2	QY005	李娟
4	QY003	张磊	0.100069	8		3	QY001	李杰
5	QY004	王强	0.793819	1		4	QY010	李艳
6	QY005	李娟	0.696496	2		5	QY009	王涛
7	QY006	王军	0.05532	9				
8	QY007	张艳	0.046925	10				
9	QY008	张涛	0.181595	7				
10	QY009	王涛	0.318591	5				
11	QY010	李艳	0.522796	4				
12								

▲ 从A:B列数据中，随机抽取 5 个样本

本案例使用到的所有函数和功能，前面都已经学习过，在此仅提供关键步骤和主要思路。

（1）C 列用 RAND 函数生成随机小数；

（2）在 D 列中用 RANK 函数计算C列中随机小数的各自排名；

（3）用自动填充在 F 列生成一串序数；

（4）用 INDEX+MATCH 组合查找 F 列中的序号，匹配 D列的排名，并返回同一行中的编号和姓名填写到 G 列和 H 列中。

在填充公式时，需要特别留意相对引用和绝对引用的区别，锁定固定的查找范围。

生成不重复随机整数

RANDBETWEEN 生成的随机整数可能出现重复的情况，怎样获得不重复的随机整数呢？有两种方法：

（1）用随机抽取案例中的 RANK 排序法，得到指定范围内乱序的不重复整数；

（2）先用 RANDBETWEEN 函数生成一系列随机整数，再删除重复项。

生成指定范围的日期

因为日期和时间本质上都是特殊的数字，要生成两个指定日期之间的随机日期，同样可以用 RANDBETWEEN 函数。

	A	B
1	起始日期	截止日期
2	2017/3/6	2020/2/14

▲ 日期参数

生成上表中起始日期到截止日期间的随机日期，公式如下：

=RANDBETWEEN(A2,B2)

生成从今天到2020年2月14日之间的随机日期（今天比截止日期小）：

=RANDBETWEEN(TODAY(),B2)

要分别指定年份、月份、日来生成随机日期？

那就准备好配方（参数表），然后照方抓药，生成随机的年、月或日。

再用 DATE 函数合成不就可以了吗？

	A	B	C	D
1		年	月	日
2	起始	2016	1	1
3	截止	2020	12	31

▲ 年、月、日参数

生成随机密码、彩票码

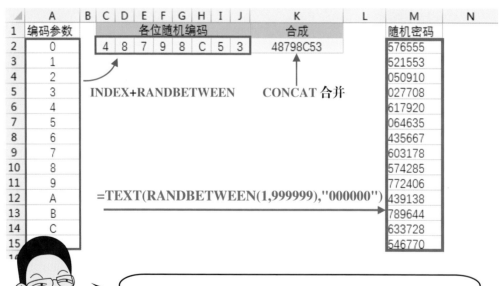

INDEX+RANDBETWEEN   CONCAT 合并

=TEXT(RANDBETWEEN(1,999999),"000000")

> 每一个常用的基础函数都是身怀绝技的特种兵。三三两两组成小队，就是特种战队。那战斗力，不可小觑！

屏蔽错误值

不像 RAND，绝大部分的函数都不能无中生有，必须有数据来源，才能计算出结果。

我们为了省去反复填充公式的麻烦，通常都会预先生成足够的公式进行占位，当有数据填入之后，就自动计算出结果了。

然而，数据源还没填写时，公式会显示错误值。每一种错误值看起来都像土匪，乱糟糟的。有什么办法让这些错误值屏蔽起来呢?

	A	B	C	D	E	F
1	编号	姓名			编号	姓名
2	QY001	李杰			QY001	李杰
3	QY003	张磊			QY002	张杰
4		#N/A			QY003	张磊
5		#N/A			QY004	王强
6		#N/A			QY005	李娟
7		#N/A			QY006	王军
8					QY007	张艳
9					QY008	张涛
10					QY009	王涛
11					QY010	李艳
12						

▲ 预设的 VLOOKUP 公式出现值不可用错误

用逻辑函数，来判断公式的计算结果是否属于错误值，当结果出错时，则等于指定的值，如空值。IF 函数可以实现，但是稍显麻烦。还有一个更加简单易用的函数 IFERROR。

=IFERROR(value,value_if_error)

数据	数据是错误值时

	A	B	C	D	E	F
1	编号	姓名			编号	姓名
2	QY001	李杰			QY001	李杰
3	QY003	张磊			QY002	张杰
4					QY003	张磊
5					QY004	王强
6					QY005	李娟
7					QY006	王军
8					QY007	张艳
9					QY008	张涛
10					QY009	王涛
11					QY010	李艳
12						
13						

▲ 让出错的公式结果看不见

在 B2 单元格中输入如下公式，就再也不会显现错误值:

B2	=IFERROR(VLOOKUP(A2,E:F,2,FALSE),"")

查找编号匹配出姓名

一对英文双引号表示空值

7.6　公式出错了怎么办？

公式出现错误值，计算有结果却不对，是每一个"表哥表妹"使用函数公式时都必然会碰到的难题。很多新手，一碰到状况百出的公式结果就彻底地慌了。而有经验的人却会细心检查，耐心调教，边试错边观察细微变化，一步步接近答案。

其实关于函数公式结果校正的内容，在本章中结合不同的函数公式案例陆陆续续都有涉及。下面提供一份检查要项清单，供检查核对时参考使用，以提高问题解决的效率。

公式出错检查清单

类型	要点	说明	解决思路
数据规范	单元格格式	公式单元格为文本格式，只显示公式，不显示计算结果	①分列法：批量转换常规格式 ②公式法：*1、--
	数字格式	编辑栏中实际内容不一致	统一内容和数字格式
	数据错漏	拼写错误、漏字、多字	填补空缺，替换修改删除
	拼写不一致	同一项内容多种拼写方式	统一数据：筛选、替换、批量填充等
	多余空格空行	存在多余空格和不可见符号	剔除空格空行： 替换、定位、排序、填充等
	假日期假数字	无法计算	①分列法；②公式法
公式书写	名称拼写	名称字母顺序写错；写错、多、漏掉字母	逐字符检查核对
	标点符号	多余、遗漏；中文标点	逐个符号、逐个参数核对
	嵌套函数	括号位置错误	按括号颜色分辨嵌套层次
参数规范	遗漏	缺必要参数；遗漏分隔符	查看函数帮助和提示进行修正
	过多	多余分隔符	检查分隔符，删除多余符号
	不符合要求	不符合函数本身对参数的需求。例如，SUMIF中求和区域和条件区域必须同等大小	查看函数帮助和提示进行修正

续表

类型	要点	说明	解决思路
数据引用	引用方式	要固定引用的范围采用相对引用，致公式填充时引用范围偏移	① 双击进入编辑状态，检查引用框位置 ② 公式选项卡下，显示公式按钮，查看公式引用情况 ③ F4切换引用方式
	范围不完整	遗漏了新增、修改的或其他数据	重新选择引用范围： 拖拽引用框边角，或修改公式参数
	丢失	数据源删改导致丢失	同上
	偏离	数据源移动导致偏移	同上

排错工具和技巧

在【公式】选项卡下有一系列的公式审核、查错工具，当你的公式碰到问题时可以尝试利用这些工具进行排查。

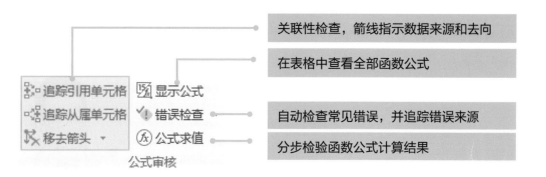

引用追踪工具

利用追踪工具，可以检查当前选中单元格中公式所引用的数据来源和去向。例如，E3单元格中的公式如下：

E3	VLOOKUP(D3,G:H,2,1)

选中E3后，单击【追踪引用单元格】，就能直接在表格上直观地看到该公式引用了哪些数据和区域，其中的蓝色箭头指明了数据的流向。

	A	B	C	D	E	F	G	H
1	姓名	笔试	口语	平均分	证书		等级下限	等级名称
2	张三丰	53	57	55	E		0	F
3	孙悟空	86	45	65.5	D		30	E
4	小新	98	68	83	B		60	D
5	姜子牙	66	87	76.5	C		70	C
6	白子画	77	34	55.5	E		80	B
7	杨过	59	78	68.5	D		90	A
8								
9								

▲ 查看数据流向

由于 E3 单元格所引用的 D3 单元格，同样是由公式计算得来，此时继续单击【追踪引用单元格】，还能进一步查看数据的源头。

	A	B	C	D	E	F	G	H
1	姓名	笔试	口语	平均分	证书		等级下限	等级名称
2	张三丰	53	57	55	E		0	F
3	孙悟空	80	45	65.5	D		30	E
4	小新	98	68	83	B		60	D
5	姜子牙	66	87	76.5	C		70	C
6	白子画	77	34	55.5	E		80	B
7	杨过	59	78	68.5	D		90	A
8								
9								

▲ 查看数据源头

追踪引用单元格是看数据来源，追踪从属单元格则是查看数据去向。检查完毕，可以单击【移去箭头】清除全部箭头。

掘表三尺，也要把源头找到。这么好的工具，很多人竟然都不知道！

公式显示开关

　　打开显示公式开关，和追踪引用工具有异曲同工之妙。显示公式模式下，不仅可以在表格中看到全部公式的真身，选中一个带公式的单元格，就会自动以彩色引用框显示该公式所引用的数据和区域。此方法适合批量排查引用范围。

▲ 公式显示

分解步骤查看演算过程

　　利用公式求值窗口，可以分解步骤，逐步查看计算结果，发现出错的具体位置，从而更加明确错误源头来自哪里，以便更快解决问题。

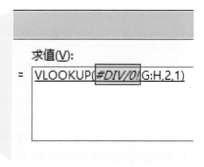

▲ 连续单击求值按钮，分步骤查看计算结果　　　　▲ 观察计算出错的位置

7.7 函数记不住怎么办?

谁说函数要记了?

即使是常年和表格打交道的资深"表哥表妹",也未必准确记得所有常用函数及其语法和参数。能够记住的都是和各自工作息息相关、日夜操练的那些高频技巧。

工作不是考试,只要能解决问题就行。实践多了,用得多了,自然就记住了。忘掉的那些也不用纠结,随它去吧……为什么"表哥表妹们"还会有这个疑问?我猜,出发点不是怎么记住函数,而是:

(1)用到某一个函数时,不知道参数怎么设置;

(2)碰到问题,不知道用哪个甚至哪些函数。

减轻记忆负担的好帮手

其实在介绍 VLOOKUP 函数时,就已经详细介绍过利用搜索解决问题的思路和方法。百度和官方帮助文件永远都是即学即用的好去处。除此以外,在 Excel 中也有几个小功能,可以尽可能减少我们的记忆负担。

公式浮窗提示

利用 Tab 键可以自动补齐函数名称,而且在添加参数的过程中,提示框上会加粗显示当前正在输入哪个参数。单击某个参数名称,可以直接选中那个参数的所有内容。带有多个选项的参数,也会有相应的下拉列表可以选择,鼠标在各个选项上悬停几秒还会有简要的解释说明,双击即可选择添加该项作为参数,根本不用担心记不住。

	A	B	C	D	E	F	G
1	2017/3/6	2019/3/6					
2							
3	=NETWORKDAYS.INTL(A1,B1,						
4	NETWORKDAYS.INTL(start_date, end_date, **[weekend]**, [holidays])						
5				1 - 星期六、星期日		星期六和星期日为周末	
6				2 - 星期日和星期一			
7				3 - 星期一、星期二			
8				4 - 星期二、星期			

▲ 公式浮窗提示

直达函数帮助文件

在输入函数过程中，一时半会想不起来某个函数的具体功能和参数要求，直接在浮动提示栏上单击函数名称，就可以直达该函数的帮助说明，随时查看。

▲ 查看函数帮助说明

关键词搜索相关函数

单击编辑栏上的插入函数按钮，能够根据关键词搜索相关的函数，选择一个函数，就能在底下看到该函数的大概功能，以帮助我们筛选函数。

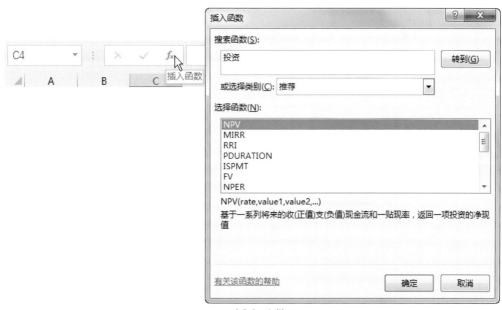

▲ 插入函数

该记的是常用函数能解决什么问题

　　函数不需要记太多细枝末节，碰到问题能通过提示、搜索、试错调试出来的都可以抛在脑后。我们需要熟知的，是函数鲜明的功能特性，以及利用它们解决问题的脉络。

```
常用函数公式
│
├─ 逻辑        IF ──┬── 多条件 ────── IFS
│  判断           └── 错误值 ────── IFERROR
│           多条件 ──┬── AND
│                  └── OR
│           信息 ────── ISNUMBER
│
├─ 查找        VLOOKUP ──┬── HLOOKUP ────── 横向
│  匹配                 └── LOOKUP ─────── 高级
│           交叉/逆向查询 ──┬── MATCH ──── 匹配计算位置
│                        └── INDEX ──── 按位置返回值
│           动态引用 ──┬── OFFSET ──┬── ROW(S)
│                    │           └── COLUMN(S)
│                    └── INDIRECT
│
└─ 文本        提取分离 ── MID ──┬── LEFT
   处理                         └── RIGHT
            合并 ── & ──┬── CONCAT
                       └── TEXTJOIN ────── 分隔符
            替换编辑 ──┬── REPLACE ────── 按位置
                      └── SUBSTITUE ──── 按字符
            位置长度定位辅助 ──┬── LEN      LENB
                            └── SEARCH      FIND
            转换格式 ──┬── 文本-数值 ──┬── *1
                      │             └── 负负得正
                      └── 数值-文本 ────── TEXT
```

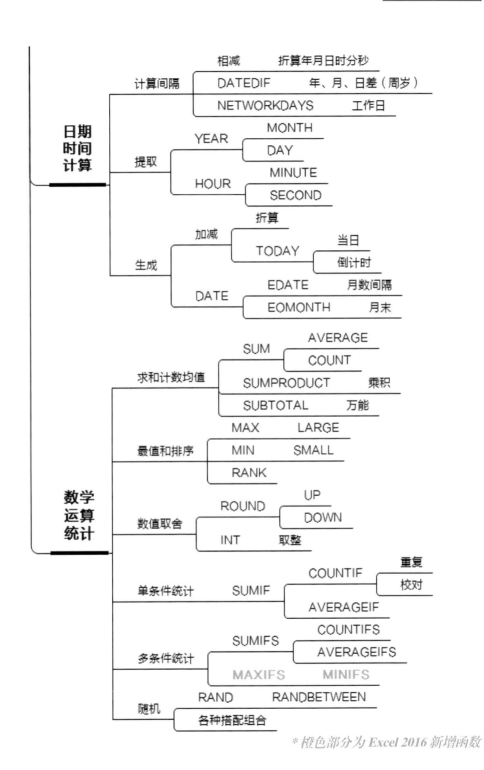

*橙色部分为 Excel 2016 新增函数

函数问题解决之道

函数公式贯穿整个数据流程，是每一道工序提升效率的得力助手。但是也不要舍本逐末，忘记了函数是为了解决问题而存在的其中一种辅助手段而已。

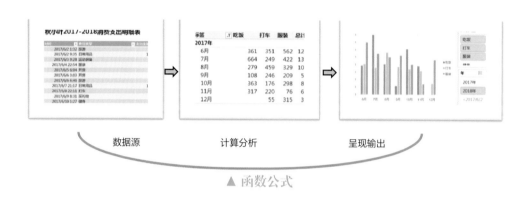

▲ 函数公式

纵然本章介绍的函数公式，在表界算不得有多高精尖的应用，却是为了解决实际工作问题实实在在经常会碰到的。Excel 函数技巧说不完道不尽，日后，如若碰到更加复杂的数据背景，你依然可以通过其他渠道继续学习深造。

在用函数公式解决问题时，有 3 个心法想要和你分享。

（1）忘记函数

碰到问题，首要的是描述清楚问题，忘记函数，你可能会看到更多的可能。前面学过的技能有时候比函数更管用，如用数据透视表做统计分析。

（2）逆向分析和正向推导验证相结合

把大问题拆解成小问题，然后逐一验证。有序地梳理逻辑，有助于更好地解决问题。用辅助列并不可耻，相反，于人于己都有帮助。当你摸透每一个环节之后，再行合并也不迟。

（3）不要怕错

函数公式是实践性极强的一项技能，只有动手去试，观察，有错就改，才能不断提升。

准确有效地

CHAPTER 8

浏览、打印和保护表格

- 数据表太大,浏览不方便
- 两张表格要比较核对,来回切换太费力
- 打印表格老是多出一行,怎么排进一页纸
- 每一页都要重复打印标题
- 一大堆证书、奖状、通知单要打印
- 发出去的表格被人篡改得面目全非
- 一不小心泄露了公司机密信息

本章帮你解决这些不大不小的烦心事

8.1 大表格浏览妙招

2017年1月，一位叫亨特·胡波斯的美国小伙，在YOUTUBE上传了一段火遍全球的视频，仅 YOUTUBE 上的播放量就已经破百万。这位小哥到底干了什么惊天动地的大事？

原来在视频中，他的手指按着向下箭头没有离开过键盘，从表格的第一行一直移动到最后一行。经过9个小时得出结论，Excel 表格总共有 1 048 576 行，不得不佩服这位小哥的毅力，必须为这样的行为艺术点赞！

▲ YOUTUBE视频

其实，只要按下快捷键 Ctrl + ↓，不到 1 秒就能滚到表格最底端。这一招在实际工作中非常好用。

"表哥表妹们"最烦的就是大表格的浏览，鼠标拖动、箭头按键速度都太慢，拖曳滚动条又不容易定位，滚动以后还看不到标题行。

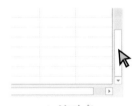

要高效率浏览大表格中的数据，有几个实用小技巧。

▲ 滚动条

冻结窗格

冻结窗格，滚动工作表时可以让锁定的行、列始终显示在原来的位置。

在【视图】选项卡下可以找到它们。其中的冻结首行和冻结首列都很好理解，就是分别锁定第一行和A列，保持始终显示状态。可有时要自定义冻结的行数或列数，就要用到【冻结拆分窗格】，这是一个难点。

▲ 冻结窗格工具

下面来看具体操作方法。

冻结前 >>

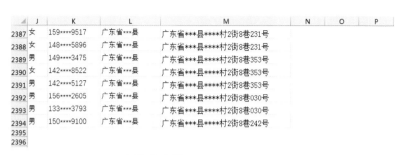

▲ 冻结前表格

冻结拆分窗格之前，滚动屏幕到表格底端和右侧时，看不到表格标题、数据列标题、序号、姓名、与户主关系等信息。

冻结拆分窗格之后，再滚动屏幕，以上信息始终在固定的屏幕区域显示。

冻结后 >>

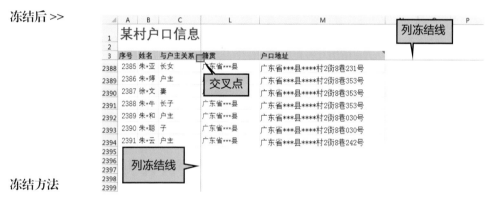

▲ 连结后表格

冻结方法

选中交叉点右下方紧挨着的单元格，以定位冻结点，然后选择【冻结拆分窗格】选项就能达到上面的浏览效果。

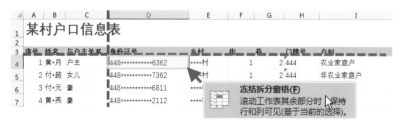

▲ 定位冻结点

重新选择冻结位置，需要先取消冻结，再重做一次。

瞬间移动

很大的表格，如何快速地移动到大表格的边缘？双击单元格就可以，不过双击的位置很有讲究。

快速移动

▲ 双击选中单元格的下边缘　　　　　　▲ 光标立马移动到最后一行

相同的操作，双击的位置方位换一换，就能调整瞬间移动的方向。

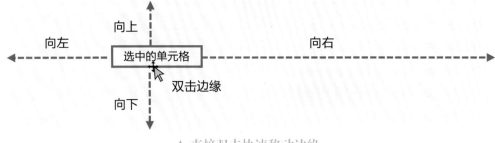

▲ 直接双击快速移动边缘

快速选择

和瞬间移动的操作类似，同时按住 Shift 键再双击，就变成了选择从当前单元格到边缘单元格的整个连续区域。

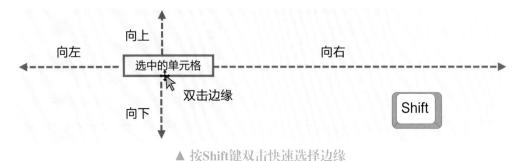

▲ 按Shift键双击快速选择边缘

如果数据表中有空单元格，瞬间移动就会被"拦截"，要继续移动下去，就要再继续双击选区的边缘。

▲ 空单元格会拦截移动

分组折叠

表格横向跨度过宽时，为了更方便横向浏览，将同类型的信息分成一组，可以折叠和展开浏览。

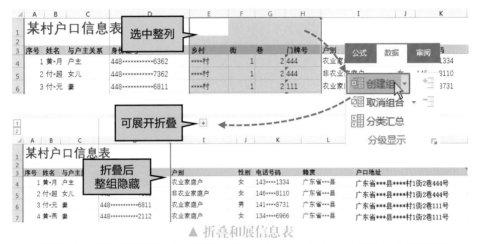

▲ 折叠和展信息表

默认情况下，折叠/展开按钮在分组数据的右侧，不太符合我们的操作和阅读习惯。可以通过分级显示属性，调至左侧位置。

▲ 切换折叠按钮的位置

纵向也同样可以折叠。而且先对数据按照某一个分类排序之后，创建分类汇总还能够按选定的类别自动排序显示。这一招并不太实用，了解即可。

清除折叠分组，则需要在取消组合中清除分级显示。

▲ 清除折叠分组

多工作表快速跳转

当一个工作簿中包含很多个工作表时，要来回查看不同工作表的数据就会比较麻烦。

右键单击工作标签左侧的导航区，可以弹出工作表目录，在目录上直接双击就可以快速跳转至相应的工作表。

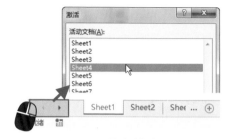

▲ 工作表目录

8.2 高效比较和核对数据

有两个数据表，可能数据有互相包含和重叠的部分，如何快速地比对两份表格呢？

将案例简化，右边的表格，怎么查看A列中哪些数据在 C 列也存在，哪些 C 列的数据在A列也存在？

▲ 比较和核对表格

函数公式比较法

最常用于比较核对的函数有两个，COUNTIF和VLOOKUP。COUNTIF的原理是，统计另一张表中等于本张表格的数据，计数结果等于0，就表示没有重复，大于0就存在重复数据。

B2=COUNTIF(D:D,A2)　　D2=COUNTIF(A:A,D2)

将COUNTIF 函数公式应用于条件格式，还能直观地看到重复数据。

	A	B	C	D	E
1	车牌号	D列中存在		车牌号	A列存在
2	粤A32797X	1		粤A88533	0
3	粤A32872	0		粤A8737W	0
4	粤A34065	1		粤A7014H	1
5	粤A45664	0		粤A34065	1
6	粤A6144F	0		粤A32797X	1
7	粤A7014H	1			
8	粤A7469M	0			
9	粤A80995	0			

▲ 直观查看重复数据

用 VLOOKUP 可以直接把另外一张表中的数据查询匹配过来，只要匹配出错的，就是不存在重复的数据（前提是数据源规范一致）。

	A	B	C	D	E
1	车牌号	D列中的数据		车牌号	
2	粤A32797X	粤A32797X		粤A88533	
3	粤A32872	#N/A		粤A8737W	
4	粤A34065	粤A34065		粤A7014H	
5	粤A45664	#N/A		粤A34065	
6	粤A6144F	#N/A		粤A32797X	
7	粤A7014H	粤A7014H			
8	粤A7469M	#N/A			
9	粤A80995	#N/A			
10					

B2=VLOOKUP(A2,D:D,1,FALSE)

▲ 无重复数据

高级筛选法

打开高级筛选窗口，将其中一张表作为列表区域，另外一张表作为条件区域，就可以筛选出两张表中共同存在的数据记录。

排序和筛选

	A	B	C	D
1	车牌号			车牌号
2	粤A32797X			粤A88533
3	粤A32872			粤A8737W
4	粤A34065			粤A7014H
5	粤A45664			粤A34065
6	粤A6144F			粤A32797X
7	粤A7014H			
8	粤A7469M			
9	粤A80995			
10				

▲ 列表区域　　　　▲ 条件区域

	A	B	C	D
1	车牌号			车牌号
2	粤A32797X			粤A88533
4	粤A34065			粤A7014H
7	粤A7014H			
10				

▲ 筛选结果

同步滚动屏幕，并排查看两个窗口

首选前面的方法可以高效比较核对。

有时只是为了临时查看一下新旧版本之间某个数据获取的异同。可以在视图选项卡下，新建一个窗口，然后打开另外一个版本的文件，最后并排查看窗口。可以按照横向、纵向两分屏的形式浏览表格。

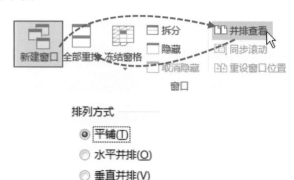

▲ 同步滚动两个Excel窗口

8.3 表格打印技巧

看起来没有什么技术含量的打印工作，其实也有一些门道，如果不懂就会徒增烦恼。

打印之前先预览

不管你打印什么文件，把打印范围、边距、纸张、方向设置好后，在输出到打印机之前，先逐页预览一遍，看看最终效果怎样，可以避免很多尴尬。

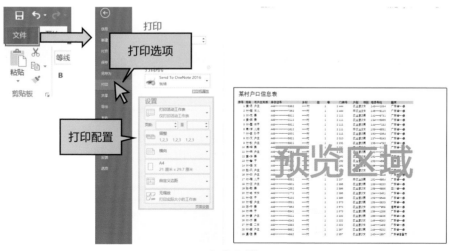

▲ 打印预览

将过宽过高的表格塞进一页打印

实际工作中，经常会碰到表格区域宽了一点点，或者高了一点点，导致打印内容跨到另一张纸上的情况。怎么快速调整呢？

批量调整列宽自动适应

首先要做的，当然是拖曳列与列之间的分界线，将一些过宽的列压缩，腾出更多的空间来。要批量调整多列的列宽，可以选中多列以后，双击列标交界处。

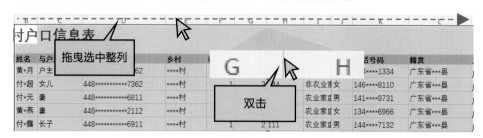

▲ 调整列宽

快速调整分页线

调整列宽还无法塞进一页时，就要考虑整体缩放了。【视图】选项卡中有一个快速调整缩放打印比例的工具，叫分页预览。

在【分页预览】视图下，可以通过拖曳蓝线达到快速调整分页边界并缩放打印比例的效果。

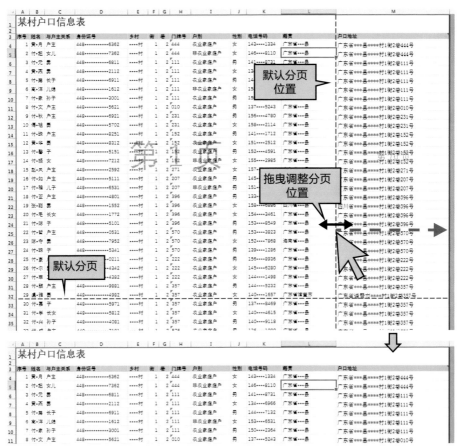

▲ 拖曳纵向默认分页线，向右扩展包含右边的数据列

插入和删除分页符

在分页预览模式下，右键单击表格区域，可以在任意位置插入新的分页线（符）。也可以重设已有的分页线。

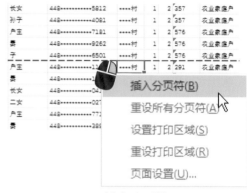

▲ 插入分页符

局部打印

选中一个区域后，再右键设置打印区域，可以局部打印选中区域。

▲ 设置打印区域

如何重复打印表头

打印大表格时，往往需要重复打印标题行作为表头，这样每一页的数据列都有标题，才方便查看数据。

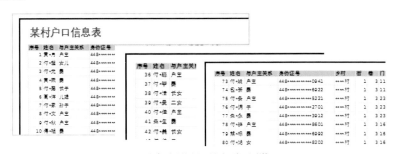

▲ 重复标题行的打印预览

设置方法非常简单，只需在【页面布局】选项卡下，选择【打印标题】按钮并选择需要重复到每一页的区域即可。可以看到，在【页面布局】下，包含了所有的纸张和打印布局相关的配置选项。

▲ 打印相关的功能配置，其中有一项【打印标题】

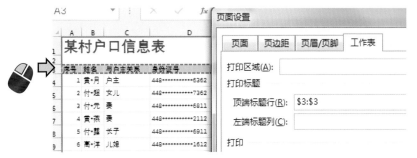

▲ 单击【顶端标题行】一栏，选择需要重复打印的行

高效的批量打印诀窍

打印多个工作表

通过配置打印选项，可以打印整个工作簿中的所有工作表，或者仅仅打印被选中的活动工作表。

怎么选定多个活动工作表呢？

和选择一个连续数据区域，以及多个不连续数据区域一样，配合快捷键 Ctrl+Shift 就能完成。

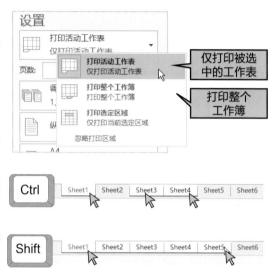

按 Ctrl 键，分别单击，可以选中不连续的多个工作表。

按 Shift 键单击起点和终点，可以选择连续的多个工作表。

巧借 Word 邮件合并批量打印

工作中可能还需要经常打印邀请函、奖状证书、席卡、奖金通知单等。它们共同的特点是，每一笔记录要打印一份，并且有相同的打印表单结构。

因此可以在 Word 中设计打印模板，利用 Word 的邮件合并功能，将 Excel 的数据清单导入打印模板，批量生成要打印的文档，从而实现高效的批量打印。

其核心理念，仍是数据记录和输出呈现分离，Excel 仅起到数据仓库的作用。详细使用方法可学习 Word 邮件合并。

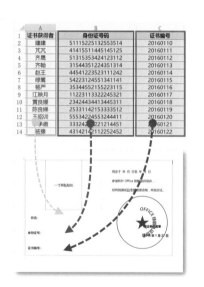

▲ 合并批量生成打印文件

8.4　保护好你的数据表

　　实际工作中，财务、HR、销售、运营等各个岗位都可能涉及一些私密信息，不允许外人看到。如何给这些表格加密，只允许掌握密码的部分人打开表格？

　　日常工作中，可能还会有一些表格，虽然是同一份，但是要发给不同的人。如何限定每个人允许编辑的区域，不让他们胡乱篡改表格结构和其他人填写的数据？

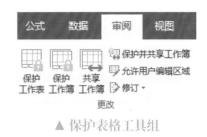

▲ 保护表格工具组

　　最郁闷的是，别人不经意间修改了一个不起眼的数据，谁都没有发现，结果导致整套表格的汇总结果一塌糊涂。

　　所以，重要的表格，结构固化的、给别人填写的表单，还是加把锁为妙。

不许动！加密保护工作簿、工作表

　　最直接的方法，就是给工作簿或工作表加上密码。单击【保护工作簿】，设置密码以后就只有知道密码的人才能打开 Excel 文件。而【保护工作表】加密以后，虽然能够看到表格中的数据，却不能修改。

▲ 保护工作表，设置密码后，无法编辑工作表内容

别乱动! 限定允许编辑的区域

固定结构, 要分发出去的表格, 要防止别人篡改, 又要给别人填写其中的信息, 怎么办?

保护工作表前可以先限定允许编辑的区域。例如, 右表中, 仅允许填写身份证号, 该如何设置呢?

	A	B	C	D
1	序号	姓名	与户主关系	身份证号
2	1	黄*月	户主	
3	2	付*超	女儿	
4	3	付*元	妻	
5	4	黄*燕	妻	
6	5	付*露	长子	
7	6	高*洋	儿媳	

▲ 仅限黄色区域允许编辑

步骤一: 取消锁定

❶ 选中黄色的区域
❷ 在【开始】选项卡单击【格式】按钮
❸ 取消【锁定单元格】

	A	B	C	D
1	序号	姓名	与户主关系	身份证号
2	1	黄*月	户主	
3	2	付*超	女儿	
4	3	付*元	妻	
5	4	黄*燕	妻	
6	5	付*露	长子	
7	6	高*洋	儿媳	

▲ 取消锁定

步骤二: 设置允许编辑区域

❶ 在【审阅】选项卡下单击【允许用户编辑区域】按钮
❷ 单击【新建】, 打开创建窗口
❸ 为此区域命名, 然后单击确定, 返回允许用户编辑区域窗口

▲ 设置允许编辑区域

步骤三：保护工作表

❶ 单击【保护工作表】按钮，打开保护对话框
❷ 为黄色区域以外默认锁定保护区域设置编辑密码
❸ 取消勾选第一项【选定锁定单元格】，确定

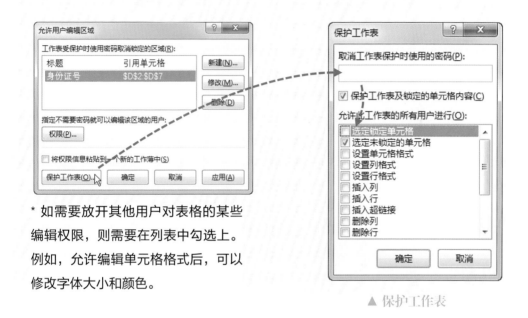

* 如需要放开其他用户对表格的某些
编辑权限，则需要在列表中勾选上。
例如，允许编辑单元格格式后，可以
修改字体大小和颜色。

▲ 保护工作表

　　保护工作表以后，黄色区域以外的范围，
就无法选中，更无法做任何修改。只有知道密
码的人才能撤销工作表保护。

▲ 撤销工作表保护

再也不用担心表格被篡
改了~

再结合获取数据章节学习过的数据验证,为黄色区域设置输入提醒、限制条件(长度等于18)和警告信息,这份表格再发出去,就可以尽量避免别人将身份证录错了。

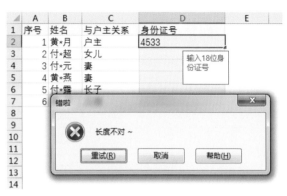

▲ 数据验证限制输入

隐藏工作表和临时锁屏

有些工作表不能删,但是仅仅作为参数表,并不需要频繁查看,又或者不想让别人看到,那就可以把它们隐藏起来。隐藏方法很简单,在工作表标签上单击右键,隐藏工作表即可。现在知道为什么有些公式引用了其他工作表的数据,却怎么也找不到那个表格了吧?

▲ 隐藏工作表

要重新看到被隐藏的工作表,需要取消隐藏。

▲ 取消隐藏工作表

有急事临时离开座位,如果别人可以随便动你的电脑,已经打开的 Excel 表格就很容易被他们看到。按下快捷键 Win+L (Windows系统)可以锁定屏幕,返回 Windows 用户登录界面,只有输入密码才能重新进入系统。前提是你的电脑系统设置了登录密码。

▲ 锁屏快捷键

一不小心就泄露私密信息

隐藏工作表虽然挺方便，但有时会聪明反被聪明误。如果一些重要的私密信息隐藏起来，但是你的同事并不知道，然后以为是普普通通的表格，就这样发出去……结果就悲剧了。所以在把Excel表格发出去之前，一定要再三检查。

数据透视表也有一个泄密隐患。该隐患源自于数据透视表的一个重要特性，双击任意一个数据，就可以查看到该数据的明细。即使在删除生成透视表后，把源数据表删除，依然存在此风险。所以把带有透视表的Excel表格发出去，必须千万小心。如有必要，还是通过复制粘贴，把透视表转化为普通数据表比较安全。

▲ 透视表的泄密隐患

为什么工具栏全变灰了？

有时候，明明没有保护工作表，但是表格的选项卡全部变成了灰色，无法做任何编辑和修改操作。

▲ 表格选项卡变灰

很可能是因为，该文件是别人通过邮件、QQ等网络传送给你，或者你从网络上下载回来的。Excel出于自我保护机制，限制编辑。

留意选项卡下方的黄色异常提示栏，单击【启用编辑】按钮，就可以取消编辑限制。

▲ 异常提示栏

如果不小心关掉了这个提示栏，关闭文件重新打开就可以了。

和秋叶一起学Excel

效率达人百宝箱

CHAPTER 9

工具和资源

- 显著提高效率的插件工具
- 精进 Excel 技能的学习资源
- 即搜即用的海量实战教程
- 常用快捷键速查
- 常用函数功能速查

手中有粮，心里不慌！一网打尽实用资源

9.1　超效插件工具

如果经常和Excel表格打交道，会有一些高频的操作，日复一日地重复也很耗费精力。另外，有许多效果，利用 Excel 自带的功能难以甚至无法实现。为此很多 Excel 大神主张学习数组公式、甚至 VBA 代码去提高效率。

可是，并不是每个人都具备编程基础，也并不是每个人都有必要去学习如何"造"船。作为只想解决日常工作问题的爱"偷懒"人士，学会如何"开"船不就好了。

我们频繁碰到的问题，表界老前辈碰到了何止千百次。有许多的团队和神人，针对这些高频问题开发出了各种各样的外挂神器，装上以后就能让 Excel 获得额外的超能力，让工作变得更加简便轻松。有些工具还能让你的表格、图表变得更加高大上。

第三方插件工具

在整理数据时，有很多插件工具能够帮助我们迅速完成诸如分别提取中文、英文、数字，批量清洗空格，批量进行行列转换，批量合并、拆分工作表工作簿等麻烦又琐碎的小事。经秋小叶实践体验，有几款国内团队开发的插件值得推荐。

E灵（Excel百宝箱）

国内表界泰斗之一罗刚君老师开发的免费插件。包含 140 余项扩展功能，覆盖文本提

取、不规范数据批量整理、表格合并和拆分、图片批量导入、财务专用工具箱等方面，是目前为止，功能最全面，且完全免费的良心插件。贴心的是，每一个高阶功能都有 GIF 动画演示，能快速直达。其实用功能插件可以弥补很多 Excel 的功能不足，特别是低版本用户的福音。

▲ E灵

目前支持 2007~2016 版 32 位和 64 位Office，部分功能甚至支持 WPS 办公软件。

Excel 易用宝

由国内顶级的Excel团队ExcelHome开发的插件工具。完全免费，功能实用，包含单元格合并、转换、拆分，一维二维表转换，数据比对和批量打印等近百个功能。

目前支持 2007～2013 版的 32 位 Office。

▲ Excel 易用宝

方方格子

基本功能和E灵大同小异。主要特色是，工具栏界面组织分类更加清晰，汇总拆分表格及数据整理的功能，逻辑更直观易懂，带DIY工具箱，扩展性强。官网上的工具教程也比较细致。

财务、DIY工具箱及拆分合并文档等高级功能需要注册付费使用。

如果经常要和表格打交道，花一百来块钱，换得效率显著提高，也还是值得的。

该插件目前支持 2007～2016 版的 32 位和 64 位 Office。

▲ 方方格子工具箱

慧办公

免费功能比较多，且功能分类、工具栏组织比较简明清晰的一款插件。保留的功能都是大多数人比较常用的高频应用，使用起来比较顺手。合并表格操作最为简单。

还可付费私人订制个性化功能。目前支持 2003～2016 版的 32 位和 64 位 Office。

▲ 慧办公

第三方插件工具远不止这些，但以上 4 款压箱底的第三方插件工具，2 款完全免费，2 款限免，功能也比较全面，应该够用。要说哪一个更好用，最值得推荐，秋小叶并没有答案。因为每个人的工作性质不一样，高频的应用需求也就不同。是否合适和顺手，还得你自己去尝试和体验。如果你是频繁和表格打交道的"表哥表妹"，花一点点时间大概摸索一下其中的功能，也就清楚是否适合自己了。

碰到安装使用问题，也可以随时找到各自官网的求助渠道，能很快解决问题。插件有可能会过时，你如果还想了解别人的评价或更多相关信息，也可以自行搜索。

▲ 搜索Excel插件

官方应用商店

自2013 版开始，Office 提供了官方的应用商店，类似于苹果应用商店和安卓市场的功能。在应用商店中，通过搜索和分类索引可以找到一些好玩的插件。

▲ Office应用商店

添加的应用，可以在【我的加载项】中找到并开始使用。

使用完成后，添加到Excel表中的浮窗元素可以通过右键单击删除。

下面介绍几款有意思的应用。

▲ 激活已添加的应用

Power BI Tiles

Power BI 极强的可视化交互报表现在终于可以嵌入 Excel 表格和 PowerPoint（PPT） 中直接演示了。这款插件让 Power BI 有了更大的实用性。

遗憾的是，目前此插件工具必须连接网页BI源，而且无法离线使用，还需关注后续更新进展。喜欢尝鲜的用户可以先行体验一番。

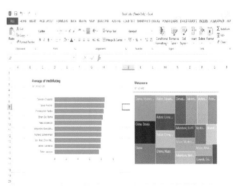

▲ 直接在 Excel 中使用 Power BI 报表

XL.Tools.net Calendar

在应用商店中搜索 Calendar，可以找到几款小巧的日历控件工具。这就是最为轻巧的一款，对于经常要输入日期数据的人来说，通过直接单击选择就能输入日期数据，无疑会方便许多。

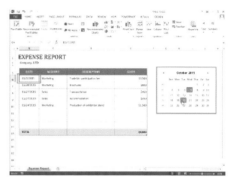

▲ 日历小控件

Vertex 42 Template Gallery

这是一个国外 Excel 模板团队出品的应用。应用本身好像没什么大用，加载速度也忒慢。

难得的是，它可以连接到该公司的官网，支持免费下载部分模板。

该公司出品的模板商务气息甚浓，即使不能直接拿来用，学习其中的设计、配色、数据报告布局也是蛮不错的。

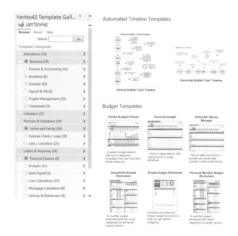

▲ 模板

Gauge

这款插件就只干一件事情，就是像制作普通图表一样，轻松制作出右图中的仪表盘图表，放进你的 Dashboard 里瞬间提升档次有没有。

▲ 仪表盘图表

435

Power BI 四大组件

Excel 2013 版曾引入4个插件应用，名称分别为：Power Query、Power Pivot、Power View、Power Map。这四大组件完整覆盖了获取数据、分析数据到输出呈现的整个流程。

获取数据

▲ **Power Query**
获取和整理数据

导入多种渠道来源的数据文件，能轻松实现各种清洗、转换、合并任务，并自动记录转换过程。数据更新只需单击刷新，就能自动完成所有历史动作。

足以帮我们甩掉很多插件工具和VBA程序，甚至复杂的函数公式。

分析数据

▲ **Power Pivot**
数据建模和分析

透视表的强化版，通过创建数据模型，能够轻松应对亿级大数据的透视分析。

轻松建立和管理大量数据文件之间的关系链，甩掉VLOOKUP等函数。实现大数据量的高效能处理。

呈现数据

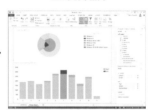

▲ **Power View**
交互式报表

▲ **Power Map**
可视化地图

在 2016 版中，以上四大组件都已经成为内置功能，可以直接使用。Power View 虽不能直接找到，但是在自定义功能区也能找得出来。这可能和微软主推 Power BI 在线版及其客户端有关。

Power BI 是集成了以上四大组件功能的一体化程序。

▲ **Power BI**
客户端和在线版

9.2 更多学习资源

Excel博大精深，用得越多，会发现自己懂得越少。本书仅仅是帮助你打开一扇门。要想继续深造，让你的表格功力日臻深厚，有一些不错的学习资源值得留意。

图书

如果要问有什么方法可以快速地熟悉一个领域，那就是买一本书，一本不够？那就两本。选择困难症患者可能会犯晕，因为 Excel 领域的图书实在太多，怎么选呢？下面推荐几本秋小叶个人觉得不错的图书，你可以参照个人意见结合自己的工作需要进行选择。

《你早该这么玩 Excel》

作者：伍昊

推荐：★★★★★

特色：结合实际业务案例，场景式阐述数据管理和表格结构化设计的理念，深入浅出，娓娓道来。不可多得的能把理念和实操结合起来透彻分析的好书。

《Excel 这么用就对了》

作者：方骥

推荐：★★★★☆

特色：同样是主讲理念和思维方法的书。侧重关键技术的综合运用，举重若轻的阐释，让 Excel 基础技能变得有章法可循。书中还提供了精进Excel 技术的学习路径。比较适合有一定实战经验的"表格妹妹"。

《Excel 图表之道》

作者：刘万祥（ExcelPro）

推荐：★★★★★

特色：Excel 商务图表领域的经典之作。虽然图表制作技术是2003版的，但仍然适用。本书将商务图表的设计思维和小技巧完美结合。我从中看到的已经不是技术本身，而是满满的专业。

《谁说菜鸟不会数据分析》

作者：张文霖等

推荐：★★★★☆

特色：人人都能学会的数据分析思维方法，是目前最为通俗易懂的 Excel 数据分析应用的入门指南。数据分析小白和老前辈对话式展开，让枯燥的理念变得有趣鲜活。

《Excel 数据透视表应用大全》

作者：ExcelHome 团队

推荐：★★★★☆

特色：镇台面的大部头，涉及数据透视表商业化运用的方方面面。包含大量实践应用案例。如果工作中需要制作大量的数据报表，秋小叶介绍的透视表技巧还不足以满足你的工作需求，那就入手一本应用大全吧，可以作为案头随时查阅的透视表"词典"。

《Excel 2013应用大全》

作者：ExcelHome 团队

推荐：★★★★☆

特色：Excelhome 出品的技巧大全类产品都是经典之作。各种奇技妙招应有尽有。大骨头，比较难啃，在掌握一定基础之后，快速通览，打通应用思路还是不错的。也可以镇台面随时查阅。

如果你觉得《和秋叶一起学 Excel》这本书好，也别忘了跟同学盆友们推荐哇。

网络资源

ExcelHome 知识树

ExcelHome 是最大的 Excel 中文资源站，国内老牌Excel技术社区。聚集了大量的 Excel 的技术大牛，每天都有众多高手发布教程贴，新手发布求助帖。现在的ExcelHome 论坛内容有点过于庞杂，如果你掌握搜索技巧，能从其中挖出很多宝贝资源。其中的知识树就是一个 Excel 的知识体系，碰到相关问题，可以按照分支去寻找相关的知识点。

Excelpro

《Excel 图表之道》作者的博客站点。在博客中，他写过大量关于专业图表设计制作的文章，也放出过很多图表模板资源。

微博大V

@数据化管理，@小蚊子数据化分析，都会不时地分享一些数据解读方面的专业内容。

网易云课堂

如今在网易云课堂上汇集了众多职场实用技能的课程，也有很多免费的资源。

《和秋叶一起学 Excel》图书同名的配套课程也在这个平台上，有过万名学员付费参与。配套课程以趣味案例实操挑战练习为主，检验你对基本功的掌握程度。

还有特色的**PPTer** 阿文的课程《和阿文一起学信息图表》。教你如何用 Excel 和 PPT 玩转信息化图表，创意十足，可以让你脑洞大开。把它当作创意趣味小漫画来看也不错呢。

Office 官方帮助站点

官方的帮助网站也有大量的技术支持文档，将你不懂的Excel 专业词汇、新功能、函数名称，或者问题相关的关键词放进搜索框，一般都能够找到详尽的解释。

▲ Office官方帮助站点

Excel 联机模板

Office 2013 以上版本，在新建文档的界面都自带联机模板。为什么要把它归为学习资源呢？ 模板嘛，你知道的，结构框架都是死的，在实际工作中不一定都用得上，但是其中每一个漂亮的数据报表、数据管理模板，都值得我们学习。

只从第一个《欢迎使用 Excel》新手入门指引的表格里，有心人都能从中学习到界面设计、版式布局、按钮设置、配色设计、友好的引导语等元素。如果能够活用在自己的表格上，是不是就能优化用表体验呢？

▲ 自带联机模板

别忘了关注本书开篇就介绍过的微信公众号哦，每天都会推送 Office 系列实用技巧和职场通用技能小教程。

公众号名称：秋叶 PPT

ID：PPT100

9.3 救命的即搜即用大法

秋小叶一再强调学会搜索的重要性。实在是因为，工作中的数据表变幻莫测，很多时候根本不按套路出牌。与其花大量时间研究透所有技巧再去迎战，不如把基本功练扎实，在实战中学习提升。

要相信，绝大部分问题，别人也曾碰到过，而且不下百回。互联网就是一个巨大的在线智库，掌握搜索的技法，能够帮我们随时解决很多很多非常具体的问题。

怎么搜呢？关键词组合法！根据秋小叶的实践经验，总结了一系列的常用关键词，你可以大致浏览一遍，心里有个底。在碰到问题时，起码懂得怎么用别人会用到的词去描述问题，才好搜到相应的教程。

Excel常用搜索关键词

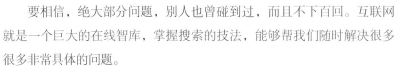

对象类	属性类	辅助量词	状态类
单元格	条件	单（个）	（不）连续
区域	格式	（间）隔	（不）重复
行	数字格式	多（个）	模糊
列	超链接	跨（越）	精确
工作表	位置	第_个	自动
工作簿	颜色	前	动态
图表	大小	后	链接
透视表	顺序	批量	隐藏
函数	比例	随机	可见
工具	尺寸		

数据类型	工具功能	动作类	异常问题
数值	拆分	删除	警告
数字	合并	修改	警报
文本	排序	更新	提示
数据	匹配	提取	错误
空值	筛选	分组	不能
错误值	查找	取消	无法
字符串	排名	隐藏	没有
字符	核对	生成	无效
日期	比较	保护	预警
时间	转换	编辑	冗余
空白	定位	查看	出错
序列	批注	选择	反了

版本	复制	汇总	损坏
2003	粘贴	输入	丢失
2007	删除	预测	变灰
2010	清除	改变	不见
2013	插入	互换	空白
2016	套用	**行业相关**	
Mac	修(恢)复	财务	生产
WPS	自定义	人力资源	销售

前面列出来那么多关键词，并不是要你记住它们，而是有意识地去积累Excel语言相关的词汇，以后碰到问题时，学会用 Excel 的语言去描述问题，然后从中提取搜索关键词。例如：

Excel 2010 数据透视表 取消 汇总

Excel 跨工作表 求和

Excel 功能区 变灰

Excel 散点图 XY轴 互换

Excel 隐藏数据 复制

Excel 函数 生成 序列

Excel Subtotal 函数

Excel 会计 常用 函数

Excel 错误值 哪些

搜多了，你就会发现，来来去去就那些词而已。

边搜索，边观察别人会用什么词汇去描述问题，提炼积累。在实战中反复训练，一段时间后就掌握了搜索解决问题的大招。

搜索的渠道

Office 帮助

ExcelHome

百度经验

百度

知乎搜索

微信搜索

搜狗搜索

正确的求助姿势

有些问题，在网络上无法直接找到答案。有些和业务逻辑相关的问题，可能职场前辈比单纯的Excel高手更加了解。所以，为了解燃眉之急，难免有些时候还是要求助于职场前辈和网络上的高手。

但是，有没有想过，他们凭什么要帮你解决问题？大家的时间都很宝贵，没有什么是理所当然的。所以，虚心求教的同时，还应学会准确描述问题的方法，以节约彼此的沟通时间。从而让对方更有帮你解决问题的意愿。不然，你很可能只能得到一个字。

结构化描述问题

合理清晰描述问题的句式结构，应该是类似这样子。不能保证高手和前辈一定会帮你，但起码好感度会加分，而不是反感。有好感，才有出手相助的可能啊。

我有x份怎样的表格（背景）

我想要做什么（目的）

我做了什么（现状和诚意）

得到了怎样的结果（事实和问题）

这是为什么呢？（求教原因）

怎么实现效果或解决问题？（求教方法）

> 这样才显示出你专业的做事态度和诚意。别以为只适合求教 Excel 问题哦。

奉上截图，或去私密信息的小数据量样表

由于数据表的复杂性，大多数时候，光靠文字是无法描述清楚问题。最好能够奉上相关的截图，甚至样本文件。需要特别留意的是，为了更精准地定位问题，Excel 截图有几个要素必不可少，如右图所示。如果还能够把你期望的效果也列举出来，就更好了。（这么讨人喜欢，不帮你帮谁～）

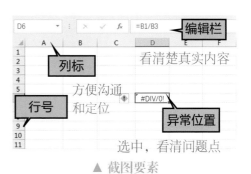

▲ 截图要素

9.4 常用快捷键组合速记表

快捷键很多，但经常用到的不过40多个，而且很大一部分还是Office系列软件通用的操作。掌握一点点记忆线索，能更好地记住它们。

Office 通用类

快捷键	功能	备注
F1	打开帮助文档	
F4	重复上一次操作、撤销后恢复	
Ctrl+B	字体加粗	Black
Ctrl+F	查找	Find
Ctrl+G/F5	定位	GPS
Ctrl+H	替换	Huan(拼音)
Ctrl+Z	撤销上一步操作	Z形折回
Ctrl+C	复制	Copy
Ctrl+X	剪切	& 剪刀
Ctrl+V	粘贴	XC旁边
Ctrl+Alt+V	选择性粘贴	Alt 为改变之意
Ctrl+N	文件工作簿	New
Ctrl+O	打开文件	Open
Ctrl+P	打印	Print
Ctrl+S	保存	Save
Ctrl+W	关闭文件	Windows 关窗
Ctrl+拖曳对象	复制对象、选区	
Alt+F8	打开宏管理器	（其实不常用）

表格编辑类

快捷键	功能	备注
Ctrl+1	打开数字格式窗口	第一个数字
F2	进入编辑状态	（Office通用重命名命令）
Esc	退出编辑；取消正处理的进程	（Office通用Escape）
Ctrl+Enter	批量输入相同内容	Enter升级
Ctrl+Shift+;	插入系统时间	冒号：为时间分隔符
Ctrl+;	插入系统日期	和时间快捷键同键位
Ctrl+D	向下填充（可先预选区域）	Down
Ctrl+R	向右填充（可先预选区域）	Right
Alt+拖曳对象边缘	对齐网格边缘调整图表尺寸	
Alt+Enter	单元格内强制换行	Enter改变功能
Ctrl+拖曳填充柄	自动填充(复制或序列填充)	
双击填充柄	填充到最底行	

表格选择和移动类

快捷键	功能	备注
Ctrl+A	全选数据区域，对象	All
Ctrl+拖选、单击	选中多个不连续区域、工作表	
Shift+两次单击	选中两次单击间的连续区域	
Ctrl+方向键	移动到当前数据区域各个方向的边界	方向
Ctrl+Shift+方向键	从当前位置选到数据区域边缘	加 Shift 为连续选取
Ctrl+Home	返回A1	
Ctrl+鼠标滚轮	缩放表格比例	
Enter	完成输入并向下移动；确定	
Tab	完成输入并向右移动；自动补全函数	
Shift+拖曳选区	局部移动数据	

公式编辑类

快捷键	功能	备注
F4	公式引用方式切换($)	4种引用方式
Esc	取消输入	Escape
Alt+=	快速求和	公式标记
Ctrl+'	显示/隐藏公式	数字1旁边的符号

透视表操作类

快捷键	功能	备注
Alt、D、P	打开透视表向导（二维表转一维表）	

如果你是 Mac 版用户，可以在【秋叶 PPT】公众号回复关键词【快捷键】获取包含 Mac 快捷键的版本。

也可以在 Office 官方帮助网站，搜索【Excel Mac 快捷键】。

9.5 常用函数速查表

以下是工作中可能比较常用的函数，并不是Excel函数的全部。按照功能分类，便于快速检索。了解基本功能后，如想了解具体用法，可以在百度或官方帮助站点搜索函数名称。

逻辑判断

函数名称	功能	备注
IF	判断逻辑条件是否成立，分别返回不同的值	最常用
IFS	多条件判断，返回多个不同值	2016 新增
AND	判断多个条件是否成立，同时成立返回TRUE	
OR	判断多个条件是否成立，任一成立返回TRUE	
TRUE	真，作为参数时代表成立、模糊，值等于1	
FALSE	假，作为参数时代表不成立，精确，值等于0	
IFERROR	判断结果是否为错误值，是则返回指定的值	
IFNA	判断结果是否为错误NA，是则返回指定值	

查找匹配

函数名称	功能	备注
VLOOKUP	垂直范围内查找对象，返回匹配的指定值	最常用
HLOOKUP	水平范围内查找对象，返回匹配的值	行查找
LOOKUP	在向量或数组中查找并返回匹配值	
INDEX	按行、列索引，返回交叉位置的值	交叉查询，逆向查询
MATCH	查找对象并返回匹配值的行、列位置	逆向查询，动态匹配

文本处理

函数名称	功能	备注
CLEAN	清除不可见字符	
TRIM	清除首尾多余空格，单词间的多余空格	
&	连接多个文本	
CONCAT	连接整个区域内的多个文本，多个区域的文本	2016 新增
PHONETIC	提取注音	旧版中常用于合并文本
LEFT	从左取出指定字符数的文本	
RIGHT	从右取出指定字符数的文本	
MID	从中间指定位置开始取出指定字符数的值	
FIND	返回一个文本在另一文本中的起始位置	区分大小写
SEARCH	返回一个文本在另一文本中第一次出现的位置	不区分大小写
REPLACE	将文本中指定位置开始的字符替换成另外的文本	
SUBSTITUTE	将文本中指定的旧文本替换成新的文本	
TEXT	指定数字格式，并将其转换成文本形式存储	前面加--可强制转成数值
VALUE	将文本型数字/日期转换成数值	
UPPER	将字母转换成大写	
LOWER	将字母转换成小写	

数值取舍函数

函数名称	功能	备注
ROUND	四舍五入，保留指定位数的小数	4种引用方式
ROUNDUP	向上舍入，保留指定位数的小数	公式标记
ROUNDDOWN	向下舍弃，保留指定位数的小数	数字1旁边的符号
CEILING	指定倍数向上舍入为最接近的整数，如缝7的倍数	
FLOOR	指定倍数向下舍入为最接近的整数	
INT	取整	

普通数学计算和统计

函数名称	功能	备注
SUM	求和	自动求和分类中
AVERAGE	求平均值	自动求和分类中
COUNT	计算包含数值的单元格数量	自动求和分类中
COUNTA	计算所有非空单元格数量，包括文本	
MAX	计算区域内最大值	自动求和分类中
MIN	计算区域内最小值	自动求和分类中
LARGE	求第几大的值	
SMALL	求第几小的值	
RANK	求区域内指定数值的排名	
MOD	指定除数求余	
SUMPRODUCT	计算两列数据的乘积	旧版本中常用于多条件计算
SUBTOTAL	万能求和，可选多种计算方式，包括忽略隐藏数据	智能表格汇总行自带函数
RAND	生成连续型随机无限不循环小数	几无可能出现重复
RANDBEWTEEN	生成指定区间内的离散型随机整数	重复概率受区间范围大小影响

按条件统计计算

函数名称	功能	备注
SUMIF(S)	单(多)条件求和	
AVERAGEIF(S)	单(多)条件求平均值	
COUNTIF(S)	单(多)条件计数	
DMAX	单条件求最大值	数据库函数，语法特别
DMIN	单条件求最小值	数据库函数，语法特别
MAXIFS	多条件求最大值	2016 新增函数
MINIFS	多条件求最小值	2016 新增函数

日期和时间

函数名称	功能	备注
TODAY	返回当天日期	
NOW	返回当天日期和时间	
YEAR	提取日期中的年份	
MONTH	提取日期中的月份	
DAY	提取日期中的日数值	
HOUR	提取时间中的时数	
MINUTE	提取时间中的分钟	
SECOND	提取时间中的秒数	
DATE	分别指定年、月、日数值合成日期	
TIME	分别指定时、分、秒数值合成时间	
WORDDAY	返回指定工作日天数后的日期	
NETWORKDAY	返回两个日期之间全部工作日天数，周六日休息	
NETWORKDAY.INTL	返回两个日期之间工作日天数，可自定义休息日	
DATEDIF	计算两个日期间的年、月、日之差	隐藏函数
EOMONTH	返回若干个月份前后的某个月最后一天日期	
EDATE	返回指定月数之后的日期	
WEEKNUM	求指定日期的在一年中的第几周	
WEEKDAY	求指定日期是星期几	

财务投资

函数名称	功能	备注
PV	计算投资现值	
NPV	计算投资净现值	
FV	计算投资未来值	
PMT	返回年金的定期支付金额	
RATE	返回年金的各期利率	
NPER	返回投资的期数	
IRR	返回一系列现金流的内部收益率	
EFFECT	返回年有效利率	

引用信息（辅助计算）

函数名称	功能	备注
ROW	返回当前所在行号	
ROWS	返回一个区域包含的行数	
COLUMN	返回当前所在列	
COLUMNS	返回一个区域包含的列数	
INDIRECT	按指定名称间接引用该名称所指向的区域	常用于动态数据源引用
OFFSET	为一个基准点指定偏移量，得到新的引用区域	常用于动态数据源引用
TRANSPOSE	转置，行列互换	
GETPIVOTDATA	引用透视表中的数据	
HYPERLINK	创建超链接	
N	文本则等于0，数值保留原值	

终于翻完啦，跟我一起去学在线课程，检验知识掌握得咋样吧。